LEÇONS SUR LA GRAVITATION

RICHARD FEYNMAN
prix Nobel de physique

LEÇONS SUR LA GRAVITATION

Traduit de l'anglais (États-Unis)
par Céline Laroche

EDITIONS
ODILE JACOB

Ouvrage traduit avec le concours
du Centre national du Livre

Ouvrage publié originellement
par Perseus Books, a member of the Perseus Books Group
sous le titre :

FEYNMAN LECTURES ON GRAVITATION

15, RUE SOUFFLOT, 75005 PARIS

ISBN 978-2-7381-1038-1

www.odilejacob.fr

LEÇON 1

1.1 La gravitation comme théorie de champ

Dans cette série de leçons, j'aborderai tous les aspects de la gravitation. La loi de la gravitation universelle découverte par Newton stipulait que les forces gravitationnelles, proportionnelles aux masses, s'atténuent comme l'inverse du carré de la distance. Plus tard, cette loi fut modifiée par Einstein dans le but de la rendre relativiste. Or, les modifications nécessaires pour ce faire ont un caractère vraiment fondamental : en relativité, les masses des particules ne sont pas constantes et il devient donc primordial de savoir comment leurs variations relativistes affectent la gravitation.

Einstein a formulé sa loi en 1911 — c'est dire si le sujet n'est pas nouveau — et les résultats physiques que nous allons étudier sont ceux qu'il a lui-même remarquablement expliqués. Ainsi, les cours sur la gravitation commencent habituellement par l'énoncé des lois, tout comme le fit Einstein. Cela n'a pourtant rien d'obligatoire et, pour des raisons pédagogiques, nous aborderons ici le sujet par une autre approche. Les étudiants d'aujourd'hui connaissent la théorie quantique et les particules fondamentales... mais tout cela était inconnu à l'époque d'Einstein. La physique ne comportait alors que la gravitation et l'électrodynamique, et comme celle-ci avait conduit à une théorie de la relativité, le principal problème était de concilier la théorie de la gravitation et les découvertes issues de l'électrodynamique.

On dit de la théorie de la gravitation d'Einstein qu'elle représente le plus grand exploit accompli par un seul homme en physique théorique. Elle offre des relations magnifiques entre les phénomènes gravitationnels et la géométrie de l'espace ; l'idée était exaltante. L'apparente similitude entre les forces gravitationnelle et électrique par exemple

— toutes deux obéissent à des lois en inverse du carré — est à la portée de n'importe quel gamin, et tous ceux qui s'y sont frottés ont rêvé qu'ils trouveraient un jour le moyen de géométriser l'électrodynamique. C'est ainsi qu'une génération entière de physiciens s'est attelée à la recherche d'une théorie de champ dite « unifiée », qui eut réuni la gravitation et l'électrodynamique en un seul objet théorique. Aucune de ces théories unifiées n'a réussi, et nous n'en parlerons pas dans ces cours. La plupart ne sont qu'un jeu mathématique, inventé par des gens à la tournure d'esprit très formelle, souvent sans grande connaissance de la physique. La majorité de ces théories sont incompréhensibles. Einstein lui-même a travaillé sur ces questions. Néanmoins, il n'existe aucune théorie féconde qui unifie la gravitation et l'électrodynamique.

Quand bien même elles auraient réussi, ces tentatives n'auraient connu qu'un succès éphémère. En effet, la physique d'aujourd'hui s'avère beaucoup plus riche : elle ne se résume plus aux seules théorie de l'électrodynamique et de la gravitation. Il nous faudrait aussi unifier les mésons, les kaons, les neutrinos et une trentaine d'autres particules. L'unification de l'électrodynamique et de la gravitation n'aurait donc rien eu d'un exploit puisque notre monde est bien plus que la gravité et l'électricité.

L'approche que nous adopterons ici convient mieux au point de vue des théoriciens des particules. Le concept de champ leur est familier et ils n'ont aucun problème à envisager un univers composé de vingt-neuf ou trente et un champs, tous réunis dans une équation omnipotente. Le phénomène de la gravitation entre dans la mêlée avec son champ du même type. Jusqu'ici tenu à l'écart, celui-ci n'est qu'un autre champ parmi les trente et quelques déjà présents. Ainsi, expliquer la gravitation revient à expliquer trois pour cent du nombre total des champs que l'on connaît.

On pourrait même illustrer notre approche par une fiction. Imaginons une toute petite région de l'univers, disons une planète comme Vénus, dont les scientifiques connaissent tout des trente autres champs de l'univers : ils savent tout ce que nous savons sur les nucléons, les bosons de jauge, etc. mais rien sur la gravitation. Et un jour, une nouvelle expérience vient bouleverser le savoir établi : elle révèle que deux masses élevées et neutres s'attirent sous l'effet d'une force très, très faible. Comment les Vénusiens vont-ils interpréter cette étonnante nouveauté expérimentale ? Eh bien ! ils tenteront certainement de l'expliquer en termes de théorie des champs qui leur sont familiers.

1.2 Caractéristiques des phénomènes gravitationnels

Avant de poursuivre, rappelons certains des faits expérimentaux dont le théoricien de Vénus aurait à tenir compte pour élaborer une théorie de cet effet incroyable.

En premier lieu, le fait que l'attraction évolue comme l'inverse du carré de la distance : nous connaissons cela parfaitement grâce à l'étude de l'orbite des planètes. Ensuite vient le fait que la force est proportionnelle aux masses des objets. Cela, Galilée le savait déjà, pour avoir découvert que tous les objets tombent avec la même accélération. Nous connaissons cet aspect, mais jusqu'à quel point ? Ce qu'il convient de faire, en principe, pour le vérifier, est assez clair : on définit d'abord la masse comme l'inertie de l'objet. On la mesure en lui appliquant des forces que l'on connaît puis en relevant son accélération. C'est ensuite l'attraction due à la gravitation que l'on relève, par des pesées par exemple. Enfin, on compare les résultats. Ces expériences de mesure de forces et d'accélérations seraient très délicates à réaliser avec suffisamment de précision, mais on a pu confirmer le résultat de Galilée avec une précision de un pour 10^8 par des méthodes indirectes (cela a été fait pour la première fois par Eötvös), par exemple en comparant l'attraction gravitationnelle de la Terre à la force centrifuge due à sa rotation, qui est un effet purement inertiel. En principe, un fil à plomb situé à une latitude donnée, ne valant ni 0° ni 90°, ne pointe pas vers le centre de la Terre. Certes, s'il ne pointe pas vers le centre, c'est en partie à cause des bosselures de la planète, mais tout cela peut être pris en compte et l'effet persiste néanmoins : le pendule pointera toujours selon un angle intermédiaire (figure 1.1) dans la direction obtenue comme la résultante de l'attraction gravitationnelle et de la force centrifuge. Avec un pendule fabriqué à partir d'un autre matériau, si le rapport entre masse inerte et masse grave devait s'avérer différent, eh bien le fil marquerait un angle très légèrement distinct. On pourrait donc comparer différentes matières et vérifier la constance du rapport des masses grave et inerte si l'on pouvait, par exemple, fabriquer un pendule avec une bille de cuivre et un autre à partir d'hydrogène (pensez-y une seconde : pas évident de le fabriquer avec de l'hydrogène pur... peut-être du polyéthylène ferait-il l'affaire).

En réalité, l'expérience ne consiste pas à mesurer les différences entre de si petits angles, mais à mesurer plutôt un moment de torsion. Même infimes, les moments sont plus pratiques à mesurer grâce aux propriétés particulières des fibres de quartz qui peuvent être extrême-

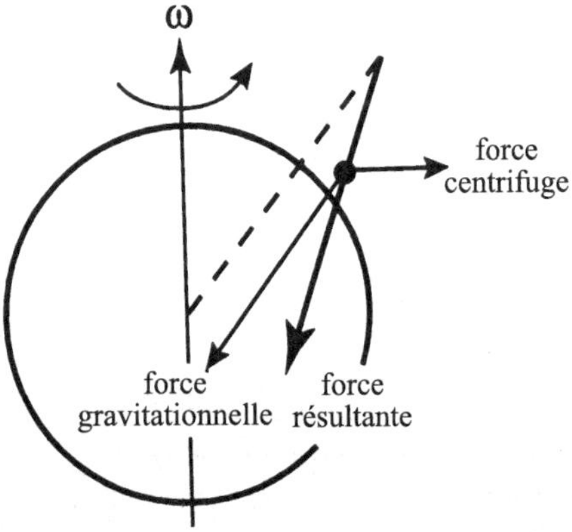

Figure 1.1

ment fines et supporter néanmoins de lourdes charges. Voici comment l'on procède : on attache deux poids identiques de deux matériaux différents aux deux extrémités d'une tige que l'on suspend par son milieu, dans la direction est-ouest. Si les composantes des forces perpendiculaires à la direction de l'attraction gravitationnelle ne sont pas égales, alors on observera un couple de torsion sur la tige, que l'on peut mesurer. Les résultats récemment publiés par Dicke ne montrent aucun effet : en conclusion, le rapport de la masse inerte sur la masse grave serait constant, avec une précision de 1 pour 10^8, et ce pour un grand nombre de matériaux, allant de l'oxygène jusqu'au plomb.

On peut réaliser une autre expérience du même genre, en comparant l'attraction gravitationnelle exercée par le Soleil aux forces d'inertie associées à notre mouvement orbital autour de celui-ci. Après tout, nous autres, sur Terre, tournoyons dans l'espace à une vitesse phénoménale, le long de l'orbite de la Terre autour du Soleil. Si l'on ne remarque pas ce mouvement, c'est uniquement dû au fait que tous les objets autour de nous sont eux aussi en orbite. Si l'attraction gravitationnelle n'était pas tout à fait la même selon les corps, ceux-ci adopteraient des orbites différentes, ce qui engendrerait des effets observables. En fin de compte, l'effet résultant serait analogue à une légère force dans la direction du Soleil. On a cherché à mettre en évidence un tel effet, par exemple en comparant le comportement des deux poids d'une balance de torsion à l'aube et au coucher du Soleil. Naturellement, on a relevé des variations. Certaines proviennent de la différence de température entre les deux côtés du dispositif — pour beaucoup de ces expériences qui portent sur des effets extrêmement fins, la principale difficulté consiste à s'assurer que l'on mesure bien ce qu'on a en tête, et pas autre chose. Ces résultats permettent tout de même de conclure que l'orbite de tous les corps est aussi stable que celle de la Terre, au moins avec une précision de 1 pour 10^8.

Cette précision de 1 pour 10^8 nous révèle beaucoup de choses importantes. Par exemple, l'énergie de liaison typique pour le noyau des atomes est de l'ordre de 6 MeV par nucléon, tandis que la masse d'un nucléon vaut dans les 940 MeV ; autrement dit, l'ordre de grandeur de l'énergie de liaison représente un pour cent de l'énergie totale. Ainsi, une précision de 1 pour 10^8 implique que le rapport des masses inerte et grave *pour l'énergie de liaison* est constant avec une précision de 1 pour 10^6 près. On peut même vérifier le rapport pour les énergies de liaison des électrons des couches internes, puisque la masse du nucléon multipliée par 10^8représente environ 9 eV. Si l'on pouvait mener l'expérience jusqu'à une précision de 1 pour 10^{10} (ce qui devrait se faire dans un futur proche), alors nous pourrions confirmer la constance dudit rapport à cinq pour cent près, même pour des énergies de liaison chimique qui sont de l'ordre de deux électronvolts.

Avec des mesures aussi précises, on peut aussi vérifier le comportement gravitationnel de l'antimatière. L'analogie frappante entre les forces électrique et gravitationnelle (leur décroissance avec le carré de la distance) en a conduit certains à proposer que l'antimatière repousse la matière. Leurs arguments se résument ainsi : puisqu'en électricité les opposés s'attirent et les semblables se repoussent, il serait intéressant que ce soit le contraire pour la gravitation, avec les opposés qui se repoussent et les semblables qui s'attirent. Le seul candidat pour l'« opposé » gravitationnel, c'est l'antimatière. Grâce à cette précision de 1 pour 10^8, on peut vérifier le comportement gravitationnel de certaines corrections aux énergies de liaison pour les électrons de la couche K du plomb. Les corrections en question sont celles qui sont dues à la polarisation du vide. Or, ce phénomène fait intervenir des paires virtuelles, et donc de l'antimatière. On peut déjà souligner, à ce stade, qu'aucun élément, absolument rien, ne laisse à penser que la matière et l'antimatière pourraient présenter des comportements gravitationnels différents. Tous les indices dont on dispose, qu'ils soient expérimentaux ou théoriques, semblent indiquer que c'est le contenu en énergie qui importe pour la gravitation. Ainsi, puisque la matière et l'antimatière représentent toutes deux des énergies positives, la gravitation ne devrait faire aucune différence.

D'autres indices viennent du fait que, lorsqu'elle est soumise à un champ gravitationnel, la lumière « tombe », dans une certaine mesure que notre théorie peut préciser. Par exemple, notre Soleil défléchit d'un angle mesurable (que l'on calculera dans la suite) la lumière qui passe à proximité. Or, le photon est sa propre antiparticule et l'on ne peut que conclure, dans ce cas, que particule et antiparticule affichent le même comportement gravitationnel. Certains pourraient s'amuser à construire une théorie dans laquelle les photons issus des électrons seraient différents des photons issus des positrons. Mais aucun phénomène ne requiert une telle hypothèse et l'élaboration de cette théorie n'aurait pas grand intérêt ; d'autant qu'il lui faudrait expliquer tout ce que l'on connaît déjà, en plus du modèle proposé, et il y a de grandes chances que d'autres effets permetteraient de prouver qu'elle est fausse : elle prédirait certainement des nouveautés électrodynamiques que l'expérience aurait vite fait de contredire.

Les expériences de désintégration des particules K_0 et $\bar{K}_0$ menées au MIT fournissent l'une des meilleures preuves que matière et antimatière se comportent bien de la même manière en ce qui concerne la gravitation. Certes, l'expérience elle-même a ses imperfections, mais ses résultats nous permettent de porter le coup fatal à cette théorie du comportement gravitationnel différent. L'argumentation est empruntée à M. Good [Good61].

On suppose que les particules K_0 et $\bar{K}_0$ subissent les effets de la gravitation, sans quoi la démonstration ne tient plus. Ces deux particules sont antiparticules l'une de l'autre, et nous allons voir ce qu'il advient si l'une est attirée et l'autre repoussée par le champ de gravitation. Les modes de désintégration de ces deux particules s'écrivent

$$K_1 = \frac{1}{\sqrt{2}}(K_0 + \bar{K}_0), \qquad K_2 = \frac{1}{\sqrt{2}}(K_0 - \bar{K}_0).$$

Les amplitudes pour la désintégration en ces deux modes interfèrent ; l'expérience détecte cette interférence et attribue une valeur Δm à la différence de masse, avec $\Delta m < \hbar/10^{-10}$ s. Cette valeur est incompatible avec l'idée que la matière puisse être attirée et l'antimatière repoussée. En effet, l'expérience a été menée dans le champ gravitationnel de la Terre. En notant ϕ le potentiel gravitationnel, l'augmentation ou la diminution de masse vaudrait $m\phi$ pour l'une des particules et $-m\phi$ pour l'autre, de sorte que leur différence dépasse de loin la limite expérimentale obtenue au MIT. Plutôt que celui de la Terre, on peut choisir le champ gravitationnel, plus intense, de notre Soleil, voire même de la galaxie. On affine alors les limites du degré de validité de l'uniformité des effets de l'interaction gravitationnelle. Toutefois, ceux qui tiennent dur comme fer à cette théorie de la répulsion de l'antimatière sauront balayer tous ces arguments : il suffit d'imposer que K_0 et $\bar{K}_0$ ne subissent pas les effets de la gravité. Mais cela revient tout de même à faire une nouvelle supposition très spéciale. Il est évident que l'on peut toujours négliger un fait expérimental à condition d'être prêt à inventer n'importe quel argument pour justifier que l'expérience prouve ce qu'on veut lui faire prouver.

Autre chose : comme on pourrait s'y attendre, les neutrons, qu'ils soient libres ou isolés, subissent les effets du champ gravitationnel. Ce fait est connu avec une bonne précision car il joue un rôle dans l'élaboration des interféromètres à neutrons. Les neutrons lents, canalisés en un faisceau étroit, sont détectés un peu plus loin, à une distance de quelques dizaines de mètres. On vérifie alors qu'ils subissent l'attraction gravitationnelle de la Terre de la même manière que toutes les autres particules testées. En résumé, le premier fait marquant concernant la gravitation est la constance du rapport de la masse inerte et de la masse grave, qui s'est vérifiée chaque fois qu'on l'a mesuré.

Le second fait surprenant concernant la gravitation, c'est sa faible intensité. Elle est si ténue que si les Vénusiens avaient baptisé « interaction faible » l'interaction responsable de la radioactivité β, ils se seraient trouvés bien embêtés au moment de la découverte de l'interaction gravitationnelle. Évidemment, la gravitation joue un rôle si important dans notre vie quotidienne que les forces gravitationnelles ne nous apparaissent pas faibles du tout comparées à la force de nos muscles, par exemple. Ce que l'on veut dire, c'est que l'interaction gravitationnelle est beaucoup moins intense que les autres forces qui existent entre les particules. Cette dernière comparaison fait certainement montre d'un caractère plus « universel » que la première. Par exemple, le calcul du rapport des forces gravitationnelle et électrique entre deux électrons donne :

$$\frac{F_{\text{électrique}}}{F_{\text{gravitationnelle}}} = 4,17 \times 10^{42}.$$

Autrement dit, la gravitation est *vraiment* très faible. En outre, cette comparaison en termes du rapport des forces est plus significative que l'assertion habituelle en termes des constantes de couplage : on entend souvent dire que les forces électromagnétiques sont de « faible » intensité parce que le nombre $e^2/\hbar c$ ne vaut que $1/137$. Mais cette valeur, $1/137$, n'a pas grand intérêt : pourquoi la charge adimensionnée de l'électron, $\sqrt{(4\pi e^2/\hbar c)}$, ne serait-elle pas la grandeur la plus appropriée ? Elle vaut 0,31... ce qui diffère nettement du $1/137$ précédent, alors que les deux grandeurs ont le même contenu physique. Ainsi, lorsqu'on qualifie de « faible » l'interaction responsable de la désintégration β (il s'agit de l'interaction nucléaire faible) sous prétexte que l'intensité de son couplage n'est qu'un « petit » $GM_p^2 = 10^{-5}$, on peut se demander ce que la masse du proton vient faire là-dedans. Si le médiateur de l'interaction faible est effectivement un boson intermédiaire, ne serait-il pas plus naturel de faire intervenir la masse de celui-ci qui pourrait s'avérer supérieure à celle du proton, voire suffisamment élevée pour engendrer une constante de couplage bien différente de ce « petit » 10^{-5} ?

Par comparaison à la gravitation, tous les champs que l'on connaît sont tellement plus intenses qu'on a le sentiment que l'interaction gravitationnelle pourrait ne jamais trouver d'explication ; comme une petite correction, un terme minuscule jusqu'ici laissé de côté, dans une théorie qui unifierait tous les autres champs connus. Le nombre 10^{42} est si phénoménal qu'on est tenté de chercher d'autres grands nombres qui lui seraient associés. C'est ce que fit Eddington [Eddi31, Eddi36, Eddi46]. Un nombre aussi colossal a déjà de quoi nous laisser perplexe, mais alors deux tels nombres... ! Il serait rassurant de pouvoir les relier en sorte que l'importance de l'un implique celle de l'autre, nous laissant une seule gigantesque grandeur à expliquer plutôt que deux. Eddington avança que $10^{42} = 2^{137}$, mais certains passages de son œuvre sont si obscurs qu'on pourrait aller jusqu'à dire qu'il ne propose en fait aucune théorie utile. C'est tout bonnement incompréhensible. Cherchons une autre explication à ce 10^{42}. On connaît d'autres grandeurs aussi imposantes, comme par exemple le nombre d'atomes ou de particules qui nous composent. Mais ici encore, on voudrait s'abstenir de faire référence à notre nature humaine pour ce type de comparaison. Or, le mouvement des plus grands objets, comme les galaxies, fait intervenir les forces gravitationnelles ; on peut alors chercher une relation entre l'intensité des forces de gravitation et la taille de l'univers.

L'univers est extrêmement vaste et l'on ne connaît pas ses limites, mais il reste possible de lui associer une sorte de rayon. C'est un fait observé : la lumière provenant d'étoiles et de galaxies lointaines subit un décalage vers les basses fréquences, comme si leur source s'éloignait à une vitesse proportionnelle à la distance qui les sépare de nous. La théorie de l'explosion originelle de l'univers (dite du « big-bang ») pourrait en fournir l'explication. Comme nous le verrons, la théorie de la gravitation est capitale pour les modèles cosmologiques que nous exposerons plus tard. Pour le moment, on supposera que les galaxies sont faites d'un *quelque chose* et qu'au commencement ce *quelque chose* était comme un point donné dans une énorme explosion. La proportionnalité entre la vitesse au centre et la distance en découle tout naturellement. En effet, ce qui est le plus lointain se trouve être le plus éloigné simplement parce que c'est ce qui va le plus vite. La proportionnalité s'écrit simplement $R/V = T$, le temps écoulé depuis cet hypothétique commencement. Cette durée (son inverse est connu sous le nom de *« constante de Hubble »*) est de l'ordre de 13×10^{10} années. Notez que l'erreur sur cette valeur représente une fraction assez élevée : il y a de cela quelques années, on parlait de 2×10^{10} années. Ces erreurs proviennent des mesures de distances. En effet, les décalages Doppler s'avèrent beaucoup plus faciles à mesurer que les distances des galaxies lointaines.

Cette constante représente un âge de l'univers. On ne croit pas pour autant que son commencement date réellement de T années ; on considère plutôt que ce temps T décrit une dimension fondamentale de l'univers, un peu comme la quantité e^2/mc^2 représente le « rayon de l'électron ». De la même manière, la quantité Tc fournit une longueur que l'on peut interpréter comme le « rayon » de l'univers. Voyons maintenant s'il y a un moyen d'obtenir un facteur de 10^{42} à partir de la constante de Hubble. On pourrait par exemple faire le rapport entre cette constante et le temps que prend la lumière pour parcourir la distance correspondant à la longueur d'onde Compton de l'électron, $\hbar/mc^2$ ou du proton, $\hbar/M_pc^2$. (Ici encore, on espère aboutir à une échelle de temps plus significative que celle des secondes, propre à l'être humain.) Les durées du parcours de la lumière valent $\hbar/mc^2 = 10^{-21}$ seconde et $\hbar/M_pc^2 = 10^{-24}$ seconde tandis que le temps $T = 10^{17}$ secondes. Ainsi, pour le proton, le rapport donne 10^{41} : cela ne diffère pas trop du rapport des forces électrique et gravitationnelle entre protons, proche de 10^{36}. Pour les électrons, le rapport vaut 10^{38}, qui n'est pas précisément le 10^{42} espéré. Mais souvenons-nous toutefois de ce que l'on est en train de faire : on avance des propositions farfelues, afin de voir si l'on peut en tirer des idées vraiment nouvelles. En fait, il se trouve que Dirac [Dira37, Dira38] a tenté de fabriquer une théorie de la gravitation dans laquelle la constante gravitationnelle était justement ce nombre-là. L'une des premières difficultés venait de ce qu'il devait alors imposer une dépendance temporelle à la gravitation puisque l'univers ne cesse de vieillir, en unité de temps Compton. Mais il est très difficile d'expliciter ce que l'on entend par le fait que les forces de gravitation dépendent du temps alors que tout le reste « demeure identique ». Puisque seuls les rapports sans dimension ont un sens, il aurait aussi bien pu décrire la situation en disant que c'est la charge électrique qui dépend du temps ; autrement dit, sa théorie est vraiment mal définie. Passons outre ces difficultés pour le moment et voyons plutôt si l'on peut déduire, par intuition, quelque conséquence de cette dépendance temporelle de la constante gravitationnelle. Certains affirment qu'elle permettrait d'expliquer les tremblements de terre : la planète enflerait lentement à mesure que les forces de gravitation diminuent, ce qui engendrerait les failles et tout le reste. Mais l'autre théorie, celle des courants dans les entrailles de la Terre, explique beaucoup mieux le fait que les séismes n'ont lieu que dans des régions très localisées de la croûte terrestre. En bref, il n'y a rien pour nous rassurer dans cette hypothétique théorie des tremblements de terre.

On pourrait tenter de réfuter cette idée de la dépendance temporelle de G en regardant ses implications sur nos modèles d'étoiles. Sans les étudier en détail, on peut donner une idée de la manière dont fonctionnent les étoiles : tandis que la matière stellaire s'accumule en son centre, son énergie gravitationnelle augmente et elle se réchauffe jusqu'à amorcer des réactions nucléaires. L'énergie perdue par radiation étant maintenant fournie par les réactions nucléaires, la pression assure l'équilibre de l'étoile et empêche qu'elle ne s'effondre sur elle-même. Or, si l'on admet que la constante de la gravitation dépend du temps et qu'elle était plus élevée dans le passé, il faut alors supposer que la cadence de la production d'énergie était elle aussi supérieure afin de compenser le poids plus important de l'astre. Des analyses détaillées montrent que la luminosité des étoiles varie, *grosso modo*, comme la puissance six de la constante de gravitation. Ainsi, avec une constante G supérieure, il faut une température plus élevée au cœur de l'étoile pour compenser un poids plus important afin que les réactions nucléaires puissent se faire à un rythme plus rapide. On peut s'interroger sur les effets que cela produirait sur le Soleil et donc sur la température à la surface de la Terre. Or, on sait qu'il y a eu diverses formes de vie sur Terre depuis quelque 10^9 années et cela fournit de bonnes indications sur la température à la surface de la planète. Si la constante gravitationnelle avait été supérieure, à l'époque, cela aurait eu deux conséquences : la luminosité du Soleil, suivant la loi en G^6, aurait été beaucoup plus importante et l'orbite de la Terre aurait été plus proche de l'étoile qu'elle ne l'est aujourd'hui. Au bout du compte, l'intensité lumineuse incidente aurait été proportionnelle à G^8. On peut en déduire une estimation de la température de la Terre. Le calcul précis est difficile parce que la planète rayonne, parce qu'il y a des nuages, et pour toutes sortes d'autres raisons. On peut toutefois estimer sa température en considérant la Terre comme un corps noir. Puisqu'il tourne, ce corps noir rayonne de l'énergie, suivant la loi en T^4, par toute sa surface ; il atteint une certaine température d'équilibre grâce à l'énergie qu'il reçoit du Soleil. Il se trouve que la correspondance entre ce résultat et les températures mesurées à la surface des diverses planètes n'est pas mauvaise du tout (en fait, ça marche partout où l'on connaît la température de surface) : on peut donc utiliser avec confiance cette méthode d'estimation pour déduire la température qui régnait à la surface de la Terre voici quelques milliards d'années, et avec une constante gravitationnelle environ 8% plus élevée. L'énergie incidente varie en T^4 et E en G^8. Cela donne une température en G^2 qui valait donc, voici un milliard d'années, 16%, soit 48°C de plus que la température actuelle.

Géophysiciens et biochimistes nous renseignent alors sur ce que serait la surface de la Terre à des températures de l'ordre de 75 °C. Cette température n'est pas tout à fait assez élevée pour faire bouillir les océans : nous ne sommes donc pas encore débarrassés de notre théorie. Même à de telles températures, on peut envisager que la vie a commencé dans l'eau. En effet, il existe sur Terre (dans les sources chaudes de Yellowstone, par exemple), des bactéries qui vivent dans l'eau à des températures comparables. Il s'agit d'une forme de vie plutôt étrange. Or, les plus vieux fossiles découverts sur Terre ne présentent aucune bizarrerie qui pourrait confirmer de telles températures. Néanmoins, et pour autant que je sache, nous n'avons aucune preuve contre l'hypothèse que la température de la Terre ait été supérieure.

Une constante de la gravitation plus élevée dans le passé aurait conduit à une luminosité beaucoup plus importante qui aurait modifié l'échelle temporelle de l'évolution de certaines étoiles. Je sais que des astronomes essaient de voir si cela contredit les observations, mais ce que je ne sais pas, c'est s'ils ont abouti à des conclusions solides.

Une autre concordance stupéfiante entre la constante de la gravitation et la taille de l'univers vient de l'énergie totale. L'énergie gravitationnelle totale de toutes les particules de l'univers serait donnée par une formule du type GMM/R où $R = Tc$, T étant le temps de Hubble. En fait, si l'on considère l'univers comme une sphère de densité constante, alors il faudrait inclure un facteur supplémentaire valant 3/5, mais notre modèle cosmologique n'étant pas tout à fait au point, nous le négligerons. Comparons maintenant ce nombre à l'énergie de masse de l'univers, Mc^2. Eh bien ! le résultat est étonnant : $GM^2/R = Mc^2$, si bien que l'énergie totale de l'univers est *nulle*. En fait, on ne connaît ni sa densité, ni son rayon suffisamment bien pour affirmer qu'il y a égalité, mais le fait que ces deux nombres sont exactement du même ordre est une réelle coïncidence. C'est prodigieux ! Pensez-y, la création d'une nouvelle particule ne coûte *rien* puisqu'on peut la créer au centre de l'univers, là où l'énergie gravitationnelle est négative et vaut Mc^2 !

Dans ces évaluations, c'est la densité de l'univers qui est la plus difficile à déterminer. Certes, les étoiles et les galaxies, elles, nous les voyons. Mais nous n'avons aucune idée précise du nombre d'étoiles sombres (des étoiles qui se sont éteintes), ni de la densité du gaz intergalactique. Nous savons évaluer la densité de sodium dans l'espace entre les galaxies, en mesurant certaines raies d'absorption pour les étoiles distantes. Mais il y a de grandes chances pour que le sodium ne représente qu'une toute petite fraction du gaz intergalactique. Nous aurions besoin de connaître la densité d'hydrogène. De plus, il ressort de l'étude du mouvement du bras spiralé des galaxies et des amas globulaires que les galaxies auraient, en leur centre, un tas de masse sombre, de la matière noire. Ces éléments épars ne nous suffisent pas pour proposer une estimation fiable de la densité moyenne de l'univers. Eddington, dans ses évaluations des années 1920, utilisait pour les galaxies la densité d'un atome d'hydrogène par centimètre cube. Les radioastronomes qui ont récemment étudié la raie de l'hydrogène de notre galaxie sont parvenus à une valeur à peine inférieure, de l'ordre de 0,7 atomes d'hydrogène par cm^3. Pour la densité de matière intergalactique, on n'a aucune indication. Les cosmologistes proposent des valeurs 10^5 fois inférieures, de l'ordre de dix atomes d'hydrogène par mètre cube. Avec ces estimations, on obtient le résultat stupéfiant que l'énergie totale de l'univers est nulle. Pourquoi en va-t-il ainsi ? C'est là l'un des plus grands mystères et donc l'une des questions les plus importantes de la physique. Après tout, à quoi servirait d'étudier la physique si les mystères n'étaient pas les choses les plus importantes à explorer ?

Toutes ces spéculations sur les liens possibles entre la taille de l'univers, le nombre de particules qu'il contient et la gravitation n'ont rien d'original. Elles furent proposées par bien des gens dans le passé. Certains étaient des experts très sérieux qui jonglaient avec les mathématiques pour construire des modèles de cosmologie ; les autres, plus légers, signalaient simplement d'amusantes curiosités numériques tout en caressant le fol espoir qu'elles finiraient par avoir un sens.

1.3 Effets quantiques en gravitation

Dans les quelques cours à venir, nous commencerons par construire une théorie quantique de la gravitation. Il serait bon de préciser auparavant si une telle théorie pourrait avoir des effets observables. Considérons tout d'abord la gravitation comme une perturbation de l'atome d'hydrogène. Bien sûr, une attraction supplémentaire entre l'électron et le proton provoque une légère modification des niveaux d'énergie de l'hydrogène. On peut calculer ce décalage ϵ en énergie à l'aide de la théorie des perturbations. Pour l'atome d'hydrogène, la fonction d'onde dépendant du temps s'écrit $\psi = \exp(-iEt)$, où E est tel que la fréquence atteint quelques 10^{16} cycles par seconde. Et pour pouvoir observer des effets du décalage ϵ, il faudrait attendre que la différence de phase entre la vraie fonction d'onde et la fonction d'onde sans perturbation atteigne 2π. Mais l'ordre de grandeur de ϵ est si faible que la différence de phase ne vaudrait que 43 secondes (en phase) au bout d'un temps cent fois supérieur à l'âge T de l'univers. Au sein des atomes, les effets gravitationnels sont donc absolument inobservables.

Examinons une autre possibilité : un atome dont la cohésion serait assurée par les seules forces de gravitation. Par exemple, on peut imaginer un état lié de deux neutrons. Le calcul du rayon de Bohr d'un tel atome fournit 10^8 années-lumière et l'on obtient 10^{-70} Rydbergs pour son énergie de liaison. Il y a donc peu d'espoir d'avoir jamais l'occasion d'observer des effets gravitationnels sur des systèmes suffisamment simples pour être calculés en théorie quantique.

Une autre prédiction de la théorie quantique concernant la gravitation est que celle-ci résulterait de l'échange virtuel de certaines particules, que l'on appelle habituellement des « gravitons ». On pourrait donc s'attendre, dans certaines circonstances, à observer des gravitons comme on a pu observer des photons. Rappelons toutefois que, même si la lumière a été observée très tôt dans l'histoire de l'humanité (Adam fut le premier), il aura fallu attendre 1898 pour que l'on produise des ondes électromagnétiques en ayant pleinement conscience qu'il s'agissait d'un champ, et la nature quantique de ces ondes n'a été mise en évidence que plus tard encore. Certes, nous observons quotidiennement la gravitation, ne serait-ce que par le simple fait que nous gardons les pieds sur terre, mais on n'a encore jamais observé d'ondes gravitationnelles classiques. Cela ne contredit pas ce que l'on prévoit. En effet, la gravitation est si faible qu'aucune des expériences que l'on pourrait mener aujourd'hui ne serait assez sensible pour mesurer des ondes de radiations gravitationnelles, comme celles supposées provenir des sources les plus intenses que l'on puisse imaginer : des systèmes de deux étoiles en rotation rapide. Quant à l'aspect quantique des ondes gravitationnelles, on est un million de fois plus loin de le détecter. Apparemment, il ne subsiste aujourd'hui plus aucun espoir d'observer un jour un graviton.

1.4 Problèmes philosophiques de la quantification des objets macroscopiques

L'extrême faiblesse des effets quantiques gravitationnels engendre quelques problèmes d'ordre philosophique. Peut-être la nature cherche-t-elle par là à nous dire quelque chose de nouveau ; peut-être ne devrions-nous pas tenter de quantifier la gravitation. Serait-il possible qu'il ne faille pas se cramponner à une uniformité de la nature en vertu de laquelle tout phénomène serait quantique ? Serait-il possible que la gravitation ne soit pas du tout quantique, bien que tout le reste le soit ? On a déjà réfuté, dans le passé, l'idée que l'univers puisse être moitié quantique, moitié classique. Or, le postulat qui définit le comportement quantique est qu'il existe une amplitude pour chaque processus différent. Il est donc impossible qu'une particule décrite par une amplitude (un électron par exemple) ait une interaction qui, elle, ne soit pas décrite pas une amplitude mais par une probabilité. Considérons une expérience de diffraction par deux fentes comme celle qu'illustre la figure 1.2 : on installe un détecteur de gravitation que l'on pourra supposer classique et qui, en principe, indique par quelle fente est passé l'électron.

Supposons que le détecteur n'ait pas encore reçu le signal qui lui indique par quelle fente est passé l'électron. La position de ce dernier est donnée par une amplitude dont une moitié correspond au passage par la fente du haut, et l'autre moitié par la fente du bas. Si la gravitation

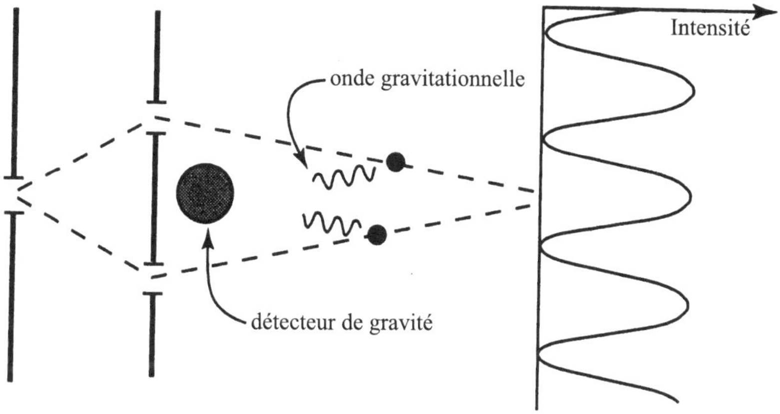

Figure 1.2

interagit par l'intermédiaire d'un champ, alors ce champ gravitationnel doit lui aussi avoir une amplitude dont chaque moitié correspond au champ de gravitation d'un électron qui est passé par l'une ou l'autre fente. Mais c'est justement cela qui caractérise le champ quantique : il n'est correctement décrit que par une amplitude, pas par une probabilité ! Il semble donc qu'il soit impossible de supprimer la nature quantique des champs.

Malgré ces arguments, gardons une certaine ouverture d'esprit ! Peut-être la théorie quantique n'impose-t-elle pas *nécessairement* que la gravitation soit quantifiée. Je tiens à ne pas être compris de travers : je parle d'ouverture d'esprit et pas d'esprit vide. Je veux dire que si l'on considère des théories alternatives, même injustifiées *a priori*, et si l'on entreprend des calculs, on pourrait très bien s'apercevoir que l'une de ces théories décrit justement les choses telles qu'elles sont ! Et l'on ne fait pas ce type de découverte en adoptant l'attitude de celui qui déclare qu'il faut « bien sûr, toujours garder le bénéfice du doute », mais qui agit et calcule en n'obéissant qu'à ses préjugés. À ce propos, j'aimerais signaler la possibilité que la théorie quantique s'écroule aux grandes distances ou pour de grands objets. Mais attention ! Je n'ai pas dit que je pensais que la théorie quantique s'écroule *effectivement* aux grandes distances ; j'ai seulement suggéré que ce ne serait pas incompatible avec ce que nous savons. Si cet échec de la théorie quantique s'avère lié à la gravitation, alors nous pourrions nous attendre à ce qu'il se produise pour des masses telles que $GM^2/\hbar c = 1$, donc M de l'ordre de 10^{-5} grammes. Cela correspond environ à 10^{18} particules. Or, la théorie quantique fournit de drôles de résultats pour des objets de cette taille : calculons la probabilité qu'un grain de sable traverse un mur et nous obtiendrons une réponse complètement absurde, quelque chose comme $10^{-260\,000}$. Ne négligeons donc pas l'éventualité que la théorie quantique se révèle fausse à grande échelle ou pour les objets de taille ordinaire. Et dans cet ordre d'idées, on pourrait aborder certains problèmes que posent la théorie de l'observation et de la mesure. Prenons l'exemple du paradoxe du chat de Schrödinger. Ce n'est pas vraiment un paradoxe puisqu'il existe deux réponses possibles, toutes deux résultant d'une déduction logique. Il s'agit plutôt d'un moyen de souligner une difficulté philosophique inhérente à la théorie quantique, chaque physicien étant libre de choisir celle des deux voies qui lui plaît le mieux.

Imaginons que nous placions, dans une boîte close dont nous ne pouvons observer l'intérieur, un chat et une carabine chargée, le chat y étant tellement à l'étroit qu'il mourra au premier coup tiré. En outre, la carabine est commandée par un compteur Geiger, qui recense les particules émises par une source radioactive, dont on suppose qu'elle émet en moyenne une particule à l'heure. La question est la suivante : quelle est la probabilité que le chat soit encore vivant une heure après qu'on l'a enfermé dans la boîte ?

La réponse de la théorie quantique est très simple : il y a deux états finals, de sorte que l'amplitude s'écrit

$$\text{Amplitude} = \frac{1}{\sqrt{2}}\,\psi\,(\text{chat vivant}) + \frac{1}{\sqrt{2}}\,\psi\,(\text{chat mort})\,.$$

En y réfléchissant à deux fois, on conviendra que le chat ne voit pas forcément les choses de la même manière. *Lui* ne se sent pas $1/\sqrt{2}$ vivant et $1/\sqrt{2}$ mort, mais soit l'un soit l'autre. Ainsi, ce qui est très bien décrit à un observateur extérieur par une amplitude ne l'est pas forcément aux yeux d'un observateur qu'englobe cette amplitude. Par conséquent, la théorie quantique place l'observateur extérieur dans une situation particulière. Afin de vérifier si le chat est mort ou vivant, il ne lui reste qu'à percer un trou dans la boîte pour regarder. Et ce n'est qu'après cette mesure que le système atteint un état final bien défini. Or, du point de vue de l'observateur à l'intérieur, le résultat de cette mesure effectuée par l'observateur extérieur est clairement donné par une probabilité, pas par une amplitude. Nous voyons ainsi qu'il existe, dans la description traditionnelle de la théorie quantique, une différence intrinsèque entre une description faisant intervenir un observateur extérieur et une description sans observation.

Ce type de paradoxe surgit chaque fois que l'on cherche à étendre les conséquences d'un événement atomique à l'ensemble de l'univers. La théorie quantique complète de notre univers ferait intervenir une monstrueuse fonction d'onde (qui inclut tous les observateurs) obéissant à l'équation de Schrödinger

$$i\,\frac{\partial\Psi}{\partial t} = \mathbf{H}\Psi,$$

et incluant une inextricable infinité d'amplitudes. Imaginons que je joue à la roulette dans un casino de Las Vegas ; je m'apprête à miser sur le nombre 22 lorsque la fille assise à côté de moi renverse son verre en apercevant une de ses connaissances ; je marque une pause avant de parier et c'est le numéro 22 qui sort ! Je comprends alors que tout le cours de l'univers s'est joué, pour moi, à un tout petit photon venu heurter la rétine de ma voisine. Ainsi, chaque événement à l'échelle atomique changerait le cours de l'univers entier. Cette image convient à ceux qui interprètent la théorie quantique au pied de la lettre. Puisqu'il n'existe aucun observateur extérieur à la fonction d'onde de tout l'univers, ils soutiennent que sa description inclut toutes les amplitudes pour chaque événement atomique. Cependant, nous faisons partie de cet univers et savons donc ce qui, pour nous, a changé le cours des choses ; nous sommes donc en mesure de faire défiler le film de notre passé. Voici maintenant la question d'ordre philosophique qui se pose à nous : lorsque l'on récapitule notre passé, le résultat de notre observation devient-il réel, de la même façon que l'état final se voit défini uniquement lorsqu'un observateur extérieur en fait l'observation ? Tout cela est plutôt déconcertant, surtout si l'on remarque que, même si l'on se considère toujours comme un observateur extérieur qui examine le reste du monde, eh bien ! réciproquement, le reste du monde nous observe, et il se trouve que l'on tombe souvent d'accord sur ce que l'on voit l'un chez l'autre. Cela veut-il dire que mes observations ne deviennent réelles que lorsque j'observe un observateur pendant qu'il observe un événement se dérouler sous ses yeux ? C'est abominable comme vision des choses ! L'idée qu'il n'y ait pas de réalité sans observateur vous plaît-elle vraiment ? Et puis... quel observateur ? N'importe lequel ? Peut-on considérer qu'une mouche est un observateur ? Et une étoile ? N'y avait-il donc pas de réalité dans l'univers avant l'apparition de la vie sur Terre, 10^9 années avant Jésus-Christ ? Ou serait-ce *vous* l'observateur ? Auquel cas le monde n'aurait-il plus de réalité après votre mort ? (Je connais pourtant de nombreux physiciens, tout à fait respectables à part ça, qui ont souscrit une assurance sur la vie.) Quelle philosophie pourrait comprendre un univers sans homme ?

Restons rationnels et gardons l'esprit ouvert : ne négligeons pas la possibilité que, pour des processus suffisamment complexes, les amplitudes deviennent des probabilités. On peut vérifier que ce sont bien des amplitudes que l'on additionne, à l'aide de processus qui détectent les différences de phase et les interférences. Or, pour les objets très compliqués, les relations de phase peuvent s'avérer extrêmement complexes et l'on observerait des interférences uniquement si les phases de chacune des parties de l'objet considéré suivaient une évolution très, très précise. Si, par quelque mécanisme que ce soit, l'évolution de la phase venait à s'entacher ne serait-ce que d'une très légère incertitude, qui ferait qu'elle n'est plus aussi absolument précise, alors, pour les objets très compliqués, nos amplitudes deviendraient des probabilités. Évidemment, si les phases affichaient cette incertitude dès le départ, cela aurait quelques conséquences. Si l'existence de la gravitation s'avérait être une de ces conséquences, alors il n'y aurait pas de théorie quantique de la gravitation, ce qui serait terrible pour le reste de ces cours.

Il s'agit de spéculations assez tordues et il ne vaut pas la peine d'en dire plus. Gardons toujours à l'esprit la possibilité que la théorie quantique peut être mise en échec puisqu'elle rencontre quelques difficultés avec nos préjugés philosophiques quant à la mesure et à l'observation.

1.5 La gravitation comme conséquence des autres champs

Revenons à la construction d'une théorie de la gravitation telle que nos amis vénusiens pourraient l'entreprendre. D'une manière générale, on s'attendrait à voir émerger deux écoles de pensée sur la façon d'aborder le nouveau phénomène :

1. La gravitation est un nouveau champ, le 31e.
2. La gravitation est une conséquence de quelque chose que l'on connaît déjà mais dont le calcul n'a pas été fait correctement.

Adoptons le second point de vue pour un petit moment et voyons où il mène. L'existence d'une attraction universelle rappelle une certaine situation en physique moléculaire : toutes les molécules s'attirent les unes les autres par une force dont le comportement à longue distance est en $1/r^6$. Cela, nous le comprenons en termes des moments dipolaires qu'induisent les fluctuations de la distribution de charge des molécules. Et le fait que cela est universel est bien connu : *toutes* les substances se condensent si on les refroidit suffisamment. Eh bien ! une possibilité serait que la gravitation soit une sorte d'attraction due à des fluctuations analogues d'un quelque chose, sans qu'on sache bien quoi, qui aurait peut-être à voir avec la charge.

Si l'on se préoccupe du fait que la théorie quantique puisse se voir invalidée par l'émergence très fréquente d'infinis lorsqu'on somme sur tous les états, on peut chercher un lien entre la gravitation, la taille de l'univers et cet échec de la théorie quantique. Les infinis surviennent chaque fois que l'on fait la somme des dénominateurs $\sum_n 1/\left(E - E_n\right)$. Or, on imagine aisément que si c'est l'univers entier qui nous intéresse, alors on ne va pas faire la somme de tous les états virtuels comme on le fait d'habitude. On ne va inclure dans cette somme que les états virtuels pour lesquels on pourra emprunter suffisamment d'énergie au reste de l'univers. Une théorie qui n'autorise la création d'états virtuels que si la violation en énergie reste en deçà de l'énergie totale de l'univers serait légèrement différente de la théorie usuelle, puisque celle-ci suppose que l'énergie totale est infinie. Certes, il y aurait de vraies différences avec la théorie habituelle, mais je doute que la gravitation puisse découler d'une théorie comme celle-là.

On pourrait aussi envisager que la gravitation résulte de l'échange virtuel d'une particule déjà connue, le neutrino par exemple. Après tout, à première vue, le neutrino présente les bons attributs : il s'agit d'une particule neutre, elle est dénuée de masse de sorte que son interaction serait en $1/r$, et elle interagit très faiblement.

Nous reviendrons sur cette théorie de la gravitation *via* le neutrino dans la leçon suivante et verrons pourquoi elle ne tient pas la route. Puis nous entamerons la construction d'une théorie de la gravitation comme théorie du 31^{e}champ à découvrir.

LEÇON 2

2.1 Les postulats de la mécanique statistique

En construisant nos théories de la gravitation, il faudra nous garder d'accepter trop vite les nombreux préjugés de la pensée scientifique actuelle. Nous avons vu dans la leçon précédente combien les probabilités laissent à désirer lorsqu'il s'agit d'expliquer l'univers. Si l'on croit vraiment que celui-ci est décrit par une énorme fonction d'onde sans observateur extérieur, alors rien ne deviendra jamais probabilité puisqu'aucune mesure ne sera jamais faite ! Beaucoup de physiciens se cramponnent à cette idée malgré les preuves expérimentales obtenues dans des régions bornées de l'univers, qui s'avèrent très bien décrites par des fonctions d'ondes représentant des amplitudes de probabilités pour le résultat des mesures.

De la même manière, certaines difficultés surgissent avec la description, même la plus commune (celle qu'on trouve dans les ouvrages les plus simples), de la mécanique statistique. Bien qu'elles ne soient pas directement en rapport avec la théorie de la gravitation, ces difficultés ont à voir avec certaines des questions cosmologiques que nous aborderons plus tard. On postule souvent que tous les états ont *a priori* la même probabilité d'occurrence. Or, c'est loin d'être le cas dans le monde tel que nous le vivons : la physique qui s'appuie sur ce postulat ne décrit pas correctement notre monde. Certains chercheurs — pas des physiciens, mais des géologues, des astronomes, des historiens ou des biologistes — sont prêts à parier gros que la première observation d'une région encore inexplorée de l'univers devrait dévoiler une organisation que cette physique à laquelle on prétend croire ne saurait prévoir. Notre expérience d'observateur atteste effectivement qu'en ouvrant un livre dont la couverture indique « Napoléon », nous avons de grandes chances de trouver, à l'intérieur, quelque chose qui concerne l'empereur. Et on ne s'attend certainement pas à découvrir un système à l'équilibre thermodynamique. Mais les physiciens n'ont pas trouvé le moyen de prévoir des éventualités aussi complexes pour des régions inexplorées de l'univers. La physique d'aujourd'hui n'annoncera jamais, à la différence du géologue, qu'on puisse découvrir un fossile en regardant certains morceaux de roches. De même, pour les astronomes et les astrophysiciens, partout où l'on regarde dans l'univers, on voit des étoiles, plus chaudes en leur cœur qu'en leur extérieur : des systèmes qui sont donc bien loin de l'équilibre thermodynamique.

Or, si l'on en croit les préjugés classiques de la thermodynamique, ce type de situation est complètement improbable. Il suffit, pour le voir, de considérer des systèmes dont l'organisation est simple. Représentons l'univers par une boîte remplie de deux types de particules, des blanches et des noires. Imaginons que, dans une certaine région de cet univers (un des coins de la boîte par exemple), toutes les particules blanches soient séparées des noires par une diagonale (figure 2.1). La probabilité *a priori* qu'il en soit ainsi est très, très faible : en vertu de nos préjugés classiques, on attribuerait cette situation à une fluctuation statistique très peu probable. Que prédit-on pour le reste de l'univers ? Eh bien ! la prédiction en est que l'observation de la région suivante devrait dévoiler une distribution beaucoup moins ordonnée des particules blanches et des particules noires. Mais ce n'est pas du tout ce qu'on trouve. Au contraire, chaque région que l'on découvre se révèle aussi ordonnée que la première. Lorsque je circule en voiture dans une région montagneuse que je n'ai jamais visitée, les arbres qui m'entourent sont identiques à ceux que je connais déjà. Or, le nombre de particules mises en jeu est si extraordinairement élevé que la probabilité d'une telle observation, calculée en termes de mécanique statistique habituelle, serait absolument minuscule.

La meilleure explication qu'on puisse donner d'une telle fluctuation est que seule la quantité observée a varié, tandis que tout le reste demeure aléatoire. Admettons que les états soient tous équiprobables *a priori* et imaginons que l'on découvre une partie de notre monde totalement déséquilibrée ; alors, le reste du monde devrait être un mélange bien uniforme car elle représenterait encore moins qu'une fluctuation. On pourrait objecter que les événements et les structures de notre monde sont corrélés, qu'ils ont tous le même passé ! Mais il s'agit-là d'une autre théorie que celle qui sous-tend la description de l'univers par la mécanique statistique. Il existe en effet une théorie antagoniste,

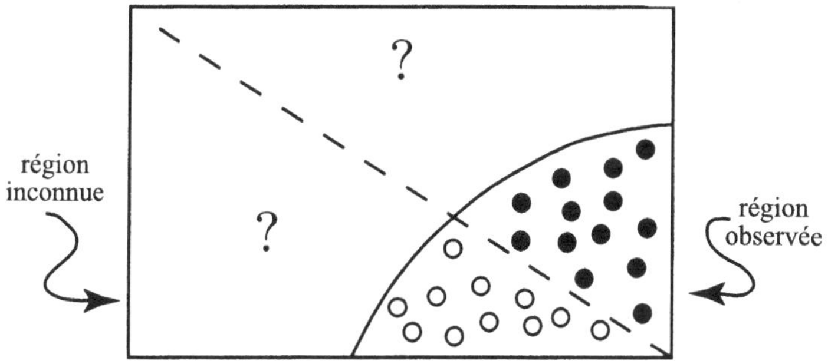

Figure 2.1

selon laquelle le monde était plus organisé dans le passé qu'il ne l'est aujourd'hui. L'état le plus probable n'est pas l'équilibre, mais quelque état particulier qui évolue de manière dynamique. C'est l'hypothèse la plus intuitive, celle qu'adoptent tous les historiens, tous les paléontologues et bien d'autres encore.

Les arguments s'appuyant sur les probabilités doivent servir à tester la théorie et on les utilisera comme suit. Imaginons que l'on décide de n'accorder que très peu de crédit à l'hypothèse selon laquelle on ne pourrait pas décrire l'univers comme une fluctuation compliquée du chaos complet qui caractérise l'équilibre thermodynamique. Supposons par exemple que la probabilité *a priori* que tous les états soient équiprobables s'élève à $1 - 10^{-100}$. On peut alors donner la description de certains états ordonnés selon un schéma précis, par exemple en dressant la liste de tous les états dont l'organisation pourrait être explicitée en moins d'un million de mots. On attribue alors la probabilité restante, qu'on a posée *a priori* égale à 10^{-100}, à l'hypothèse que l'univers a évolué en partant de l'une de ces situations à l'organisation particulière. En d'autres termes, on adopte le préjugé que tous les états sont équiprobables, mais on voudrait laisser ouverte la possibilité que l'observation invalide l'hypothèse de l'équilibre.

C'est alors qu'on observe le monde qui nous entoure et qu'on y découvre des états dont on peut facilement décrire l'ordonnance. Ce matin, chacun d'entre nous a pu constater que la terre était en bas et l'air au-dessus. Or, une telle observation suffit à augmenter considérablement, *a posteriori*, la probabilité de l'occurrence d'états ordonnés. Et plus on fera d'observations de ce type, plus cette augmentation dépassera les 10^{-100} de départ. Cela peut même se calculer, grâce à un théorème : soit P_a la probabilité *a priori* pour l'occurrence de la situation A ; on note P_b celle de la situation B. Supposons que nos observations se révèlent plus probables si c'est A qui est valable plutôt que B. Alors la probabilité *a posteriori* de A est augmentée du rapport qui rend le résultat des mesures plus probable lorsque A est valable.

Toute observation d'une région quelconque de l'univers, pourvu qu'elle soit macroscopique, la révèlera loin de l'équilibre. Et il y a vraiment très peu de chances que cela résulte d'une fluctuation. Il suffit d'une seule observation d'ordre macroscopique pour réduire la probabilité à 10^{-2000}, ce qui correspond à l'agencement ordonné de 5000 molécules seulement. Cela apparaît donc comme une évidence : seuls des états très particuliers peuvent engendrer un degré d'ordre tel que celui qu'on observe dans notre monde.

Mais dans ce cas, comment la thermodynamique fonctionne-t-elle si ses postulats prêtent à une telle confusion ? Le piège vient du fait que nous arrangeons toujours la situation en sorte que l'on ne mène pas les expériences sur les choses telles qu'elles sont et telles qu'on les trouve, mais seulement après avoir mis au panier toutes les situations qui auraient conduit à des agencements indésirables. Lorsqu'on fait des mesures sur un gaz contenu dans un récipient en métal, on prend garde d'« attendre qu'il ait atteint l'équilibre thermodynamique » (combien de fois a-t-on entendu cette phrase !) et l'on se débarrasse de toutes les situations où il arrive quelque chose à l'équipement, où l'électricité est coupée à cause d'un plomb qui a sauté, où quelqu'un heurte la boîte, etc. On ne fait jamais d'expériences sur l'univers tel qu'on le trouve, on cherche au contraire à tout contrôler pour mieux préparer le système sur lequel porte l'expérience.

Une façon plus satisfaisante de présenter les postulats de la mécanique statistique serait la suivante. Supposons que l'on connaisse, avec une précision infinie, tous les détails concernant un système (classique) comme une masse de gaz ; c'est-à-dire que l'on connaîtrait les positions et les vitesses de toutes les particules à un instant $t = 0$ donné. Par une connaissance précise des lois de la nature (et en faisant abstraction des difficultés que l'on rencontrerait en pratique), on pourrait alors calculer exactement le comportement et l'état de toutes ces particules à n'importe quel moment dans le futur. Imaginons toutefois qu'il subsiste une toute petite incertitude dans nos mesures, ou dans la donnée d'une grandeur qui intervient dans le calcul (la position ou la vitesse d'une seule des particules), ou même dans la connaissance des interactions entre particules. Peu importe d'où vient cette incertitude (sauf pour certains contre-exemples élaborés par des mathématiciens), elle nous contraint à décrire l'état final en moyennant sur sa valeur. Et si l'on attend suffisamment longtemps (il faudra moins de temps pour une incertitude plus importante et un système plus gros), nos prédictions du résultat des mesures tendront vers celles que donne la théorie canonique de l'équilibre thermodynamique.

Imaginons par exemple que l'on relève, à l'instant $t = 30$ minutes, la vitesse de la molécule numéro 6 en fonction de n'importe quelle donnée de départ du système, disons la position initiale de la particule numéro 133. On s'attend à obtenir une courbe extrêmement compliquée et excessivement détaillée, mais qui tendra vers l'équilibre sitôt que l'on aura pris la moyenne sur l'incertitude initiale portant sur la variable de départ. En d'autres termes, la distribution des valeurs finales devrait beaucoup ressembler à la distribution « à l'équilibre » (figure 2.2).

On ne peut débattre de la mécanique statistique et de la thermodynamique de manière satisfaisante, d'un point de vue physique, que si l'on admet que le problème vient de la définition du contexte dans un système au sein duquel plusieurs phénomènes ont lieu à des rythmes différents. La thermodynamique n'est utile que si ces rythmes sont suffisamment distincts. Ainsi, elle doit distinguer les processus lents des processus rapides. Lorsqu'on parle d'atteindre l'équilibre thermodynamique d'une masse de gaz, il ne s'agit pas de patienter pendant un temps infini, mais pendant une durée très longue par comparaison à la durée typique des interactions qui engendrent le type d'équilibre qui nous intéresse (comme les collisions moléculaires, par exemple). Pour de l'oxygène dans une boîte métallique, rien ne sert d'attendre que les parois du récipient soient oxydées, ou que le métal se soit évaporé (comme il finirait par le faire car il possède une pression de vapeur finie). On ne s'intéresse pas non plus aux très rares réactions nucléaires qui peuvent avoir lieu (si l'on en croit notre théorie) entre les molécules en collision.

Il faut s'attacher à interpréter avec soin le résultat de nos théories lorsqu'on les utilise dans toute leur rigueur mathématique. La rigueur physique, elle, n'est pas assez bien définie, mais s'il subsiste un point de détail très légèrement faux dans la définition de nos théories, alors la rigueur mathématique transformera ces erreurs en conclusions absurdes.

La question est donc de savoir comment faire, en théorie quantique, pour rendre compte de l'idée que, dans le passé, l'état de l'uni-

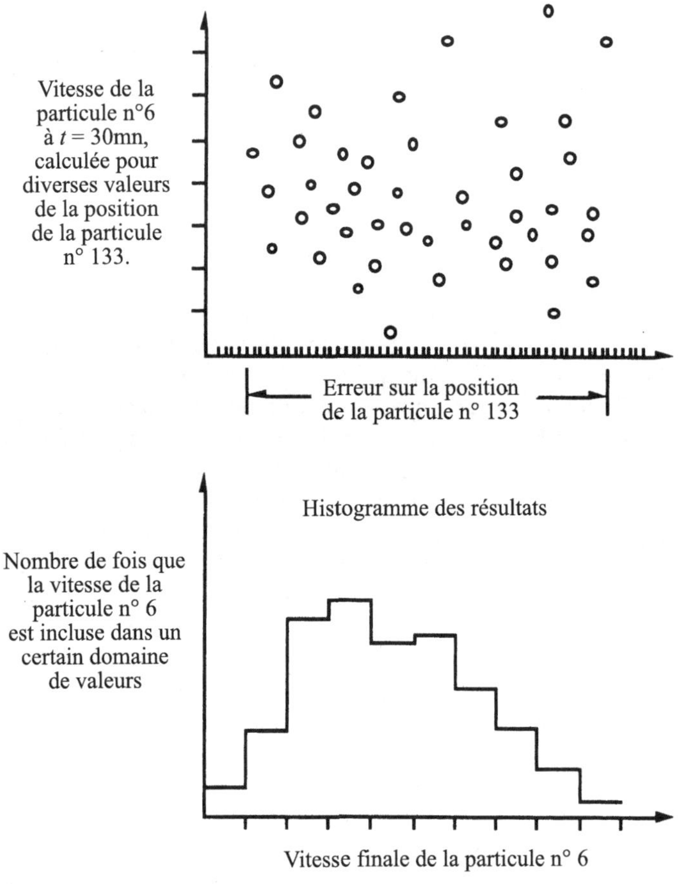

Figure 2.2

vers avait quelque chose de particulier. Le plus simple serait de dire que la fonction d'onde de l'univers (s'il existe une telle grandeur) prenait une certaine valeur ψ_0 à $t = -$(l'âge de l'univers). Mais en conséquence, la fonction d'onde actuelle, ψ, dépeindrait non seulement notre monde mais aussi, et sur un pied d'égalité, tous les autres univers obtenus comme une évolution possible du même commencement. Voilà, à grande échelle, un nouvel énoncé du paradoxe du chat de Schrödinger. Tous les états sont représentés sur un pied d'égalité : « notre univers » plus tous les chats morts dont le trépas fut un accident quantiquement contrôlé. Ce que nous appelons « notre univers » peut s'obtenir par « réduction du paquet d'onde ». Quel est le mécanisme de cette réduction ? Deux possibilités s'offrent à nous : nous admettrons soit que les observateurs agissent d'une manière que la théorie quantique (c'est-à-dire l'équation de Schrödinger) ne prend pas en compte, soit que tous les autres mondes possibles possèdent la même « réalité ». Ce n'est pas que l'une ou l'autre de ces propositions soit « fausse » ; je voudrais juste souligner que, selon moi, la théorie quantique actuelle ne laisse que l'un de ces deux choix.

2.2 Difficultés des théories spéculatives

Lorsqu'on élabore une nouvelle théorie, il faut veiller à ce qu'elle soit suffisamment précise et qu'elle offre une description telle qu'on puisse en tirer des conclusions claires. On ne veut pas se trouver contraints de changer constamment les détails de la théorie, à mesure qu'ils s'avèrent en conflit avec l'expérience ou avec les postulats de départ. On peut toujours rafistoler une théorie un peu confuse, mais pas complètement absurde, par de beaux discours tout aussi confus, implantés partout où l'on trouve des incohérences... mais si l'on commence à croire aux discours plutôt qu'aux preuves, on sera bien mal en point. C'est à peu près ce qui s'est passé avec les « théories de grande unification ». Par exemple, l'une de ces théories aura proposé qu'il existe un tenseur $J_{\mu\nu}$ « associé » au tenseur électromagnétique. Mais que signifie ce terme : « associé » ? Si on les considère égaux, la théorie prévoit des effets incorrects. Mais si l'on ne précise pas le sens de « associé », on ne sait pas ce que cette phrase veut dire. Et les discours selon lesquels cette « association » devrait « suggérer » une nouvelle relation ne mènent nulle part. On impute chaque fois les prédictions incorrectes à ces « suggestions » inexactes plutôt qu'à la faiblesse de la théorie, et certains persistent même à proposer de nouveaux termes qu'on pourrait ajouter au tenseur antisymétrique pour amender la situation tant bien que mal. Ce type de discours spéculatif ne mérite pas plus de crédit que celui des adeptes de la numérologie, qui découvrent des relations accidentelles entre diverses grandeurs mais les modifient continuellement, à chaque mesure plus précise, afin de relier les unités, puis des fractions de plus en plus fines de ces unités, pour rester en accord avec les incertitudes de plus en plus faibles dans les valeurs mesurées.

À ce propos, j'aimerais raconter une anecdote : les bribes d'une conversation lors d'une soirée mondaine tenue à Paris, voici plusieurs années. À un certain moment, toutes les femmes ont mystérieusement disparu et je me suis retrouvé nez à nez avec un professeur très connu, solennellement installé dans un fauteuil, entouré de ses étudiants. Il me demande : « Dites-moi, Professeur Feynman, à quel point êtes-vous sûr que le photon est dépourvu de masse ? ». « Eh bien ! cela dépend de la valeur de la masse que vous avez en tête ! répondis-je. Évidemment, si vous la choisissez infinitésimale, en sorte qu'elle n'ait absolument aucun effet, je ne pourrai pas réfuter son existence. Mais je prendrai plaisir à justifier qu'elle ne puisse pas prendre la valeur que vous proposeriez. Voici mes conditions : une fois que j'aurai exposé mes arguments contre cette masse, vous ne pourrez plus en changer la valeur. » Le professeur accepta et choisit une masse valant 10^{-6} fois celle de l'électron.

Ma réponse fut la suivante. Admettons la relation $\omega = \sqrt{k^2 + m^2}$ liant la masse du photon et sa fréquence. La vitesse des photons devient alors différente selon leur longueur d'onde. Ainsi, en observant une étoile double suffisamment éloignée, on recevrait les signaux rouges et les signaux bleus à des instants différents. Puisqu'on n'observe rien de tel, on peut définir une borne supérieure pour cette masse, qui s'avère, si l'on fait le calcul, de l'ordre de 10^{-9} fois la masse de l'électron. La réponse fut traduite au professeur, qui voulut ensuite savoir ce que j'aurais dit s'il avait proposé 10^{-12} masse électronique. La question embarrassa l'étudiant chargé de la traduction. Après avoir maugréé que cela transgressait la règle, j'acceptais de faire une nouvelle tentative.

Avec des photons pourvus d'une faible masse, la même pour tous, d'importantes modifications sont à prévoir par rapport au comportement non-massif, et ce d'autant plus que la longueur d'onde sera plus élevée. Ainsi, à partir de la précision de la réflexion des impulsions d'un radar, on peut définir une borne supérieure à la masse que pourraient avoir les photons. Cette limite est plus précise que celle qu'on obtient par les arguments précédents : il se trouve que la masse envisageable doit rester inférieure à 10^{-15} fois la masse de l'électron.

Après cela, le professeur voulut encore proposer une nouvelle valeur, avec une masse de 10^{-18} masse électronique. L'étudiant interprète commençait à devenir vraiment mal à l'aise, et je protestais à nouveau, en soulignant que s'il continuait à ignorer notre accord en proposant chaque fois une masse plus petite, il est évident que je me retrouverais tôt ou tard à court d'argument. Malgré cela, j'essayais à nouveau, en commençant par lui demander s'il était d'accord avec le fait que si le photon possédait une petite masse, alors, par des arguments de théorie des champs, le potentiel serait en $\exp(-mr)/r$. Il acquiesça. On sait par ailleurs que le champ magnétique statique de la Terre s'étend dans l'espace à bonne distance. Le comportement des rayons cosmiques permet d'estimer cette distance à quelques rayons terrestres au moins. Mais cela signifie que la masse du photon doit être inférieure à celle qui correspond à une longueur de décroissance de l'ordre de treize mille kilomètres, soit quelque 10^{-20} masse de l'électron. La conversation s'arrêta là, pour mon plus grand soulagement.

On se gardera bien de suivre cet exemple et de tenter de construire une théorie de la gravitation à partir des champs *connus* en modifiant les constantes de couplage, ou en introduisant de nouveaux postulats à chaque difficulté rencontrée. Nous devons proposer des théories bien définies, fondées sur le comportement connu des autres champs, tout en se tenant prêts à les rejeter si elles s'avèrent inadéquates.

2.3 Échange d'un seul neutrino

Voyons si l'échange d'un neutrino peut produire une force qui ressemble de près ou de loin à la gravitation. Ces prototypes de théories seront formulés de manière grossière et leur étude restera incomplète car ils ne semblent pas très prometteurs et ce, dès les premières mises à l'épreuve. Peut-être pourrait-on masquer les difficultés qui font qu'on les écarte mais je pense qu'il vaut mieux s'en tenir aux règles convenues, c'est-à-dire tenter de proposer une explication en termes des propriétés *connues* des particules, sans ajouter de nouveaux postulats. Je n'y suis pas parvenu.

L'échange d'un neutrino pourrait produire un potentiel en $1/r$ car sa masse est nulle. Mais puisque son spin est demi-entier, cet échange unique n'engendre pas une force statique car, après l'interaction, la source de neutrino ne se trouve plus dans le même état qu'initialement. Pour que soit produite une force et pas seulement un processus de diffusion, il faut que le diagramme de cet échange puisse interférer avec les termes diagonaux de l'amplitude de diffusion. Autrement dit, elle devrait s'additionner à l'amplitude du processus où rien ne se passe (figure 2.3). Aucun objet ne peut rester dans le même état interne après avoir émis une demi-unité de moment angulaire, et cela suffit à exclure la possibilité de l'échange d'un seul neutrino.

Figure 2.3

Un méson sans spin et dénué de masse donnerait lui aussi un potentiel proportionnel à $1/r$. Pour calculer l'excédent d'énergie de l'interaction correspondante, mieux vaut se placer dans l'espace des coordonnées plutôt que dans l'espace des phases. Dans ce dernier, le propagateur pour une telle particule est en $1/k^2$. Celui du neutrino serait plutôt $1/\not{k}$ ou $\not{k}/k^2$ et il contient donc une puissance de $\vec{k}$ plus élevée au numérateur. Ainsi, il serait encore plus difficile de concilier un tel propagateur avec une force du type de la force de gravitation. Pour le méson de spin nul, on calcule l'amplitude du diagramme en intégrant le propagateur $\delta_+ = 1/\left(t^2 - r^2 + i\epsilon\right)$ sur tous les instants possibles pour l'émission et tous les instants possibles pour l'absorption (figure 2.4). L'énergie s'écrit, aux facteurs près :

$$E \propto \int \frac{idt}{(t^2 - r^2 + i\epsilon)} \quad \propto \quad \frac{1}{r}. \tag{2.3.1}$$

On ne fait qu'une intégration sur le seul temps d'émission (ou d'absorption) ; la seconde intégration introduit un facteur temporel qui représente l'avance de phase normale et qui n'est donc pas une énergie d'interaction.

Nous n'avons pas précisé clairement la manière dont les masses devraient apparaître comme facteurs, mais ce ne serait pas vraiment utile puisqu'on n'a jamais observé de neutrino dénué de spin. La demi-unité de moment angulaire qu'il emporte suffit à anéantir cette théorie.

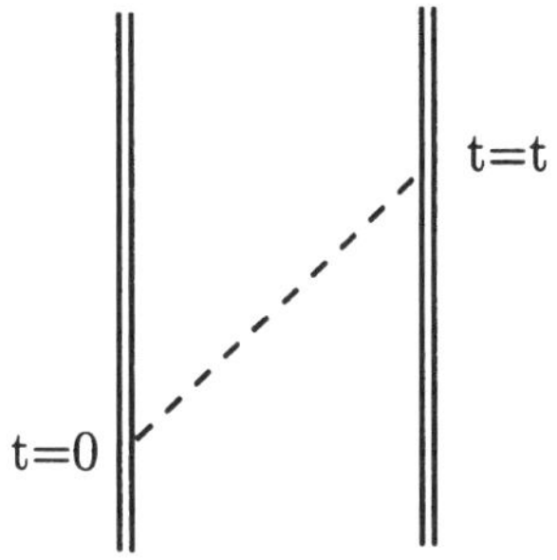

Figure 2.4

2.4 Échange de deux neutrinos

Peut-être une théorie de la gravitation pourrait-elle procéder de l'échange de *deux* neutrinos à la fois, en sorte que leurs valeurs moyennes soient diagonales. Il n'existe pas de moyen simple de se convaincre que l'énergie de l'interaction entre deux grands objets doit être exactement proportionnelle à leur masse, même s'il est évident qu'elle sera, *grosso modo*, proportionnelle au nombre de particules qui les composent. Laissons cela de côté pour le moment (on se réserve la possibilité d'y revenir si tout le reste venait à fonctionner, mais ce ne sera pas le cas) et admettons que l'interaction entre deux objets est proportionnelle à $m_1 \cdot m_2$ que multiplie l'interaction pour une paire de particules constituantes. On procèdera quasiment comme on l'a fait plus haut, mais plus soigneusement car les résultats se révéleront plus intéressants. L'amplitude pour l'émission d'une paire de neutrinos pendant dt vaut $G'dt$. L'amplitude pour que chaque neutrino se propage d'un point à un autre s'écrit $1/\left(t^2 - r^2 + i\epsilon\right)$. On introduit les masses m_1, m_2 des particules en interaction en disant que ces masses sont censées représenter le nombre total de particules, et on obtient finalement l'expression ci-dessous pour l'énergie des deux masses :

$$E = m_1 m_2 G'^2 \int \frac{idt}{\left(t^2 - r^2 + i\epsilon\right)^2}. \qquad (2.4.1)$$

Cette intégrale se calcule très facilement, par la méthode des résidus ou simplement en différentiant l'intégrale (2.3.1) pour l'échange d'un seul neutrino. Elle conduit à une énergie

$$E = m_1 m_2 \frac{G'^2 \pi}{2} \frac{1}{r^3}, \tag{2.4.2}$$

où r représente la distance qui sépare les particules. L'énergie correspondant à l'échange de deux neutrinos n'a donc pas la bonne dépendance radiale. Et cela ne laisse pas beaucoup d'espérance pour construire notre théorie. Il subsiste pourtant une lueur d'espoir si l'on va un cran plus loin. En fait, on obtient effectivement un terme en $1/r$ lorsqu'on considère l'échange de *deux* neutrinos entre *trois* masses. Les deux neutrinos sont échangés entre les paires de particules selon la nouvelle méthode, illustrée par la figure 2.5. Admettons que la première émission ait lieu à $t = 0$, et les autres vertex aux instants t et s. L'énergie fait maintenant intervenir l'intégrale

$$G'^3 m_1 m_2 m_3 \, i^2 \int \frac{ds\, dt}{(s^2 - r_{12})\,(t^2 - r_{23})\,\left[(s-t)^2 - r_{31}\right]}. \tag{2.4.3}$$

On la calcule par intégrations successives, chacune étant résolue par la méthode des résidus, et le résultat s'écrit

$$E = -G'^3 m_1 m_2 m_3 \, \pi^2 \frac{1}{(r_{12} + r_{23} + r_{13})\, r_{12} r_{23} r_{13}}. \tag{2.4.4}$$

Supposons que l'une des masses, disons la masse 3, soit si éloignée que r_{13} devienne très supérieur à r_{12}. Alors on obtient effectivement une interaction entre les masses 1 et 2 qui est inversement proportionnelle à r_{12}.

Quelle est donc cette masse m_3 ? C'est assez clair : elle correspond à une sorte de moyenne sur toutes les autres masses de l'univers. L'influence d'une distribution de masse à symétrie sphérique, disposée autour des masses 1 et 2 à grande distance, apparaîtrait comme une intégrale sur la densité moyenne, c'est-à-dire

$$E = -\frac{G'^3 m_1 m_2 \, \pi^2}{r_{12}} \int \frac{4\pi \rho(R) R^2 dR}{2R^3}, \tag{2.4.5}$$

où R dénote le grand rayon, $R \sim r_{13} \sim r_{23}$. Pour en faire une estimation rapide, on choisira la densité constante au sein de la sphère. On intègre à partir d'un rayon intérieur initial suffisamment grand pour

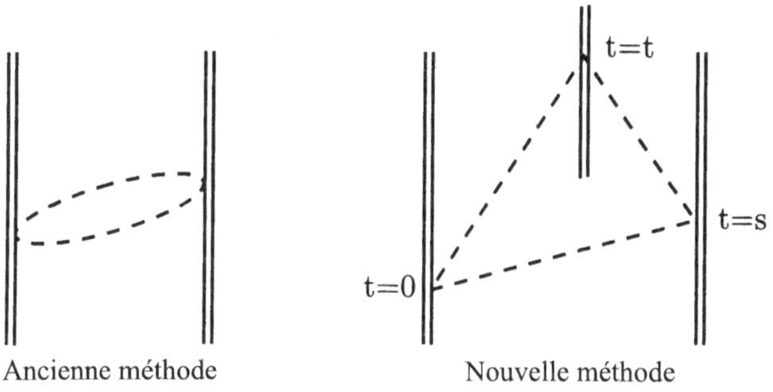

Figure 2.5

que r_{12} reste très petit par comparaison. La contribution de toutes les masses au-delà de ce rayon minimum fournirait

$$E = -\frac{m_1 m_2}{r_{12}} 2\pi^3 G'^3 \ln\left(\frac{R_e}{R_i}\right) \rho. \tag{2.4.6}$$

Le logarithme ne dépasserait pas 50 ou 100 puisque l'ordre de grandeur du rayon extérieur vaut $Tc = 10^{10}$ années-lumière = 10^{28} cm. L'énergie ainsi obtenue correspond assez bien à la gravitation ; peut-on la récuser ? Eh bien oui ! et de deux manières différentes. Premièrement, pour des distances supérieures à celles pour lesquelles la loi de Newton a déjà été vérifiée, la valeur du terme logarithmique devient comparable à la force directe (2.4.2), proportionnelle à $1/r^3$. De plus, si l'on examine les effets du Soleil sur l'attraction gravitationnelle entre la Terre et la Lune à la lumière de notre théorie, on découvre que l'étoile provoquerait des déviations observables du mouvement orbital de la Lune, du simple fait de la variation de la distance Terre-Soleil le long de l'orbite terrestre. On peut l'estimer de la manière suivante. On cherche à comparer la contribution du Soleil à celle des autres astres sur l'attraction Terre-Lune. Or, en vertu de notre théorie, les effets varient avec la masse et l'inverse du cube de la distance. Le logarithme restant inférieur à 1000, quelle que soit la valeur choisie (dans un domaine de valeurs raisonnable) pour la densité stellaire, la contribution du Soleil serait 10^{12} fois supérieure à la contribution des autres étoiles ! On négligera donc leur influence. Cependant, on n'a jamais observé, dans le système Terre-Lune, de perturbation aussi importante que la modification de la constante gravitationnelle effective qu'engendrerait une variation de $\pm 2\%$ sur la distance Terre-Soleil.

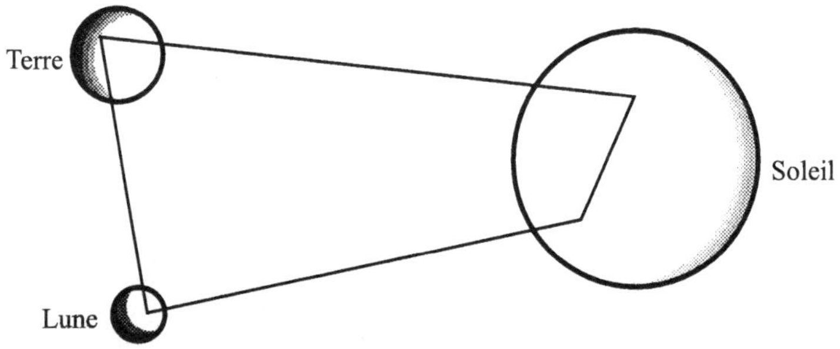

Figure 2.6

Peut-on encore sauver cette théorie ? On peut espérer s'affranchir de ces difficultés grâce aux processus d'ordre supérieur comme, par exemple, ceux qui font intervenir quatre lignes de neutrinos, voire plus. Dans le calcul, il est clair qu'un terme comme celui de la figure 2.6 contribuerait à l'ordre $(m_3)^2$, c'est-à-dire par le carré du nombre de particules de la masse environnante. Ainsi, l'influence de nébuleuses distantes prendrait largement le dessus sur les effets du Soleil. Évidemment, cela deviendrait pire encore aux ordres supérieurs. Nous devrons donc faire la somme, pour tous les ordres, des diagrammes du type de la figure 2.7. Cependant, si l'on en croit la statistique de Fermi, d'un ordre au suivant, les termes changent de signe et le résultat qui en découle n'est pas très satisfaisant.

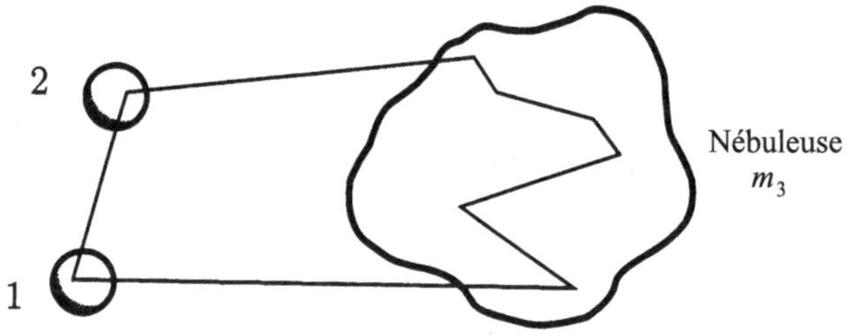

Figure 2.7

Pour expliquer l'idée de manière plus formelle, disons que dans une théorie (d'un champ scalaire ϕ) avec un couplage quadratique en $\bar{\psi}\phi^2\psi$, la valeur moyenne pour le produit de deux champs $\phi(1)\phi(2)$ en présence de nombreuses nébuleuses donnerait

$$< \phi(1)\phi(2) >= \delta_+(S_{12}^2) + C,$$

où le premier terme représente le terme de vide habituel, tandis que C vient de l'interaction avec les nébuleuses distantes. Ce terme C sera quasiment indépendant de 1 et 2, à condition que la distance entre ces derniers soient suffisamment faible par comparaison avec le rayon de l'univers.

Cependant, je ne crois pas qu'on puisse obtenir le terme C avec un spin $1/2$. En outre, pour des photons, à supposer qu'on ait bien un tel terme, celui-ci n'aurait pas l'effet désiré puisque leur couplage n'est pas quadratique.

Ainsi, la théorie de la paire de neutrinos ne donne pas de très bons résultats. Nous avons tout de même appris quelque chose à l'occasion, et l'idée est passionnante : si l'on construit une théorie de la gravitation fondée sur une interaction à trois corps, le troisième corps étant très éloigné des deux autres, alors la loi en $1/r$ ne peut provenir que de quanta possédant un spin entier et l'intensité du potentiel sera proportionnelle à la quantité de matière présente dans le corps distant. Une nébuleuse qui n'aura eu jusqu'alors absolument aucune influence sur nos lois physiques, jouerait ainsi un rôle essentiel pour l'interaction gravitationnelle !

Notez toutefois que pour construire cette théorie, il faudrait s'accommoder de l'existence d'un boson de masse nulle, ayant un couplage quadratique avec la matière de l'univers. Et cela nous renvoie à la question de savoir pourquoi la force est exactement proportionnelle à la masse. Mais à quoi servirait-il de suivre cette voie si tortueuse alors qu'elle n'a rien donné avec les particules connues ? Quitte à accepter d'introduire une nouvelle particule, autant admettre l'existence d'une particule de masse nulle et de spin deux, puisqu'on peut alors construire une théorie parfaitement sensée, avec un couplage linéaire de ce nouveau boson à la matière.

LEÇON 3

3.1 Spin du graviton

Nous avons examiné, en adoptant le point de vue de Vénusiens imaginaires, les interprétations possibles de la gravitation en termes des champs connus. Puisqu'on suppose ces chercheurs bien au fait des propriétés générales des théories de champs, imaginons-les maintenant en quête d'un champ qui possède les attributs de la gravitation. Afin de distinguer les diverses possibilités, rappelons certaines des caractéristiques de la gravité : les masses importantes s'attirent selon une force proportionnelle à leur inertie et inversement proportionnelle au carré de leur éloignement ; masse et inertie représentent le contenu en énergie, puisque l'énergie de liaison des noyaux et des atomes affichent un comportement gravitationnel analogue à celui de l'énergie de masse.

Imaginons donc qu'un premier groupe d'experts en théorie du champ ait tenté, comme nous l'avons fait dans la leçon précédente, d'interpréter les forces de gravitation en termes des particules connues, et qu'ils aient échoué. Parallèlement, un second groupe de théoriciens aurait commencé à déduire certaines des propriétés d'un nouveau champ, dont le comportement pourrait bien ressembler à celui de la gravitation.

Tout d'abord, le fait que la gravitation apparaît comme une force à très longue portée signifie automatiquement que l'énergie d'interaction varie avec la distance en $1/r$. La théorie des champs n'autorise aucune autre possibilité. L'interaction est véhiculée par l'échange d'une particule que nous appellerons dorénavant le « graviton ». Pour que l'interaction engendre une force proportionnelle à $1/r^2$, le graviton doit être dénué de masse. La prochaine énigme à résoudre avant de pouvoir écrire une théorie du champ concerne la valeur de son spin. Avec un spin 1/2 (ou n'importe quel spin demi-entier), on retrouve les difficultés rencontrées dans la leçon précédente (section 2.3), c'est-à-dire qu'il ne peut pas y avoir d'interférence entre l'amplitude pour l'échange d'une seule particule et celle du processus sans aucun échange. Le spin du graviton doit donc être un nombre entier : $0, 1, 2, 3, 4$... N'importe laquelle de ces valeurs du spin conduit à une interaction en $1/r$ puisque la dépendance radiale est déterminée exclusivement par la masse de la particule intermédiaire. Pour faire la distinction entre les différents spins, il faut étudier des différences plus fines entre les effets induits par des gravitons portant l'une ou l'autre valeur de spin. Imaginons que notre équipe de chercheurs se répartisse le travail en sorte qu'un premier groupe analyse les détails pour un graviton de spin 0, un deuxième groupe regarde les conséquences du spin 1, un troisième celles du spin 2, et ainsi de suite. La quantité de travail exigée augmente considérablement pour les spins plus élevés, si bien que nous les étudierons par ordre croissant.

Une théorie de spin 1 serait en tout point identique à l'électrodynamique. Certes, rien n'exclut qu'il existe deux champs de spin 1, mais le second ne peut en aucun cas s'interpréter comme la gravitation, car l'une des conséquences du spin 1 est que les analogues se repoussent tandis que les opposés s'attirent. C'est même une propriété de toutes les théories de champs de spin impair. Réciproquement, on vérifie également que tous les spins pairs conduisent à des forces attractives. Ainsi, nous n'aurons à examiner que les spins 0 et 2, voire le spin 4 si la théorie du spin 2 échoue... en effet, rien ne sert de construire des théories compliquées tant que les plus simples n'ont pas dit leur dernier mot.

Le comportement gravitationnel des énergies de liaison permet d'éliminer la théorie de spin 0 . Sans entrer dans les détails, nous exposerons l'argument en procédant par analogie, puis nous passerons directement à la construction d'une théorie pour le spin 2. Penchons-nous sur la question suivante : Que vaut l'attraction entre des objets en mouvement ? Est-elle supérieure ou inférieure à l'attraction entre les mêmes objets au repos ? On peut, par exemple, calculer l'attraction mutuelle entre deux masses de gaz : les expériences sur la gravitation indiquent que la force est supérieure lorsque le gaz est plus chaud (figure 3.1).

On sait ce qu'il advient en électrodynamique. Le mouvement aléatoire des particules ne modifie pas les forces électriques. Or, l'énergie de l'interaction est proportionnelle à la valeur moyenne de l'opérateur

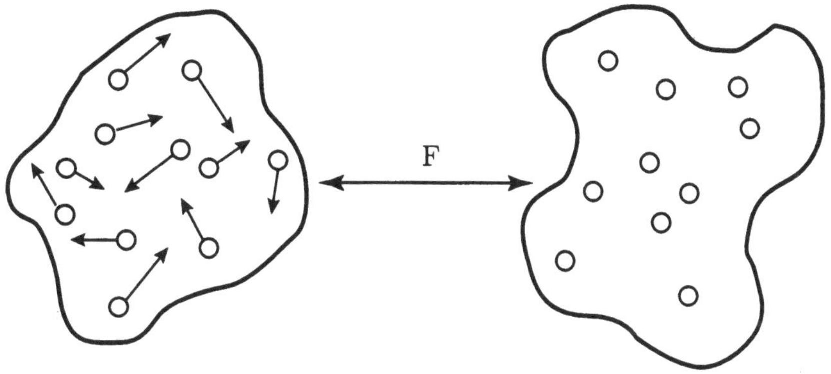

Figure 3.1

γ_t, qui n'est autre que $1/\sqrt{1-v^2/c^2}$. Puisque le potentiel correspondant ne dépend pas de la vitesse, le facteur de proportionnalité est nécessairement en $\sqrt{1-v^2/c^2}$. Cela implique que l'énergie d'interaction issue de l'opérateur 1, correspondant au champ de spin 0, serait elle aussi proportionnelle à $\sqrt{1-v^2/c^2}$. En d'autres termes, la théorie de spin 0 prédirait une attraction *moindre* entre les particules d'un gaz chaud qu'entre celles d'un gaz froid. De la même manière, on peut montrer que la théorie de spin 2 conduit à une énergie inversement proportionnelle à $\sqrt{1-v^2/c^2}$, donc en accord avec les résultats expérimentaux de l'effet gravitationnel pour les énergies de liaison. Ainsi, la théorie de spin 0 est éliminée ; il faut au moins un spin 2 pour que l'attraction soit proportionnelle au contenu en énergie.

3.2 Amplitudes et polarisations en électrodynamique, notre théorie canonique

Je propose maintenant de construire une théorie de spin 2 par analogie aux autres théories des champs dont on dispose. À ce stade, on pourrait s'en remettre aux travaux d'Einstein sur la gravitation puisqu'il a construit la bonne théorie. Toutefois, il sera plus instructif et sûrement plus efficace d'un point de vue pédagogique de se cantonner à notre histoire de chercheurs vénusiens pour deviner les propriétés de la théorie. Évidemment, beaucoup de chercheurs parviendraient aujourd'hui à construire une théorie correcte de la gravitation sans que cela minimise le caractère exceptionnel de l'exploit d'Einstein. Aujourd'hui, outre ses travaux qui nous montrent la voie, nous bénéficions du recul d'un formalisme bien développé qui n'existait pas à l'époque. Il est très difficile d'imaginer ce que l'on ferait si l'on ne savait pas ce que l'on sait... Poursuivons tout de même, en tentant de trouver une théorie correcte pour la gravitation par analogie avec l'électrodynamique.

Dans les théories de champs scalaire, vectoriel et tensoriel (une autre façon de dénoter les spins $0, 1$ et 2), les champs sont décrits par des potentiels scalaire, vectoriel ou tensoriel, respectivement :

Spin 0	X	potentiel scalaire,
Spin 1	A_μ	potentiel vectoriel,
Spin 2	$h_{\mu\nu}$	potentiel tensoriel, symétrique.

Le choix d'un tenseur antisymétrique conduit à une autre théorie qui ressemble plus à l'électromagnétisme qu'à la gravitation (les six composantes indépendantes du tenseur antisymétrique apparaissent comme deux vecteurs d'espace).

La source de l'électromagnétisme est le courant vectoriel j_μ, relié au potentiel vecteur par l'équation

$$A_\mu = -\frac{1}{k^2} j_\mu. \tag{3.2.1}$$

Nous avons fait les transformations de Fourier nécessaires pour se placer dans l'espace des phases. Dans celui-ci, le dalembertien s'écrit simplement k^2. En électromagnétisme, le calcul des amplitudes se fait à l'aide des propagateurs qui relient les courants, à la manière que symbolisent des diagrammes comme celui de la figure 3.2. On calcule les amplitudes pour ce type de diagramme comme fonctions des invariants relativistes, et l'on restreint les résultats en suivant les règles de conservation de l'énergie et de l'impulsion. La quintessence de l'électromagnétisme réside dans l'expression $j^\mu A_\mu$ de l'interaction entre le courant et le champ. En fonction des sources, cela devient une interaction entre deux courants :

$$-j'_\mu \frac{1}{k^2} j^\mu. \tag{3.2.2}$$

Dans un choix adapté du système de coordonnées, le vecteur k_μ s'écrit

$$k^\mu = (\omega, \kappa, 0, 0). \tag{3.2.3}$$

Remarquez que l'on utilisera les indices $4, 3, 2, 1$ en sorte que

$$\begin{aligned} x^\mu &= (t, z, y, x) \\ A_\mu &= (A_4, A_3, A_2, A_1). \end{aligned} \tag{3.2.4}$$

Ainsi, l'interaction courant-courant, lorsque la particule échangée possède la quadri-impulsion k^μ, est donnée par

$$-j'_\mu \left(\frac{1}{k^2}\right) j^\mu = -\frac{1}{\omega^2 - \kappa^2} \left(j'_4 j_4 - j'_3 j_3 - j'_2 j_2 - j'_1 j_1\right). \tag{3.2.5}$$

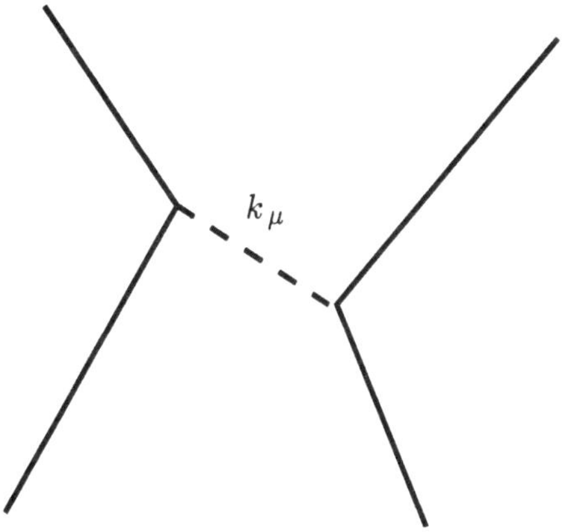

Figure 3.2

Dans l'espace des phases, la conservation de la charge, en vertu de laquelle la quadri-divergence du courant s'annule, revient simplement à imposer que

$$k_\mu j^\mu = 0. \tag{3.2.6}$$

Dans le système de coordonnées que l'on a choisi, cette contrainte relie les composantes trois et quatre du courant selon

$$\omega\, j^4 - \kappa\, j^3 = 0, \qquad \text{ou} \qquad j^3 = \frac{\omega}{\kappa}\, j^4. \tag{3.2.7}$$

Si l'on injecte cette expression pour j^3 dans l'amplitude (3.2.5), on obtient

$$-j'_\mu \left(\frac{1}{k^2}\right) j^\mu = \frac{j'_4 j_4}{\kappa^2} + \frac{1}{\omega^2 - \kappa^2} \left(j'_1 j_1 + j'_2 j_2\right). \tag{3.2.8}$$

On peut maintenant donner l'interprétation de chacun de ces deux termes. La quatrième composante du courant correspond simplement à la densité de charge. Ce serait la seule composante non nulle dans une situation où les charges seraient stationnaires. Le premier terme est indépendant de la fréquence. Ainsi, lorsqu'on lui applique la transformation de Fourier inverse pour le traduire en interaction dans l'espace réel, on retrouve qu'il correspond au potentiel coulombien instantané :

$$(\text{F.T.})^{-1}\left[\frac{j_4' j_4}{\kappa^2}\right] = \frac{e^2}{4\pi r}\delta\left(t - t'\right). \tag{3.2.9}$$

C'est toujours ce terme qui domine dans la limite des faibles vitesses. Il paraît instantané, mais c'est uniquement dû au fait que la séparation entre les deux termes n'est pas covariante. Évidemment, l'interaction totale est une grandeur covariante et le second terme représente les corrections à l'interaction coulombienne instantanée.

L'interaction entre deux courants fait toujours intervenir des photons virtuels. Quant aux pôles de l'amplitude, en $\omega = \pm\kappa$, ils renseignent sur les propriétés des photons réels. Bien sûr, n'importe quel photon qui exerce une influence physique peut être considéré comme un photon virtuel, puisqu'on ne peut l'observer sans le faire interagir (de sorte qu'un photon que l'on a observé n'a jamais précisément $\omega = \pm\kappa$). On prend la limite sans problème : d'un point de vue physique, on observe des photons provenant de la Lune ou du Soleil pour lesquels la différence entre ω et κ est extrêmement faible. On reçoit aussi des photons venus de galaxies lointaines, situées à des millions d'années-lumière d'ici. Ceux-ci sont si proches du pôle qu'ils ne peuvent pas avoir d'autre effet physique que celui provenant du terme singulier. Le résidu en $\omega = \kappa$ est la somme de deux termes qui sont des produits de deux facteurs. Il existerait donc deux types de photons : le premier interagirait avec j_1 et j_1', et le second avec j_2 et j_2'. Dans le jargon habituel, on exprime cela en disant que les photons possèdent deux polarisations indépendantes.

Les polarisations circulaires ne sont rien d'autre que des combinaisons linéaires particulières de ces photons polarisés linéairement. Elles correspondent à une séparation de la somme de produits $(j_1' j_1 + j_2' j_2)$

dans une base différente, selon

$$(j_1' j_1 + j_2' j_2) = \frac{1}{\sqrt{2}} (j_1 + i j_2) \frac{1}{\sqrt{2}} (j_1' + i j_2')^* + \frac{1}{\sqrt{2}} (j_1 - i j_2) \frac{1}{\sqrt{2}} (j_1' - i j_2')^* . \quad (3.2.10)$$

Quoi qu'il en soit, on a toujours deux types de photons. L'intérêt de cette écriture devient évident lorsqu'on effectue des rotations du système de coordonnées autour de la direction de propagation 3. Les photons polarisés circulairement « tournent l'un dans l'autre », si l'on peut dire, car une rotation des coordonnées d'un angle θ ne les modifie que par un facteur de phase $\exp(i\theta)$ ou $\exp(-i\theta)$.

Selon les règles du comportement des objets quantiques sous les rotations, les systèmes qui possèdent cette propriété se trouvent dans un état de moment angulaire défini. Pour les photons dont le changement de phase vaut $\exp(i\theta)$, la projection du moment angulaire est 1 ; elle vaut -1 pour les autres.

Puisque les photons portent un spin 1, on pourrait s'attendre à ce qu'il en existe un troisième type dont la projection du spin vaudrait 0. Cependant, et cela se démontre, toute théorie relativiste des particules dénuées de masse n'autorise que deux états de projection : celui qui rend minimale la valeur de la projection le long de la direction de propagation et celui qui la rend maximale. Ce résultat, très général — il vaut pour toutes les particules sans masse, et quel que soit leur spin — fut démontré par Wigner. On ne donnera pas le détail de sa démonstration mais, dans les cas qui nous intéressent (le photon et, plus tard, le graviton), on mettra en évidence ces deux états en écrivant explicitement la séparation de l'interaction.

Vous pourriez objecter que l'on n'a montré l'existence de ces deux états que pour les *courants*, qui sont les opérateurs source, et pas pour les photons eux-mêmes. Mais l'un implique l'autre puisque c'est l'opérateur courant $(j_1 + i j_2)/\sqrt{2}$ qui donne l'amplitude pour l'émission d'un photon de polarisation circulaire -1, et ainsi de suite. Dans une rotation du système de coordonnées, l'amplitude d'émission ne devrait pas changer, et c'est ainsi qu'on arrive à la nécessité du changement de phase approprié pour les photons. En réalité, la polarisation d'un photon pourrait être mieux définie en fonction des projections du potentiel vectoriel selon des directions particulières, notées e_μ (le vecteur e_μ est choisi unitaire). L'interaction d'un photon avec le courant j^μ, c'est-à-dire l'amplitude d'absorption ou d'émission de ce photon, s'écrit

$$-e_\mu j^\mu = (\text{projection de } j^\mu \text{ le long de } e_\mu). \qquad (3.2.11)$$

3.3 Amplitudes pour l'échange d'un graviton

Nous écrirons les amplitudes pour l'échange d'un graviton par simple analogie avec l'électrodynamique. Il nous faudra accorder un soin tout particulier aux termes non-relativistes instantanés puisque ce sont les seuls qui se manifestent dans nos observations actuelles de la gravitation. La théorie complète fournit à la fois les termes instantanés (analogues de l'interaction coulombienne) et les corrections qui apparaissent comme des ondes retardées. Il faudra isoler ces effets de retard lors du calcul des effets observables.

On prend le dalembertien, dans l'espace des phases, égal à k^2. Par simple analogie avec l'équation (3.2.1), on s'attend à ce que le champ tensoriel soit relié au tenseur source par la relation

$$h_{\mu\nu} = \frac{1}{k^2} T_{\mu\nu}. \qquad (3.3.1)$$

Que vaut l'interaction ? À l'instar de l'électrodynamique qui relie les courants, on peut proposer que les tenseurs sources apparaissent dans l'énergie de l'interaction par

$$T'_{\mu\nu} \left(\frac{1}{k^2}\right) T^{\mu\nu}. \qquad (3.3.2)$$

C'est à nous d'attribuer au tenseur **T** les propriétés requises pour reproduire les caractéristiques de la gravitation. On peut imaginer, *a priori*, que le tenseur **T** fasse intervenir des gradients, c'est-à-dire le vecteur $\vec{k}$. Or, si elle ne contient que des gradients, la théorie n'aura pas de monopôles ; les objets les plus simples seront des dipôles. On voudrait que le tenseur **T** soit tel que, dans la limite non-relativiste, les densités d'énergie entrent en jeu de la même manière que les densités de charge j_4. Comme on le sait, en électromagnétisme, la composante T_{44} du tenseur énergie-impulsion représente justement la densité d'énergie du champ électromagnétique. Il y a donc de grandes chances qu'il existe un tenseur général dont la composante T_{44} donne la densité d'énergie totale. On en déduirait la loi de la gravitation de Newton dans la limite des petites vitesses, avec l'énergie d'interaction

$$-\frac{T'_{44}T_{44}}{\kappa^2}. \tag{3.3.3}$$

Si l'on veut une théorie relativiste correcte, il faut que l'amplitude contienne tout le tenseur $\mathbf{T}$, comme nous l'avons exprimé dès le départ par l'équation (3.3.2).

Il subsiste un point, au sujet de ce tenseur, dont nous n'avons pas encore parlé. La trace d'un tenseur symétrique est une quantité invariante mais pas nécessairement nulle. Ainsi, en partant d'un tenseur symétrique de trace non nulle, on obtiendrait une théorie qui mélange le spin 0 et le spin 2. Au moment de mettre les polarisations en évidence dans l'interaction, on se rendrait compte que la théorie autorise trois polarisations au lieu des deux seules accessibles à la particule non massive de spin 2. Précisons un petit peu : outre l'équation (3.3.2), il existe un autre invariant possible, proportionnel à $T^{\mu}{}_{\mu}(1/k^2)T^{\nu}{}_{\nu}$. On pourra ajuster les coefficients de ces deux termes afin d'exclure la possibilité d'échanger des gravitons réels de moment angulaire nul.

Voici le détail des différents termes :

$$T'_{\mu\nu}\left(\frac{1}{k^2}\right)T^{\mu\nu} = \frac{1}{\omega^2-\kappa^2}\left[T'_{44}T_{44} - 2T'_{43}T_{43} - 2T'_{42}T_{42} - 2T'_{41}T_{41}\right.$$
$$\left. + 2T'_{23}T_{23} + 2T'_{31}T_{31} + 2T'_{21}T_{21} + T'_{33}T_{33} + T'_{22}T_{22} + T'_{11}T_{11}\right]. \tag{3.3.4}$$

En électrodynamique, on a pu simplifier l'écriture en imposant la conservation de la charge. Ici, c'est la conservation de l'énergie qui fournira cette simplification. Dans l'espace des phases, elle s'écrit

$$k^{\mu}T_{\mu\nu} = 0. \tag{3.3.5}$$

Dans notre système de coordonnées favori, choisi en sorte que k^1 et k^2 y soient nuls, les coordonnées de notre tenseur s'en trouvent reliées de la manière suivante :

$$\omega T_{4\nu} = -\kappa T_{3\nu}. \tag{3.3.6}$$

Lorsqu'on use de cette relation pour éliminer l'indice 3, l'amplitude se scinde en deux termes : une partie instantanée, caractérisée par le dénominateur κ^2, typique, et une partie retardée, avec le dénominateur $(\omega^2 - \kappa^2)$. On obtient, pour le terme instantané,

$$-\frac{1}{\kappa^2}\left[T'_{44}T_{44}\left(1-\frac{\omega^2}{\kappa^2}\right) - 2T'_{41}T_{41} - 2T'_{42}T_{42}\right], \tag{3.3.7}$$

et pour le terme retardé,

$$\frac{1}{\omega^2 - \kappa^2}\Big[T'_{11}T_{11} + T'_{22}T_{22} + 2T'_{21}T_{21}\Big]. \tag{3.3.8}$$

Les composantes transverses du tenseur $\mathbf{T}$ étant supposées indépendantes, cette expression correspond à la somme de trois produits indépendants, c'est-à-dire à trois polarisations. Cela confirme donc que cette théorie contient un mélange de particules de spin 0 et de spin 2. Pour éliminer la partie de spin nul, il faut ajouter à notre amplitude un terme de la forme

$$\alpha\, T'^{\nu}{}_{\nu} \left(\frac{1}{k^2}\right) T^{\mu}{}_{\mu}. \tag{3.3.9}$$

Dans le terme retardé, il contribue par

$$\alpha\, \frac{1}{\omega^2 - \kappa^2}\left(T'_{11} + T'_{22}\right)\left(T_{11} + T_{22}\right).$$

On peut alors ajuster le paramètre α en sorte que le terme retardé ne contienne plus que la somme de *deux* produits indépendants. La valeur requise pour α est $-1/2$ et le terme retardé devient

$$\frac{1}{\omega^2 - \kappa^2}\left[\frac{1}{2}\left(T'_{11} - T'_{22}\right)\left(T_{11} - T_{22}\right) + 2T'_{12}T_{12}\right]. \tag{3.3.10}$$

Il reste bien deux directions de polarisation, engendrées par les combinaisons suivantes des composantes du tenseur :

$$\frac{1}{\sqrt{2}}\left(T_{11} - T_{22}\right) \quad \text{et} \quad \sqrt{2}\left(T_{12}\right). \tag{3.3.11}$$

La différence de normalisation résulte de la propriété de symétrie de notre tenseur. On peut restaurer un certain équilibre en posant

$$\sqrt{2}T_{12} = \frac{1}{\sqrt{2}}\left(T_{12} + T_{21}\right). \tag{3.3.11a}$$

Une solution d'onde plane possible pour notre graviton serait

$$h_{\mu\nu} = e_{\mu\nu} \exp\left(ik_\sigma x^\sigma\right), \tag{3.3.12}$$

où les seules composantes non nulles du tenseur de polarisation $e_{\mu\nu}$ sont les suivantes :

$$e_{11} = \frac{1}{\sqrt{2}}, \quad e_{22} = -\frac{1}{\sqrt{2}}, \quad \text{et} \quad e_{12} = e_{21} = \frac{1}{\sqrt{2}}. \tag{3.3.13}$$

Plus généralement, notre interaction

$$T'_{\mu\nu}\frac{1}{k^2}T^{\mu\nu} - \frac{1}{2}T'^{\mu}{}_{\mu}\frac{1}{k^2}T^{\nu}{}_{\nu}$$

peut se réécrire

$$T'^{\sigma\tau}P_{\sigma\tau,\mu\nu}T^{\mu\nu},$$

où $P_{\sigma\tau,\mu\nu}$, le propagateur du graviton, vaut

$$\frac{1}{2}\left(\eta_{\mu\sigma}\eta_{\nu\tau} + \eta_{\mu\tau}\eta_{\nu\sigma} - \eta_{\mu\nu}\eta_{\sigma\tau}\right)\frac{1}{k^2}.$$

Pour simplifier, il sera plus commode de garder le propagateur sous la forme d'un simple facteur $1/k^2$ et de représenter l'interaction *via* des gravitons virtuels émis par la source, d'amplitude

$$h_{\mu\nu} = \frac{1}{k^2}\left(T_{\mu\nu} - \frac{1}{2}\eta_{\mu\nu}T^{\sigma}{}_{\sigma}\right),$$

avec le couplage $h_{\mu\nu}T'^{\mu\nu}$ pour l'absorption.

L'amplitude d'émission d'un graviton réel de polarisation $e_{\sigma\tau}$, où $e^{\sigma}{}_{\sigma} = 0$ comme dans (3.3.13), est donnée par la contraction $e_{\sigma\tau}T^{\sigma\tau}$.

3.4 Interprétation physique des termes qui composent les amplitudes

La polarisation du graviton est une grandeur tensorielle. On peut le visualiser à l'aide de graphiques semblables à ceux que l'on utilise pour décrire un tenseur de contraintes : on dessine des flèches qui indiquent la direction associée aux surfaces normales aux axes. La figure 3.3 représente les deux types de contraintes possibles dans le plan perpendiculaire à la direction de propagation. Ce sont les deux seules contraintes quadrupolaires possibles ; celles dont les flèches s'orientent vers l'origine (ou dans le sens opposé) sont comparables à la pression d'un fluide, qui possède un spin nul. Celles (il s'agit en fait de rotations) dont les flèches pointent dans la direction des aiguilles d'une montre (ou dans le sens opposé) correspondent au spin 1.

On peut interpréter les contraintes de la figure 3.3(b) comme associées aux axes faisant un angle de $45°$ avec les axes initiaux. Dans ce cas, on les représente par la figure 3.4, qui n'est autre que la figure 3.3(a)

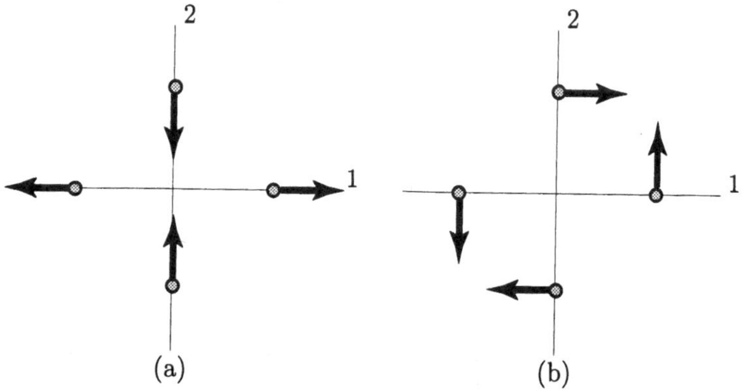

Figure 3.3

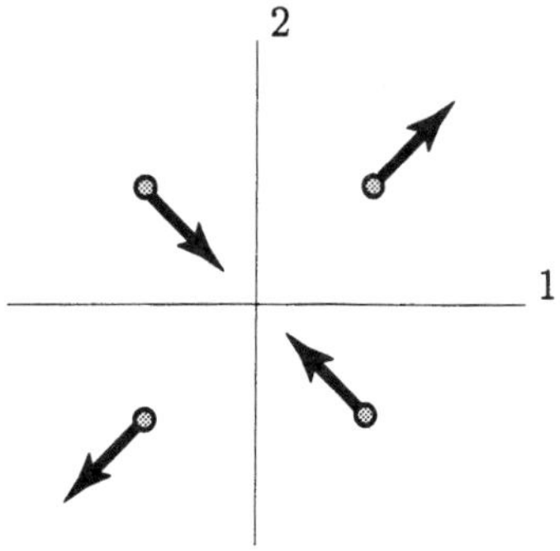

Figure 3.4

tournée de 45°. On voit grâce à cela que ces deux polarisations se transforment l'une dans l'autre sous une rotation des axes de 45°. Si l'on tourne de 90°, chaque polarisation revient à ce qu'elle était au départ ; le sens des flèches est inversé mais il faut voir cela comme une dépendance temporelle oscillante, associée aux polarisations. En continuant de la même manière, on voit qu'une rotation complète de 360° correspond à deux cycles complets de la phase : le spin vaut deux. Il existe deux combinaisons linéaires orthogonales de ces deux polarisations, dont le changement de phase sous les rotations se comporte en $\exp(2i\theta)$ et $\exp(-2i\theta)$. Cela donne simplement une écriture différente du terme retardé, et à force de tâtonnements, on obtient les deux parties

$$\frac{1}{4}\left(T'_{11} - T'_{22} + 2iT'_{12}\right)\left(T_{11} - T_{22} - 2iT_{12}\right) + \frac{1}{4}\left(T'_{11} - T'_{22} - 2iT'_{12}\right)\left(T_{11} - T_{22} + 2iT_{12}\right). \qquad (3.4.1)$$

Le fait que ces deux termes correspondent bien à la projection ± 2 d'un tenseur de spin 2 devient évident si l'on compare leur forme au produit de polynômes harmoniques. Nous savons que $(x \pm iy)(x \pm iy)$ est forcément de spin 2 et de projection ± 2. Or, ce produit donne $(xx - yy \pm 2ixy)$, qui possède la même structure que les termes de l'équation (3.4.1). Nous conclurons donc qu'avec le choix $\alpha = 1/2$, nos gravitons n'ont que deux polarisations possibles. Serait-ce la bonne théorie, équivalente à la théorie d'un champ de spin 2, telle que l'ont développée les théoriciens Pauli et Fierz [FiPa39] pour l'exprimer en termes de lagrangiens ?

Nous progressons dans notre élaboration de la théorie du spin 2 à l'aide d'analogies avec la théorie du spin 1 ; et nous avons donc présupposé l'existence d'ondes planes pour le graviton. En effet, les ondes planes pour le photon correspondent aux pôles du propagateur. Or, celui du graviton s'annule lui aussi en $\omega = \pm\kappa$. Cependant, on ne dispose d'aucune preuve expérimentale, on n'a observé ni gravitons, ni même des ondes gravitationnelles classiques.

On a laissé de côté certains problèmes auxquels nous reviendrons un peu plus loin. En effet, les sources de l'électromagnétisme obéissent à une loi de conservation et, de même, l'énergie, source de la gravitation, est conservée. Mais cette conservation est de nature différente car, le photon n'étant pas chargé, il ne constitue pas une source pour lui-même. Au contraire, le graviton possède l'énergie $\hbar\omega$ et sera donc lui-même source de gravitons. Voilà ce qu'on appelle la « non-linéarité » du champ gravitationnel.

En électromagnétisme, on sait extraire les équations du champ (les équations de Maxwell) qui n'ont de sens que si la charge est conservée. Jusqu'à présent, nous avons évité de parler d'équation du champ pour la gravitation en nous concentrant uniquement sur les amplitudes, pas sur le champ lui-même. Voyons maintenant si la théorie que l'on construit dépendra d'une jauge et s'il est, oui ou non, possible d'écrire une équation du champ équivalente à l'équation de Maxwell $\partial F^{\mu\nu}/\partial x^{\nu} = j^{\mu}$.

Certaines conséquences physiques de notre théorie peuvent être mises au jour sans que les équations du champ soient nécessaires, simplement en regardant la forme de l'interaction. Son expression complète pour $\alpha = 1/2$ s'écrit :

$$
\begin{aligned}
2&\left[T'_{\mu\nu}\left(\frac{1}{k^2}\right)T^{\mu\nu} - \frac{1}{2}T'^{\nu}{}_{\nu}\left(\frac{1}{k^2}\right)T^{\mu}{}_{\mu}\right] \\
&= -\frac{1}{\kappa^2}\left[T'_{44}T_{44}\left(1-\frac{\omega^2}{\kappa^2}\right) + T_{44}(T'_{11}+T'_{22})\right. \\
&\qquad \left. + T'_{44}\left(T_{11}+T_{22}\right) - 4T'_{41}T_{41} - 4T'_{42}T_{42}\right] \\
&\qquad\qquad - \frac{1}{\kappa^2-\omega^2}\left[\left(T'_{11}-T'_{22}\right)\left(T_{11}-T_{22}\right) + 4T'_{12}T_{12}\right].
\end{aligned} \tag{3.4.2}
$$

Si on le souhaite, on peut remplacer le terme $(\omega^2/\kappa^2)T'_{44}T_{44}$ par $T'_{43}T_{43}$ ou par $(T_{44}T'_{33} - T_{33}T'_{44})$. Nous avons déjà parlé du terme retardé et de ses polarisations. Penchons-nous maintenant sur le premier terme. Le tenseur **T** est le tenseur énergie-impulsion. Pour des particules lentes, les composantes spatiales sont de l'ordre de v/c, de sorte que la loi de Newton n'est représentée que par un seul des produits, $T'_{44}T_{44}$. Les autres seraient les équivalents du magnétisme. Notez bien qu'avec cette écriture, ils semblent instantanés. Les effets du retard, c'est-à-dire les ondes, n'apparaissent que pour les puissances paires de v/c.

Peut-être les termes instantanés de type magnétique pourraient-ils engendrer des effets observables, comme par exemple une légère modification de l'attraction gravitationnelle exercée entre deux roues lorsqu'on les fait tourner de plus en plus vite. C'est bien ce que prédit la théorie. Toutefois, en pratique, ces forces sont non seulement très, très ténues, mais elles seraient surtout masquées par une multitude d'autres effets. Si l'on arrive à observer les forces magnétiques, comme l'attraction entre deux fils parcourus par un courant, c'est uniquement grâce à l'annulation très précise des effets coulombiens, due à la présence de charges électriques positives et négatives en nombre égal. Or, les forces gravitationnelles ne sont qu'attractives : il n'y a donc aucun espoir qu'une telle compensation ait lieu. Pour les roues en rotation rapide, on peut s'attendre à quelques problèmes : les tensions de déformation de la matière ajoutent des termes à l'énergie de sorte que les roues finiraient par voler en éclats. En plus de tout cela, notons que l'attraction gravitationnelle ordinaire est déjà suffisamment difficile à mesurer, et que les effets de type magnétique leurs seraient inférieurs d'un rapport $(v/c)^2$, comme ceux des forces magnétiques par comparaison aux forces de Coulomb. L'ordre de grandeur des forces entre deux fils parcourus par un courant correspond au poids d'un gramme, contre un milliard de millions de tonnes pour l'attraction coulombienne entre les particules des deux fils, avant compensation.

Peut-être pourrait-on observer les effets de ces termes de type magnétique en regardant l'attraction gravitationnelle de particules en mouvement à la vitesse de la lumière ou à une vitesse proche de celle-ci. Supposons que $T'_{\mu\nu}$ soit dû à une source stationnaire comme le Soleil, en sorte que T'_{44} survive. On s'intéresse alors à l'attraction gravitationnelle entre le Soleil et une particule rapide qui chemine à la vitesse v proche de c. Les composantes de son tenseur énergie-impulsion satisfont la relation $T_{11} = (v^2/c^2)T_{44}$. Ainsi, dans (3.4.2), l'énergie d'interaction devient supérieure à celle du seul terme T_{44}, d'un facteur $1+v^2/c^2$, qui vaut 2 pour un photon. Un photon soumis à un champ gravitationnel intense « tombe » donc d'une quantité supérieure à ce que prédirait la théorie de Newton à partir de son seul contenu en énergie. La déflection de la lumière (venue d'autres étoiles) passant près du Soleil s'avère deux fois supérieure à ce que donnerait un calcul par la théorie de Newton. Les Terriens l'ont mesurée et ils obtiennent bien une déflection plus élevée que la théorie classique ne le prévoit, d'un facteur très proche de 2. Bien que la preuve expérimentale ne soit pas parfaitement au point, les indices s'accumulent en faveur d'un effet véritable, dans le sens que prédit notre théorie.

À ce stade, nous pourrions entamer le calcul détaillé de tels effets (ainsi que de bien d'autres phénomènes, comme la diffusion Compton des gravitons, les effets sur le mouvement orbital de la planète Mercure autour du Soleil, etc.) pour se faire une idée de l'ordre de grandeur des effets gravitationnels et du type d'expériences envisageables. Toutefois, peut-être vaut-il mieux poursuivre notre description du champ gravitationnel en termes de lagrangien et d'équations du champ plutôt qu'en termes d'amplitudes.

3.5 Lagrangien du champ gravitationnel

Analysons maintenant notre théorie à partir d'un lagrangien afin d'étudier les champs eux-mêmes plutôt que les seules amplitudes. Commençons par rappeler le cas de l'électrodynamique dont l'action s'écrit

$$S_{\mathrm{E}} = -\int d\tau \left[\frac{1}{4}\left(\frac{\partial A_\mu}{\partial x^\nu} - \frac{\partial A_\nu}{\partial x^\mu}\right)\left(\frac{\partial A^\mu}{\partial x_\nu} - \frac{\partial A^\nu}{\partial x_\mu}\right) + j^\mu A_\mu\right]. \quad (3.5.1)$$

C'est à partir d'un lagrangien comme celui-ci que l'on déduit les équations du champ. On cherche l'analogue gravitationnel de $A_\mu = -(1/k^2) j_\mu$.

La forme du second terme, c'est-à-dire du terme de couplage, se devine facilement. On le supposera égal à $-\lambda h_{\mu\nu} T^{\mu\nu}$. L'analogie n'est pas aussi simple pour les termes qui font intervenir les dérivées de $h_{\mu\nu}$: il y a trop d'indices et de permutations possibles de ces indices. Il nous faudra écrire une forme générale pour le lagrangien ; une somme sur toutes les écritures possibles pour les dérivées du champ, avec des coefficients arbitraires pour chacun d'eux, selon

$$a\left(\frac{\partial h^{\mu\nu}}{\partial x_\sigma} \cdot \frac{\partial h_{\mu\nu}}{\partial x^\sigma}\right) + b\left(\frac{\partial h^{\mu\sigma}}{\partial x_\nu} \cdot \frac{\partial h_{\mu\nu}}{\partial x^\sigma}\right) + c\left(\frac{\partial h^\mu{}_\mu}{\partial x_\nu} \cdot \frac{\partial h^\sigma{}_\nu}{\partial x^\sigma}\right) + \ldots (3.5.2)$$

Notre théorie demeurera incomplète tant que nous n'aurons pas inventé un critère pour assigner leur valeur aux coefficients $a, b, c, d, e, \ldots$

Une nouvelle analogie avec l'électromagnétisme pourrait-elle nous tirer d'affaire ? La différentiation du lagrangien (3.5.1) par rapport à A fournit une équation différentielle qui relie les champs et les courants :

$$\frac{\partial}{\partial x_\nu}\frac{\partial}{\partial x^\nu} A_\mu - \frac{\partial}{\partial x_\nu}\frac{\partial}{\partial x^\mu} A_\nu = j_\mu. \quad (3.5.3)$$

Dorénavant, pour simplifier l'écriture, nous dénoterons ces différentiations (les gradients) en indiquant simplement l'indice concerné après une virgule. Avec cette convention, l'équation ci-dessus devient

$$A_{\mu,\nu}{}^{,\nu} - A_{\nu,\mu}{}^{,\nu} = j_\mu. \quad (3.5.4)$$

La conservation de la charge s'obtient en annulant la divergence de j_μ. Remarquons toutefois que les équations de Maxwell pour le champ ne sont cohérentes que si la charge est conservée et que le gradient de la partie gauche de l'expression (3.5.4) est *identiquement* nul. Ainsi, en partant du lagrangien correct pour l'électromagnétisme, la conservation de la charge apparaît comme une conséquence des équations du champ : la divergence de la partie *gauche* est nulle et c'est une *identité* :

$$A_{\mu,\nu}{}^{,\nu\mu} - A_{\nu,\mu}{}^{,\nu\mu} = 0. \quad (3.5.5)$$

On pourra imposer une condition semblable pour définir la valeur relative des coefficients $a, b, c, d, e, \ldots$ les uns par rapport aux autres. On écrira un lagrangien le plus général possible et on en déduira les équations du champ en le différenciant. Ensuite, puisque la divergence du tenseur **T** s'annule, on imposera que la divergence des grandeurs (des champs) qui lui sont égales soit identiquement nulle. Cela conduira à une relation de correspondance unique entre les valeurs des coefficients. Nous ferons le calcul en détails et nous ajusterons les coefficients en sorte que les équations du champ ne soient cohérentes que si

$$T^{\mu\nu}{}_{,\nu} = 0. \tag{3.5.6}$$

3.6 Équations du champ gravitationnel

Commençons par écrire tous les produits possibles des dérivées de notre champ tensoriel $h_{\mu\nu}$. À chaque étape, la propriété de symétrie de $h_{\mu\nu}$ permet de combiner les différents termes et de simplifier considérablement les résultats. Si l'on choisit les indices du tenseur distincts de l'indice de dérivation, deux possibilités s'offrent à nous :

1. $h_{\mu\nu,\sigma} h^{\mu\nu,\sigma}$
2. $h_{\mu\nu,\sigma} h^{\mu\sigma,\nu}$.

Avec deux indices identiques, trois produits sont possibles :

3. $h^{\mu\nu}{}_{,\nu} h^{\sigma}{}_{\mu,\sigma}$
4. $h^{\mu\nu}{}_{,\nu} h^{\sigma}{}_{\sigma,\mu}$
5. $h^{\nu}{}_{\nu,\mu} h_{\sigma}{}^{\sigma,\mu}$.

Ces cinq termes ne sont pas tous indispensables : on peut oublier le numéro 2 car une intégration par partie le transforme en numéro 3. Il reste donc quatre produits indépendants des dérivées du champ, et l'on suppose l'action de la forme

$$S = \int d\tau \Big[a\, h^{\mu\nu,\sigma}\, h_{\mu\nu,\sigma} + b\, h^{\mu\nu}{}_{,\nu}\, h^{\sigma}{}_{\mu,\sigma} + c\, h^{\mu\nu}{}_{,\nu}\, h^{\sigma}{}_{\sigma,\mu} + d\, h^{\nu}{}_{\nu,\mu}\, h_{\sigma}{}^{\sigma,\mu} - \lambda T^{\mu\nu} h_{\mu\nu} \Big]. \tag{3.6.1}$$

On différencie alors cette somme de produits par rapport à $h_{\alpha\beta}$, pour en déduire une équation différentielle qui relie les dérivées du champ au tenseur source $T_{\alpha\beta}$. En voici le résultat (souvenez-vous : $\partial h_{\alpha\beta}$ est symétrique en α, β de sorte que seule la partie symétrique de son coefficient doit s'annuler) :

$$2a\, h_{\alpha\beta,\sigma}{}^{,\sigma} + b\, (h_{\alpha\sigma,\beta}{}^{,\sigma} + h_{\beta\sigma,\alpha}{}^{,\sigma})$$
$$+ c\, (h^{\sigma}{}_{\sigma,\alpha\beta} + \eta_{\alpha\beta}\, h^{\mu\nu}{}_{,\mu\nu}) + 2d\, \eta_{\alpha\beta}\, h^{\sigma}{}_{\sigma,\mu}{}^{,\mu} = -\lambda\, T_{\alpha\beta}. \tag{3.6.2}$$

Lorsqu'on dérive chacun de ces termes par rapport à l'indice β, la condition d'annulation de la divergence du terme de gauche conduit à l'équation

$$2a\, h^{\alpha\beta,\sigma}{}_{,\sigma\beta} + b\, h^{\alpha\sigma,\beta}{}_{,\sigma\beta} + b\, h^{\beta\sigma,\alpha}{}_{,\sigma\beta}$$
$$+ c\, h^{\sigma}{}_{\sigma}{}^{,\alpha\beta}{}_{,\beta} + c\, h^{\mu\nu}{}_{,\mu\nu}{}^{,\alpha} + 2d\, h^{\sigma}{}_{\sigma,\mu}{}^{,\mu\alpha} = 0. \tag{3.6.3}$$

On rassemble alors les termes semblables et on annule leur coefficient. Après quelques remaniements d'indices, cela donne

$$\begin{aligned} h^{\alpha\beta,\sigma}{}_{,\sigma\beta}(2a + b) &= 0, \\ h^{\beta\sigma,\alpha}{}_{,\beta\sigma}(b + c) &= 0, \\ h^{\sigma}{}_{\sigma,\beta}{}^{,\alpha\beta}(c + 2d) &= 0. \end{aligned} \tag{3.6.4}$$

Le choix $a = 1/2$ fixe l'échelle de nos résultats. Il vient alors,

$$a = 1/2, \qquad b = -1, \qquad c = 1, \qquad d = -1/2. \tag{3.6.5}$$

Admettons que l'on dispose maintenant du bon lagrangien pour le champ de gravitation. Parmi les conséquences qu'on pourra tirer de ce lagrangien, nous devrions trouver une équation pour le champ.

3.7 Définition des symboles

Dans le travail qui nous attend, la manipulation des grandeurs tensorielles deviendra de plus en plus fastidieuse. Pour éviter de s'empêtrer dans cette algèbre truffée d'indices, il est bon d'imaginer des simplifications d'écriture. À ce stade, certaines des définitions que nous allons proposer pourront paraître superflues, mais elles trouveront leur justification par la suite.

On définit l'opération « barre » sur un tenseur de rang deux par

$$\overline{X}_{\mu\nu} = \frac{1}{2}\,(X_{\mu\nu} + X_{\nu\mu}) - \frac{1}{2}\eta_{\mu\nu} X^{\sigma}{}_{\sigma}. \tag{3.7.1}$$

Pour un tenseur symétrique comme **h**, la règle se simplifie car les deux termes à l'intérieur de la parenthèse sont égaux :

$$\overline{h}_{\mu\nu} = h_{\mu\nu} - \frac{1}{2}\eta_{\mu\nu}h^{\sigma}{}_{\sigma} \tag{3.7.2a}$$

$$\overline{\overline{h}}_{\mu\nu} = h_{\mu\nu} \tag{3.7.2b}$$

et l'opération barre devient alors son propre inverse.

On définit également le symbole dénué d'indice pour représenter la trace d'un tenseur :

$$\begin{aligned} h &= \mathrm{Tr}(\mathbf{h}) = h^{\sigma}{}_{\sigma} \\ \overline{h}^{\sigma}{}_{\sigma} &= -h. \end{aligned} \tag{3.7.3}$$

Avec ces notations, les équations du champ (3.6.2) et (3.6.5) se réécrivent comme suit, de manière symétrique :

$$\overline{h}_{\mu\nu,\sigma}{}^{,\sigma} - 2\overline{h}_{\mu\sigma,\nu}{}^{,\sigma} = -\lambda\overline{T}_{\mu\nu}. \tag{3.7.4}$$

L'équation pour $T_{\mu\nu}$ s'obtient simplement en prenant le « barre » de cette équation.

Voyons maintenant s'il existe un équivalent de la propriété d'invariance de jauge de l'électrodynamique qui permettrait de simplifier la solution de (3.7.4). En électrodynamique, l'équation du champ

$$A^{\mu,\nu}{}_{,\nu} - A_{\nu}{}^{,\nu\mu} = j^{\mu} \tag{3.7.5}$$

vient du fait que l'on peut aussi bien décrire le champ par A_μ que par un quadrivecteur A'_μ, défini à partir de A_μ par l'addition du gradient d'une fonction scalaire X :

$$A'_\mu = A_\mu + X_{,\mu}. \tag{3.7.6}$$

Quel serait l'équivalent pour un champ tensoriel ? On pourrait proposer (attention à préserver la propriété de symétrie de nos tenseurs !) de substituer

$$h'_{\mu\nu} = h_{\mu\nu} + X_{\mu,\nu} + X_{\nu,\mu} \tag{3.7.7}$$

à $h_{\mu\nu}$ dans le terme de gauche de l'équation (3.7.4) : l'équation reste inchangée. Je laisse au lecteur le soin de le vérifier, à titre d'exercice.

Grâce à cette propriété d'invariance de jauge, il sera plus facile d'obtenir les équations du champ dans une jauge bien choisie, comme celle de Lorentz en électrodynamique. Par analogie avec le choix

$$A^{\nu}{}_{,\nu} = 0, \tag{3.7.8}$$

nous imposerons la condition suivante (que l'on baptisera « condition de Lorentz ») :

$$\overline{h}^{\mu\sigma}{}_{,\sigma} = 0. \tag{3.7.9}$$

Les équations du champ qui en découlent relient le champ au tenseur **T** « barré » :

$$h^{\mu\nu,\sigma}{}_{,\sigma} = -k^2 h^{\mu\nu} = -\lambda \overline{T}^{\mu\nu}. \tag{3.7.10}$$

Il s'agit donc de résoudre $h_{\mu\nu} = (\lambda/k^2)\overline{T}_{\mu\nu}$. On en déduit immédiatement l'amplitude de l'interaction d'un **h** comme celui-ci avec une autre source $T'_{\mu\nu}$ telle que la donne le terme $\lambda h_{\mu\nu} T'^{\mu\nu}$ du lagrangien :

$$\lambda^2 T'{}_{\mu\nu} \left[\frac{1}{k^2}\right] \overline{T}^{\mu\nu}.$$

C'est précisément ce que l'on a obtenu en étudiant directement les amplitudes.

LEÇON 4

4.1 Relation entre le rang du tenseur et le signe du champ

Nous allons déduire de la densité de lagrangien certaines propriétés générales des champs qui nous seront utiles par la suite. Définissons dès maintenant la constante de couplage pour le champ gravitationnel ainsi que la normalisation des ondes planes que l'on utilisera dorénavant : on choisit

$$\lambda = \sqrt{8\pi G}. \tag{4.1.1}$$

G représente ici la constante gravitationnelle dans les unités habituelles ($\hbar = c = 1$). La racine carrée permet de définir la constante λ par analogie à la charge e de l'électron en électrodynamique, plutôt qu'à son carré. Le facteur $\sqrt{8\pi}$ permet d'éviter des facteurs inutiles dans la plupart des formules. Pour représenter des ondes planes pour le graviton, on utilisera le champ

$$h_{\mu\nu} = e_{\mu\nu} \exp(ik \cdot x), \tag{4.1.2}$$

avec la normalisation suivante du tenseur de polarisation $e_{\mu\nu}$:

$$e_{\mu\nu}\bar{e}^{\mu\nu} = 1. \tag{4.1.3}$$

L'action qui décrit le système total du champ de gravitation, de la matière et du couplage de celle-ci aux gravitons prend la forme suivante :

$$\begin{aligned} S = \frac{1}{2}\int dV \left(h^{\mu\nu,\lambda}\bar{h}_{\mu\nu,\lambda} - 2\bar{h}^{\mu\lambda}{}_{,\lambda}\bar{h}_{\mu\nu}{}^{,\nu}\right) & \qquad \text{(champs)} \\ - \int dV\,(\lambda h_{\mu\nu}T^{\mu\nu}) & \qquad \text{(termes de couplage)} \\ + S_{\mathrm{M}} & \qquad \text{(matière).} \end{aligned} \tag{4.1.4}$$

On peut déduire des propriétés importantes du lagrangien. Par exemple, on comprend pourquoi la gravitation est toujours attractive, tandis qu'en électricité, les semblables se repoussent et les opposés s'attirent. On peut montrer que cette propriété est propre au signe du lagrangien en sorte que, sous la transformation $S \to -S$, la force change de signe. Le signe de la constante de couplage λ, e, ou g ne fait aucune différence puisque celle-ci apparaît au carré : quel que soit le diagramme qui contribue à l'énergie, il comporte toujours deux vertex. On ne peut modifier le signe de l'énergie correspondant à un diagramme comme celui de la figure 4.1 qu'en introduisant un facteur i à chaque vertex (par exemple en utilisant des champs $i\phi$ plutôt que ϕ).

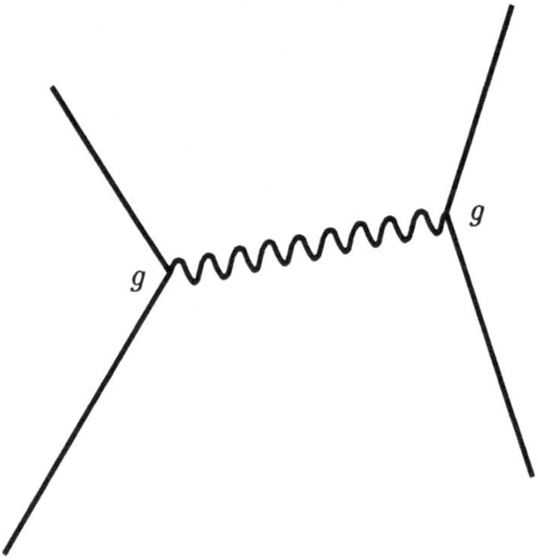

Figure 4.1

Toutefois, aux champs ϕ doivent correspondre des ondes planes correctement définies. En particulier, l'énergie des ondes stationnaires au sein d'une grande boîte doit être positive et les oscillateurs quantiques qui représentent ces ondes doivent obéir à un comportement bien précis. Or, les ondes planes des champs scalaires sont du type

$$\phi = a \exp(ik \cdot x). \tag{4.1.5}$$

L'amplitude a du champ quantique apparaît comme une coordonnée d'un oscillateur quantique. L'énergie cinétique de tels oscillateurs est proportionnelle à $\dot{a}^2$; si cette grandeur doit représenter une quantité d'énergie positive, alors il faut construire notre théorie en conséquence, et le remplacement $\phi \to i\phi$ s'avère inexact.

Pour les ondes électromagnétiques, ce sont les composantes transverses (dans la direction perpendiculaire à la direction de propagation) que l'on restreint par des considérations du même type. Un signe négatif apparaît dans l'énergie associée car celle-ci fait intervenir les indices d'espace. En effet, on a défini le produit scalaire de deux quadrivecteurs par

$$A_\mu B^\mu = A_4 B_4 - (A_3 B_3 + A_2 B_2 + A_1 B_1). \tag{4.1.6}$$

Le signe des forces de Coulomb vient du signe des composantes temporelles dans le lagrangien. Pour les ondes gravitationnelles, les contraintes s'appliquent à nouveau aux composantes transverses, mais lorsqu'on contracte deux indices (ou n'importe quel nombre paire d'indices), les signes s'annulent et celui de la composante temporelle h_{44} devient opposé au cas électrique, d'où l'interaction attractive.

4.2 Tenseur énergie-impulsion pour la matière scalaire

Si l'on veut calculer des effets observables et faire des prédictions allant au-delà du fait que les « semblables » s'attirent selon une force proportionnelle à l'énergie ou que la loi est inversement proportionnelle au carré de la distance, nous devons préciser le tenseur énergie-impulsion $T_{\mu\nu}$ de la matière. Nous ferons en détail les calculs basés sur l'hypothèse, la plus simple, que celle-ci peut être représentée par une fonction scalaire ϕ. Plus tard, nous serons amenés à considérer des fonctions de plus haut rang. Vers la fin du cours, peut-être aborderons-nous la matière de spin 1/2 qui affiche des propriétés réellement différentes du cas des spins entiers. Quant aux spins 1 ou 2, ils font appel à une algèbre plus compliquée sans qu'aucune innovation conceptuelle n'en ressorte.

Comment procéder pour construire un tenseur énergie-impulsion à partir d'un champ scalaire ϕ ? Dans son ouvrage sur la théorie du champ [Went49], Wentzel propose la procédure suivante. Le lagrangien dépend des champs et de leurs dérivées :

$$\mathcal{L} = \mathcal{L}(\psi^i,\, \psi^i_{,\nu}). \tag{4.2.1}$$

Or, la composante 44 du tenseur énergie-impulsion représente la densité d'énergie qui n'est autre que le hamiltonien. Ainsi, en généralisant la prescription classique pour obtenir le hamiltonien à partir du lagrangien par

$$H = \dot{q}\frac{\partial L}{\partial \dot{q}} - L, \tag{4.2.2}$$

on établit la règle suivante :

$$T^{\mu}{}_{\nu} = \psi^{i}_{,\nu} \frac{\partial \mathcal{L}}{\partial \psi^{i}_{,\nu}} - \delta^{\mu}{}_{\nu}\mathcal{L}. \tag{4.2.3}$$

Toutefois, cette règle n'est généralement pas correcte, pour la simple raison qu'elle ne fournit pas nécessairement une expression symétrique en μ et ν. Et si le tenseur $T_{\mu\nu}$ n'est pas symétrique, la théorie qui en découle sera pathologique (on ne pourra pas y définir le moment angulaire des champs, par exemple). De plus, la conservation de l'énergie n'est plus satisfaite, car les divergences contiennent des termes qui ne sont plus égaux ;

$$T^{\mu\nu}{}_{,\nu} \neq T^{\nu\mu}{}_{,\nu}. \tag{4.2.4}$$

Dans le cas qui nous occupe, il se trouve que la règle (4.2.3) donne bien une forme symétrique. En effet, l'action s'écrit

$$S(\text{matière scalaire}) = \frac{1}{2}\int dV\,\left(\phi^{,\sigma}\phi_{,\sigma} - m^2\phi^2\right) \tag{4.2.5}$$

et conduit au tenseur énergie-impulsion

$$T_{\mu\nu} = \phi_{,\nu}\phi_{,\mu} - \frac{1}{2}\,\eta_{\mu\nu}\phi^{,\sigma}\phi_{,\sigma} + \frac{1}{2}m^2\phi^2\eta_{\mu\nu}. \tag{4.2.6}$$

Avec le tenseur énergie-impulsion pour la matière scalaire (4.2.6), le terme de couplage dans le lagrangien prend la forme

$$-\lambda\, h^{\mu\nu}\,T_{\mu\nu} = -\lambda\left[h^{\mu\nu}\phi_{,\mu}\phi_{,\nu} - \frac{1}{2}h^{\mu\nu}\eta_{\mu\nu}\left(\phi^{,\sigma}\phi_{,\sigma} - m^2\phi^2\right)\right]. \tag{4.2.7}$$

En termes des notations compactes avec les barres, cela se réécrit

$$-\lambda\left[\overline{h}^{\mu\nu}\phi_{,\mu}\phi_{,\nu} + \frac{1}{2}h\,m^2\phi^2\right]. \tag{4.2.8}$$

On peut maintenant utiliser ce terme de couplage pour produire les amplitudes d'une diffusion par l'échange d'un graviton.

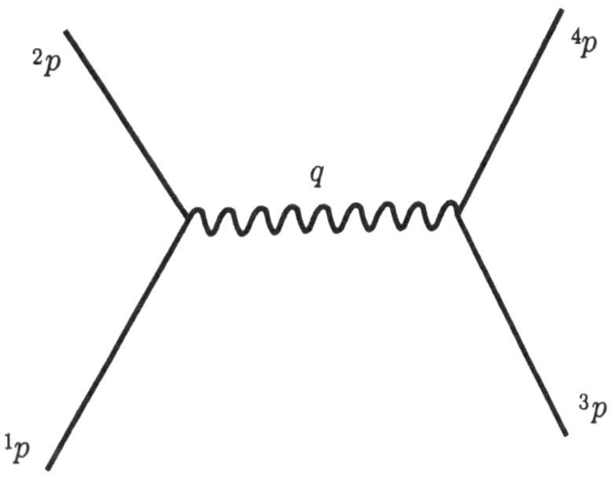

Figure 4.2

4.3 Amplitudes de diffusion (théorie scalaire)

L'amplitude de diffusion pour l'échange d'un seul graviton (ce qu'illustre la figure 4.2) peut s'obtenir par inspection : on connaît la forme du propagateur et, pour chaque vertex, le couplage (4.2.7) donné par le lagrangien. On remplace les gradients par les composantes de la quadri-impulsion dans l'espace des phases

$$i\phi_{,\nu} = p_\nu \tag{4.3.1}$$

de sorte que le couplage devient, à chaque vertex,

$$2\lambda \left[\underline{{}^1p_\mu {}^2p_\nu} - \frac{1}{2}\eta_{\mu\nu} \left({}^1p^\sigma \, {}^2p_\sigma - m^2 \right) \right]. \tag{4.3.2}$$

On a souligné le produit $p_\mu p_\nu$ pour rappeler que celui-ci doit être symétrisé puisque $h_{\mu\nu}$ est symétrique. Plus précisément, on pose

$$\underline{A_\mu B_\nu} \equiv \frac{1}{2} \left[A_\mu B_\nu + A_\nu B_\mu \right]. \tag{4.3.3}$$

Pour le second vertex, c'est l'expression « barrée » qui intervient ; elle s'écrit

$$2\lambda \left[\underline{{}^3p_\mu {}^4p_\nu} - \frac{1}{2} m^2 \eta_{\mu\nu} \right]. \tag{4.3.4}$$

Finalement, l'expression complète pour cette amplitude sera

$$4\lambda^2 \left[\underline{{}^3p_\mu {}^4p_\nu} - \frac{1}{2}m^2\eta_{\mu\nu}\right] \frac{1}{q^2} \left[\underline{{}^1p_\mu {}^2p_\nu} - \frac{1}{2}\eta_{\mu\nu}\left({}^1p^\sigma\, {}^2p_\sigma - m^2\right)\right] . \quad (4.3.5)$$

Il vaut la peine d'utiliser les abréviations (termes « barrés », soulignés, *etc.*). En effet, grâce à elles, les manipulations algébriques dans les calculs plus compliqués qui nous attendent seront grandement simplifiées.

On a extrait de notre théorie une formule pour l'amplitude de la diffusion gravitationnelle d'une particule par une autre. Toutefois, pour que nos calculs approchent l'ordre de grandeur des phénomènes observables, on doit prendre la limite des très grandes masses et, pour ne pas calculer quelque chose que la loi de Newton fournit déjà, il faut considérer des vitesses proches de celles de la lumière. Par exemple, on pourra calculer la déviation subie par une petite masse passant près du Soleil avec une très grande vitesse ($v \approx c$). Dans ce cas, il faudra justifier que l'on remplace la somme des amplitudes pour toutes les particules de l'étoile par une seule amplitude correspondant à la masse M. Certes, cette substitution implique qu'on fasse une approximation, mais elle donne un résultat correct pour une sorte de premier ordre. La déviation obtenue, $(1 + v^2/c^2)$, est supérieure à celle que prédit la théorie newtonienne.

Ce résultat ne correspond pas à la déviation des rayons lumineux par le Soleil car le photon, qui n'est pas une particule scalaire, ne peut pas être représenté par notre champ scalaire ϕ. Pour la diffusion de deux particules identiques, l'amplitude devrait inclure un terme de permutation. Toutefois, dans le cas d'une étoile, les particules sont clairement distinctes.

Nous n'avons pas encore considéré la possibilité d'ajouter au tenseur énergie-impulsion de notre théorie un terme de divergence nulle (celui-ci correspondrait à une autre distribution spatiale de la masse et de l'énergie). Nous discuterons longuement de ce type de questions dans la suite. Comme nous le verrons, même pour la matière scalaire, il subsiste une réelle ambiguïté dans la description de $T_{\mu\nu}$. Cette difficulté surgit également en électrodynamique, lorsqu'on tente de coupler les photons à des mésons vecteurs chargés.

4.4 Propriétés des ondes planes, effet Compton

On peut étudier les propriétés des ondes gravitationnelles en l'absence de matière. Lorsqu'on différencie le lagrangien, on obtient l'équation

$$h_{\mu\nu,\lambda}{}^{,\lambda} - 2\,\overline{h}_{\mu\sigma,\nu}{}^{,\sigma} = 0, \tag{4.4.1}$$

analogue à l'équation de Maxwell dans le vide. Avec des ondes planes

$$h_{\mu\nu} = e_{\mu\nu} \exp\left(iq \cdot x\right), \tag{4.4.2}$$

l'équation précédente devient

$$q^2\, e_{\mu\nu} - q_\nu q^\sigma \overline{e}_{\sigma\mu} - q_\mu q^\sigma \overline{e}_{\sigma\nu} = 0. \tag{4.4.3}$$

On distingue les cas $q^2 \neq 0$ et $q^2 = 0$. Si $q^2 \neq 0$, on peut diviser par q^2 et l'on écrit alors l'équation sous la forme

$$e_{\mu\nu} = q_\nu \left(\frac{1}{q^2} q^\sigma \overline{e}_{\sigma\mu}\right) + q_\mu \left(\frac{1}{q^2} q^\sigma \overline{e}_{\sigma\nu}\right). \tag{4.4.4}$$

Par cette réécriture, on exprime explicitement $e_{\mu\nu}$ comme une version symétrisée du gradient d'un vecteur :

$$e_{\mu\nu} = \chi_{\mu,\nu} + \chi_{\nu,\mu}. \tag{4.4.5}$$

On a déjà abordé le fait que l'invariance de jauge du champ gravitationnel permet d'ajouter un terme de cette forme sans engendrer aucune modification de la physique. Il est donc toujours possible d'ajouter un terme à $e_{\mu\nu}$ en sorte que $e_{\mu\nu} = 0$. On appellera ces ondes, pour lesquelles $q^2 \neq 0$, des « ondes de jauge ». Elles n'ont aucune conséquence physique et on pourra toujours les éliminer par une transformation de jauge.

Si $q^2 = 0$, alors l'équation (4.4.3) implique

$$q^\sigma \overline{e}_{\sigma\mu} = 0. \tag{4.4.6}$$

Ainsi, les ondes libres remplissent *nécessairement* la condition de jauge de Lorentz. Il ne s'agit pas seulement de choisir

$$\overline{h}^{\mu\nu}{}_{,\nu} = 0 \tag{4.4.7}$$

par commodité dans les cas où l'onde n'est pas libre. L'analogue électromagnétique existe : pour les photons, $q^\mu e_\mu$ doit être nul.

Afin d'en déduire la forme précise du tenseur de polarisation $e_{\mu\nu}$, plaçons-nous dans un système de coordonnées tel que la quadri-impulsion prenne la forme

$$q^\mu = (\omega, \omega, 0, 0). \tag{4.4.8}$$

On choisit

$$e'_{\mu\nu} = e_{\mu\nu} + q_\mu \chi_\nu + q_\nu \chi_\mu \tag{4.4.9}$$

et on impose que $e'_{\mu\nu}$ n'ait de composantes non nulles que dans la direction transverse. On obtient alors un système d'équations dont la résolution conduit à

$$e'_{11} = -e'_{22} = \frac{1}{\sqrt{2}} \qquad e'_{12} = e'_{21} = \frac{1}{\sqrt{2}}. \tag{4.4.10}$$

Pour retrouver l'équation (4.4.10), remarquez que l'équation (4.4.6) implique $\overline{e}_{\mu 4} = -\overline{e}_{\mu 3}$, de sorte que seules les composantes 4, 1 et 2 sont indépendantes. En outre, on peut annuler la composante 4 grâce à la transformation (4.4.9). Par exemple, $e'_{14} = e_{14} + \omega\chi_1$, et l'on choisit donc $\chi_1 = -e_{14}/\omega$, $\chi_2 = -e_{24}/\omega$. Ensuite, puisque $e'_{43} = e_{43} + \omega\chi_4 - \omega\chi_3$, on choisit $\chi_3 - \chi_4 = -e_{34}/\omega$, de sorte que $e'_{43} = \overline{e}'_{43} = \overline{e}'_{44} = \overline{e}'_{33} = 0$. On annule $e'_{44} = e_{44} + 2\omega\chi_4$ en prenant $\chi_4 = -e_{44}/2\omega$. Enfin, puisque $\overline{e}'_{44}$ lui aussi est égal à zéro, la trace $e'^{\sigma}{}_{\sigma}$ s'annule de même que e'_{33} et $e'_{11} + e'_{22}$. Ainsi, seules les composantes avec $\mu, \nu = 1$ ou 2 de $e'_{\mu\nu}$ survivent, avec la condition supplémentaire que $e'_{11} = -e'_{22}$. Finalement, seules subsistent les deux combinaisons normalisées linéairement indépendantes (4.4.10).

L'amplitude pour la diffusion Compton d'un graviton par une particule de masse m correspond aux diagrammes de la figure 4.3. La polarisation du graviton est représentée par le tenseur $e_{\mu\nu}$. Pour la particule scalaire, les composantes de la quadri-impulsion à chaque vertex sont ${}^1p_\mu$, $({}^1p_\nu + {}^1q_\nu) = ({}^2p_\nu + {}^2q_\nu)$, et ${}^2p_\mu$. En termes de ces grandeurs, on obtient (pour le premier diagramme)

$$\begin{aligned} 4\lambda^2\, {}^2\overline{e}^{\mu\nu} &\left[{}^2p_\mu\left({}^2p_\nu + {}^2q_\nu\right) - \frac{1}{2}m^2\eta_{\mu\nu}\right] \frac{1}{({}^1p + {}^1q)^2 - m^2} \\ &\times {}^1\overline{e}^{\alpha\beta}\left[{}^1p_\alpha\left({}^1p_\beta + {}^1q_\beta\right) - \frac{1}{2}m^2\eta_{\alpha\beta}\right]. \end{aligned} \tag{4.4.11}$$

Le propagateur utilisé est celui d'une particule scalaire. Dans la formule, certaines simplifications proviennent de la restriction sur les ondes planes, $q^2 = 0$ et $q^\nu \bar{e}_{\nu\mu} = 0$.

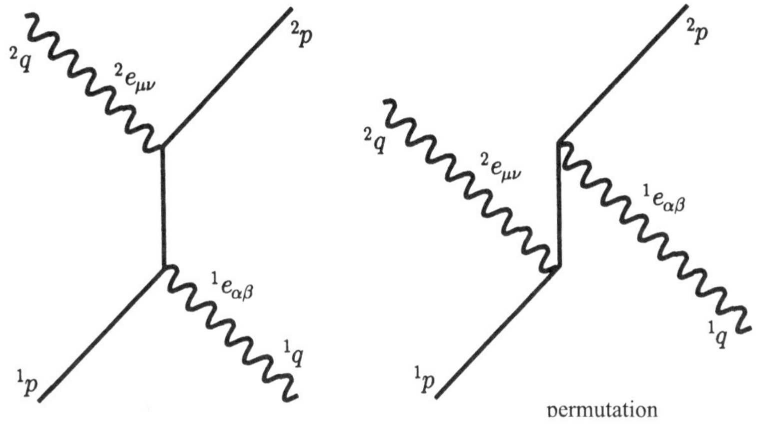

Figure 4.3

4.5 Diagrammes non-linéaires pour les gravitons

Comme conséquence de l'invariance de jauge, la modification de ${}^1e_{\mu\nu}$ en ${}^1e_{\mu\nu} + {}^1q_\mu a_\nu + {}^1q_\nu a_\mu$ ne devrait avoir aucun effet sur l'amplitude de diffusion Compton. Or, la substitution directe montre que ce n'est pas le cas. Notre résultat est donc inexact et incomplet. Qu'est-ce qui ne va pas ?

Dans la diffusion Compton des photons par les électrons, un troisième diagramme intervient, celui de la figure 4.4, qui n'est équivalent à aucun des deux processus de la figure 4.3. Il correspond au couplage quadratique, en A^2, qui apparaît dans le lagrangien pour rendre la théorie invariante de jauge. Par analogie avec la situation en électrodynamique, on devine qu'on faisait un calcul approché en ne considérant que les deux diagrammes de la figure 4.3. Or, en électrodynamique, on déduit l'existence d'une amplitude avec un couplage quadratique comme celle de la figure 4.4 en imposant, ordre par ordre, que la transformation de jauge

$$e_1' = e_1 + qa \tag{4.5.1}$$

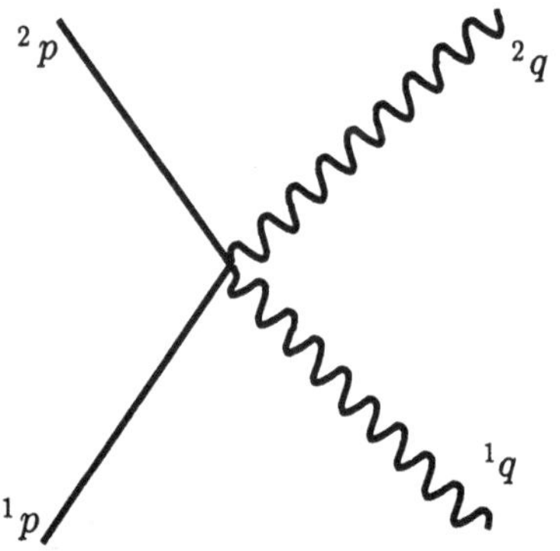

Figure 4.4

ne provoque aucune modification de l'amplitude. Il s'agit simplement d'équilibrer les termes du même ordre dans les amplitudes obtenues avec e_1 et e'_1, où les coefficients en facteur de chaque terme sont à déterminer. Peut-être est-il possible de déduire la forme des termes quadratiques pour les gravitons de la même manière, mais cela n'a pas encore été fait car le couplage du graviton à lui-même complique terriblement les processus du second ordre. On obtiendra les termes quadratiques par un autre procédé.

Cependant, il pourrait s'avérer intéressant de tenter d'obtenir ces termes par la méthode directe. C'est pourquoi nous en dirons tout de même quelques mots.

Supposons que l'on ajoute à la diffusion Compton non seulement les amplitudes comme celle qu'illustre la figure 4.4, mais aussi le diagramme de la figure 4.5. On manquerait certainement de contraintes pour déterminer tous les paramètres inconnus de la théorie ainsi augmentée. Au contraire, si l'on considère la diffusion Compton d'un graviton virtuel, on accroît le nombre de grandeurs ajustables et il devient possible de retrouver la théorie correcte. Les diagrammes mis en jeu sont du type de ceux de la figure 4.6 et l'on peut tenter de rendre la somme invariante de jauge. Certes, nous trouverons la solution à ces problèmes par d'autres voies, mais il est bon de comprendre les détails de notre théorie en tentant de les résoudre par différentes approches.

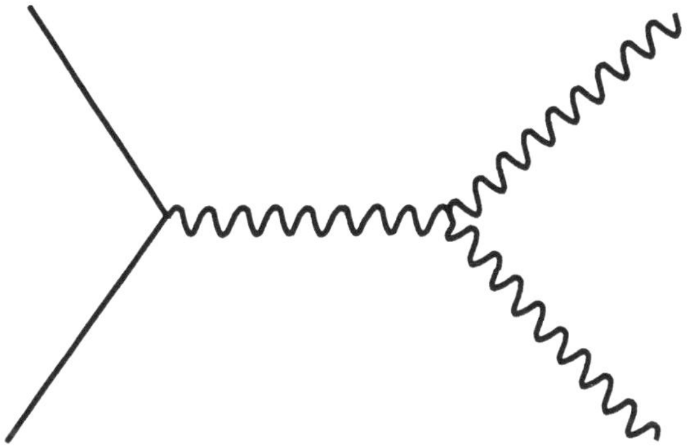

Figure 4.5

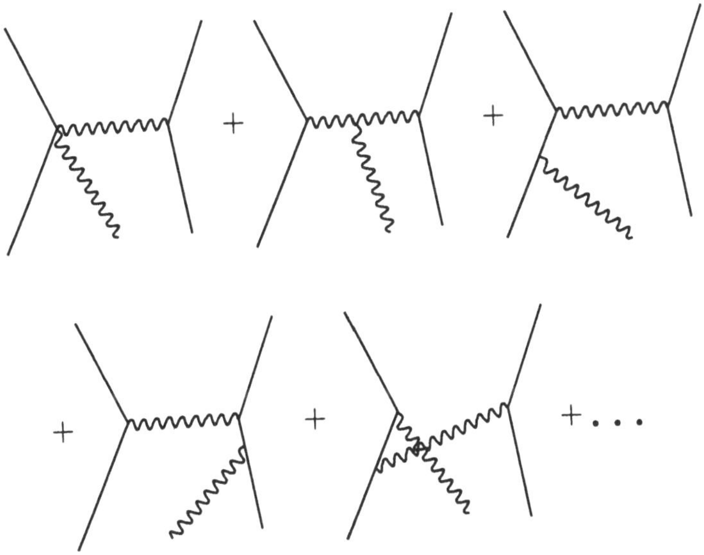

Figure 4.6

4.6 Équations classiques du mouvement d'une particule dans le champ de gravitation

Afin de déterminer quelques-uns des effets classiques, comme l'orbite des planètes autour d'une étoile, à l'aide de notre théorie, nous devons réduire la théorie quantique à sa forme classique. Pour ce faire, nous pouvons écrire la théorie classique comme le résultat d'un principe variationnel appliqué à une intégrale de chemin qui fait intervenir l'action ou l'intégrale temporelle du lagrangien. Le minimum de l'intégrale de chemin donne le mouvement d'une particule. Pour une particule libre, par exemple, il s'agit du minimum de

$$-\int\sqrt{(ds)^2} = -\int\sqrt{dx^\mu dx_\mu} = -\int\sqrt{\frac{dx^\mu}{d\alpha}\frac{dx_\mu}{d\alpha}}\,d\alpha. \tag{4.6.1}$$

Il faut ajouter quelque chose dans l'intégrale pour représenter les effets gravitationnels. Plusieurs principes variationnels permettent d'obtenir la théorie classique. Nous choisirons celui qui donne les résultats les plus commodes (en fait, c'est celui qui conduit à l'équation de Klein–Gordon par la méthode de l'intégrale de chemin de la théorie quantique). Pour des particules chargées, on obtient les équations du mouvement à partir de l'intégrale

$$-\frac{m}{2}\int d\alpha\left(\frac{dx^\mu}{d\alpha}\right)\left(\frac{dx_\mu}{d\alpha}\right) - e\int d\alpha A_\mu(x)\left(\frac{dx^\mu}{d\alpha}\right). \tag{4.6.2}$$

Après quelques opérations, le résultat devient

$$m\frac{d^2x_\mu}{d\alpha^2} = e\,F_{\mu\nu}\left(\frac{dx^\mu}{d\alpha}\right), \tag{4.6.3}$$

où $F_{\mu\nu}$ est la courbure de A_μ. $F_{\mu\nu}$ étant antisymétrique, cette équation implique, après multiplication par $dx_\mu/d\alpha$, que

$$\frac{d}{d\alpha}\left(\frac{dx^\mu}{d\alpha}\frac{dx_\mu}{d\alpha}\right)$$

est nul, ou encore que

$$\frac{dx^\mu}{d\alpha}\frac{dx_\mu}{d\alpha} = \left(\frac{ds}{d\alpha}\right)^2$$

reste constant. α est donc proportionnel au temps propre (et on peut les choisir égaux, m_0 étant la masse au repos de la particule). Il faut ensuite inclure notre tenseur $T_{\mu\nu}$ dans l'intégrale d'une manière qui permette d'obtenir les bonnes équations gravitationnelles. En électrodynamique, le vecteur mis en jeu est simplement la dérivée d'un élément de longueur par rapport à un scalaire, c'est-à-dire une vitesse $(dx^\mu/d\alpha)$. On suppose alors que le tenseur $T_{\mu\nu}$ n'est autre que le tenseur engendré par deux vitesses de ce type, et l'on ajuste le facteur constant en sorte que la composante 44 reproduise correctement la densité d'énergie. On pose

$$T^{\mu\nu} = m_0 \left(\frac{dx^\mu}{d\alpha}\right)\left(\frac{dx^\nu}{d\alpha}\right), \tag{4.6.4}$$

où $\alpha = s =$ le « temps propre ». La composante 44 est bien une densité d'énergie ; elle contient un premier facteur $1/\sqrt{1 - v^2/c^2}$ qui rend compte de l'accroissement d'énergie avec la vitesse, et un second pour le rétrécissement en volume dû à la contraction de Lorentz.

Voici donc l'intégrale du lagrangien, ou l'action, dont on prendra la variation :

$$m_0 \left[-\frac{1}{2}\int d\alpha \left(\frac{dx^\mu}{d\alpha}\right)\left(\frac{dx_\mu}{d\alpha}\right) - \lambda \int d\alpha\, h_{\mu\nu}(x)\left(\frac{dx^\mu}{d\alpha}\right)\left(\frac{dx^\nu}{d\alpha}\right)\right]. \tag{4.6.5}$$

On introduit un nouveau tenseur

$$g_{\mu\nu}(x) = \eta_{\mu\nu} + 2\lambda h_{\mu\nu}(x) \tag{4.6.6}$$

pour réécrire l'action sous la forme plus compacte

$$m_0 \left[-\frac{1}{2}\int d\alpha\, g_{\mu\nu}(x) x'^\mu x'^\nu\right]. \tag{4.6.7}$$

Dorénavant, nous dénoterons la dérivation par rapport à α par un prime. Lorsqu'on prend la variation de l'action par rapport à la coordonnée x, on obtient deux termes égaux pour chacun des facteurs de x'_μ et x'_ν, ainsi qu'un terme issu du tenseur $g_{\mu\nu}$, d'où l'équation du mouvement

$$-\frac{d}{d\alpha}\left(g_{\sigma\nu} x'^\nu\right) + \frac{1}{2}\frac{\partial g_{\mu\nu}}{\partial x^\sigma} x'^\mu x'^\nu = 0. \tag{4.6.8}$$

Il existe d'autres écritures pour les équations, qui peuvent s'avérer utiles. Tout d'abord, on rassemble tous les termes contenant deux vitesses d'un côté de l'équation :

$$g_{\sigma\nu} x''^\nu = \left[\frac{1}{2}\frac{\partial g_{\mu\nu}}{\partial x^\sigma} - \frac{\partial g_{\sigma\nu}}{\partial x^\mu}\right] x'^\mu x'^\nu. \tag{4.6.9}$$

On sépare ensuite le second terme en deux parties égales, puis on renomme les indices muets $\mu \leftrightarrow \nu$, de sorte à obtenir une certaine combinaison qui apparaîtra si souvent qu'on lui associe un symbole particulier :

$$[\mu\nu, \sigma] = \frac{1}{2}\left[\frac{\partial g_{\mu\sigma}}{\partial x^{\nu}} + \frac{\partial g_{\nu\sigma}}{\partial x^{\mu}} - \frac{\partial g_{\mu\nu}}{\partial x^{\sigma}}\right]. \tag{4.6.10}$$

En termes de ce crochet (que l'on appelle les « symboles de Christoffel de première espèce »), l'équation du mouvement s'écrit simplement

$$g_{\sigma\nu}x''^{\nu} = -[\mu\nu, \sigma]x'^{\mu}x'^{\nu}. \tag{4.6.11}$$

En différentiant le produit $g_{\mu\nu}x'^{\mu}x'^{\nu}$ par rapport à α, on obtient immédiatement l'une des conséquences de cette équation :

$$\frac{\partial}{\partial\alpha}\left(g_{\mu\nu}x'^{\mu}x'^{\nu}\right) = 2g_{\mu\nu}x'^{\mu}x''^{\nu} + \frac{\partial g_{\mu\nu}}{\partial x^{\sigma}}x'^{\mu}x'^{\nu}x'^{\sigma}. \tag{4.6.12}$$

Si l'on remplace le produit $g_{\mu\nu}x''^{\mu}$ du premier terme par son expression (4.6.9) et que l'on renomme les indices muets, on découvre que sa dérivée est identiquement nulle. Ainsi, le produit $g_{\mu\nu}x'^{\mu}x'^{\nu}$ est un scalaire constant. Définissons un nouveau paramètre s par

$$g_{\mu\nu}x'^{\mu}x'^{\nu} = \left(\frac{ds}{d\alpha}\right)^2,$$

il est l'analogue du temps propre dans le contexte de la gravitation. Puisque $ds/d\alpha$ est une constante, on la choisit égale à 1 et on dénote par un point toutes les dérivées prises par rapport à s. Alors, en particulier,

$$g_{\mu\nu}\dot{x}^{\mu}\dot{x}^{\nu} = 1. \tag{4.6.13}$$

4.7 Particule en orbite autour d'une étoile

L'équation du mouvement se réécrit, en termes du champ tensoriel $h_{\mu\nu}$, comme suit (à partir de (4.6.8)) :

$$\frac{d}{ds}\left(\eta_{\sigma\nu}\dot{x}^{\sigma} + 2\lambda h_{\sigma\nu}\dot{x}^{\sigma}\right) = \lambda\frac{\partial h_{\mu\sigma}}{\partial x^{\nu}}\dot{x}^{\mu}\dot{x}^{\sigma}. \tag{4.7.1}$$

Avant de résoudre cette équation pour en extraire la nature du mouvement, nous avons besoin d'expressions adaptées pour les champs gravitationnels. Nous nous intéressons à une région vide de masse. Ainsi, on pourra résoudre l'équation du champ

$$h_{\mu\nu,\lambda}{}^{,\lambda} - 2\overline{h}_{\mu\lambda,\nu}{}^{,\lambda} = -\lambda \overline{T}_{\mu\nu} \tag{4.7.2}$$

par une méthode analogue à celle utilisée pour les équations de Maxwell, si l'on se place dans la jauge de Lorentz $\overline{h}_{\mu\lambda}{}^{,\lambda} = 0$. Il reste le dalembertien ($\square^2 = (\partial/\partial t)^2 - \nabla^2$)

$$\square^2 h_{\mu\nu} = -\lambda \overline{T}_{\mu\nu}. \tag{4.7.3}$$

Dans le cas gravitostatique, où la dépendance temporelle est de fréquence nulle, on doit retrouver la loi de Newton, avec la composante T_{44} proportionnelle à la masse. Les autres composantes du tenseur énergie-impulsion sont nulles. Le champ tensoriel s'écrit

$$\overline{h}_{44} = -\frac{\lambda M}{4\pi r}, \qquad \overline{h}_{\mu\nu} = 0 \quad (\nu, \mu \neq 4, 4). \tag{4.7.4}$$

Le tenseur non barré s'obtient en prenant l'opération « barre » de chaque côté :

$$h_{\mu\nu} = \overline{h}_{\mu\nu} - \frac{1}{2}\overline{h}^{\sigma}{}_{\sigma}\eta_{\mu\nu} = \begin{cases} -\frac{\lambda}{8\pi}\frac{M}{r} & \text{si } \mu = \nu, \\ 0 & \text{sinon.} \end{cases} \tag{4.7.5}$$

On reporte cela dans l'équation du mouvement, en usant des abréviations suivantes

$$\begin{aligned} \phi &= 2\lambda h_{44}, \\ \psi &= 2\lambda h_{33} = 2\lambda h_{22} = 2\lambda h_{11}. \end{aligned} \tag{4.7.6}$$

Pour le cas qui nous intéresse, $\phi = \psi = -2MG/r$, mais nous étudierons, dans la suite, des situations où cela n'est plus valable. Nous maintiendrons donc la distinction, en supposant tout de même ϕ et ψ fonctions de r seulement.

La procédure pour trouver les orbites est semblable à la méthode habituelle pour résoudre les équations dans un champ newtonien. On détaille l'équation pour les coordonnées spatiales et temporelle, puis on élimine le temps et le paramètre α pour obtenir une équation différentielle reliant le rayon et le déplacement angulaire. Partons de l'équation quadri-dimensionnelle (4.7.1). Les composantes spatiales obéissent à des équations du type

$$\frac{d}{ds}\Big(- \dot{x} + \psi\dot{x}\Big) = \frac{1}{2}\left[\frac{\partial\phi}{\partial x}\dot{t}^2 + \frac{\partial\psi}{\partial x}\Big(\dot{x}^2 + \dot{y}^2 + \dot{z}^2\Big)\right]. \tag{4.7.7}$$

L'équation pour le temps coordonnée s'écrit

$$\frac{d}{ds}\left(\dot{t} + \phi\dot{t}\right) = 0. \tag{4.7.8}$$

L'intégrale du mouvement issue de l'équation (4.6.13),

$$\dot{x}^\mu \dot{x}_\mu + 2\lambda h_{\mu\nu}\dot{x}^\mu \dot{x}^\nu = 1, \tag{4.7.9}$$

conduit, dans notre cas, à la relation

$$\dot{t}^2\,(1+\phi) - (1-\psi)\left(\dot{x}^2 + \dot{y}^2 + \dot{z}^2\right) = 1. \tag{4.7.10}$$

L'équation (4.7.8) pour la coordonnée temporelle implique

$$(1+\phi)\,\frac{dt}{ds} = K, \tag{4.7.11}$$

où K est une constante (proportionnelle à l'énergie). Cette équation permet d'éliminer la dérivée (dt/ds) dans l'équation pour les coordonnées d'espace (4.7.7). Puisque ϕ et ψ ne dépendent que de r, le terme de droite de l'équation (4.7.7) est dirigé selon x. Par conséquent,

$$\frac{d}{ds}\Big((1-\psi)(\dot{x}y - \dot{y}x)\Big) = 0.$$

Supposons que le mouvement soit entièrement contenu dans le plan $z = 0$. Avec les coordonnées polaires r, θ du plan xy, on met en évidence une nouvelle constante du mouvement, L, reliée au moment '

$$(1-\psi)\,r^2\dot{\theta} = L. \tag{4.7.12}$$

On en déduit alors le mouvement radial en coordonnées polaires à l'aide de l'équation (4.7.10) :

$$\frac{K^2}{1+\phi} - (1-\psi)\left(r^2\dot{\theta}^2 + \dot{r}^2\right) = 1. \tag{4.7.13}$$

Passons aux dérivées $(dr/d\theta)$ en divisant (dr/ds) par $(d\theta/ds)$; on obtient l'équation différentielle de l'orbite

$$\frac{K^2}{1+\phi} - \frac{L^2}{(1-\psi)\,r^4}\left[\left(\frac{dr}{d\theta}\right)^2 + r^2\right] = 1. \tag{4.7.14}$$

La substitution traditionnelle de r par $u = 1/r$ conduit à une équation que l'on peut résoudre par de petites perturbations autour des solutions newtoniennes :

$$\left(\frac{du}{d\theta}\right)^2 + u^2 = \left(\frac{K^2}{1+\phi} - 1\right)\frac{1-\psi}{L^2}. \tag{4.7.15}$$

On s'attend à trouver $\phi = \psi = -2MG/r = -2MGu$. On sait, grâce à l'étude des mouvements non-relativiste, que K est proche de 1, et $K^2/(1+\phi) - 1 = K^2 - 1 + 2MGu$ si l'on suppose ϕ petit. Ainsi, dans la limite où ϕ et ψ sont faibles, la partie droite de (4.7.15) devient simplement $L^{-2}(K^2 - 1 + 2MGu)$. C'est le même résultat que celui de la théorie newtonienne, où le terme de droite s'écrit $(E + 2MGu)L^{-2}$, E étant l'énergie. Il faut s'attendre à des modifications dans le cas relativiste où l'on ne peut pas négliger les termes d'ordre supérieur. Celles-ci font l'objet de la section suivante.

LEÇON 5

5.1 Orbites planétaires et précession du périhélie de Mercure

À mesure que les théories que l'on construit sont plus sophistiquées, les critères à vérifier pour mettre leurs prédictions à l'épreuve s'appuient sur des détails de plus en plus fins. Nous disposons d'une théorie de champ qui s'identifie à celle de Newton dans la limite statique, qui fait intervenir le contenu en énergie et qui semble prédire correctement la « chute » des photons dans le champ d'une étoile. Pourtant, les mesures de la précession du périhélie de la planète Mercure imposeront qu'on rejette cette théorie. Pour calculer les orbites planétaires, on part de l'équation

$$\begin{gathered}\left(\frac{du}{d\theta}\right)^2 + u^2 = \left(\frac{K^2 - 1 - \phi}{1 + \phi}\right)\left(\frac{1 - \psi}{L^2}\right) \\ u = \frac{1}{r}; \qquad K = (1 + \phi)\frac{dt}{ds}; \qquad r\left(\frac{d\theta}{ds}\right) = L = (1 - \psi)r^2\frac{d\theta}{ds},\end{gathered} \tag{5.1.1}$$

où les symboles ψ et ϕ représentent les éléments diagonaux du tenseur $h_{\mu\nu}$, $\phi = 2\lambda h_{44}$ et $\psi = 2\lambda h_{ii}$, $i = 1, 2, 3$. En vertu de notre théorie, au stade actuel de son développement, nous avons $\phi = \psi = -2GM/r = -2GMu$. Cependant, comme nous allons le voir sous peu, la théorie n'est pas correcte. Aussi, pour nous éviter de recommencer tous les calculs après l'avoir corrigée, prenons tout de suite

$$\begin{aligned}\phi &= \alpha\,(-2GMu) + a\,(-2GMu)^2 + \dots \\ \psi &= \beta\,(-2GMu) + b\,(-2GMu)^2 + \dots\end{aligned} \tag{5.1.2}$$

dans nos équations ; au moment de déduire les conséquences de notre théorie, il suffira de poser $a = b = 0$ et $\alpha = \beta = 1$ dans ces formules. Pour notre théorie scalaire, $\alpha = \beta = 1$ et $\phi = -2GM/r$. Nous supposerons le potentiel ϕ très petit devant 1, dans les unités naturelles du problème : mc^2. On peut donc développer le facteur $1/(1+\phi)$ en série de puissances de ϕ et l'équation devient

$$\left(\frac{du}{d\theta}\right)^2 + u^2 = \frac{1}{L^2}\left(K^2 - 1 - \phi\right)\left(1 - \phi + \phi^2 + \ldots\right)\left(1 - \psi\right). \quad (5.1.3)$$

Réécrivons maintenant le terme de droite comme un développement en fonction de la variable u. En ne gardant que les termes du potentiel jusqu'au second ordre, $2GMu$ et $K^2 - 1$, on obtient

$$\left(\frac{du}{d\theta}\right)^2 + u^2 = A + Bu + Cu^2 + \ldots \quad (5.1.4)$$

où

$$A = \frac{1}{L^2}\left(K^2 - 1\right);$$
$$B = \frac{2GM}{L^2}\left[\left(K^2 - 1\right)\left(\alpha + \beta\right) + \alpha\right];$$
$$C = \frac{1}{L^2}(2MG)^2\left[K^2\alpha^2 + K^2\alpha\beta - K^2 a - \left(K^2 - 1\right)b\right].$$

On différentie maintenant l'équation par rapport à θ. Après qu'on a annulé les facteurs communs, l'équation prend la forme ci-dessous, qui permet d'écrire des solutions perturbatives.

$$\frac{d^2u}{d\theta^2} + u = \frac{1}{2}B + Cu + \ldots \quad (5.1.5)$$

Avec $C = 0$, cette équation possède les solutions coniques habituelles de la théorie de Newton. En tant que fonction de θ, la variable u effectue des oscillations harmoniques autour du point $1/2B$. Pour les orbites elliptiques, la fréquence vaut 1 de sorte que la coordonnée radiale r revient à sa valeur précédente lorsque l'angle θ a varié de 2π ; le mouvement est parfaitement cyclique. Lorsque C n'est pas nul, la fréquence devient $\omega = \sqrt{1 - C}$. La période angulaire est plus élevée, de sorte que l'on retrouve le périhélie lorsque l'angle a changé de $T = 2\pi/\omega = 2\pi(1 + C/2 + \ldots)$. Puisque $C \ll 1$, l'angle πC représente la précession du périhélie par année planétaire.

On calcule facilement la valeur du périhélie pour une planète non-relativiste. La limite non-relaviste est obtenue lorsque l'énergie totale K tend vers 1 (en unités mc^2). Dans ce cas, on montre aisément que l'équation (5.1.5) se réduit exactement à l'équation de Newton, comme il se doit. Mais il est plus important que notre théorie soit correcte dans la limite relativiste plutôt que de fournir la bonne valeur pour la précession ! Lorsque $K^2 - 1 \approx 0$, la précession par année planétaire devient

$$\pi C = \left(\alpha^2 - a + \alpha\beta\right) 4\pi M^2 G^2 L^{-2}. \tag{5.1.6}$$

Avec notre théorie dans son état actuel, $\alpha = \beta = 1$, $a = 0$, et cela donne, pour la planète Mercure, 57 secondes d'arc par siècle (en années terriennes). Pour les autres planètes, le résultat est très inférieur, de l'ordre de 4 secondes d'arc par siècle dans le cas de la Terre, par exemple. Les observations astronomiques fournissent 5270 secondes d'arc par siècle. Toutefois, on peut imputer la quasi-totalité de cette valeur à des perturbations dues à la présence des autres planètes. Lorsqu'on corrige ces effets avec précision (à l'aide de la théorie purement newtonienne), l'écart entre la précession observée et la valeur calculée se réduit à 41 ± 2 secondes. Notre théorie fournit un résultat trop élevé, d'un facteur de l'ordre de $4/3$.

Les résultats tiennent tout de même dans un mouchoir de poche et, avant d'abandonner notre théorie, peut-être devrions-nous revoir avec soin les calculs et les faits expérimentaux pour s'assurer que le désaccord est réel. On a vérifié et re-vérifié de nombreuses fois : le résultat 41 ± 2 persiste. On peut envisager qu'il admette une explication physique. S'il existait une planète, jusqu'ici inconnue, au cœur de Mercure, ou si le Soleil affichait en fait une déformation quadrupolaire importante (c'est-à-dire qu'il serait plus aplati aux pôles), alors cela pourrait engendrer une précession de la planète. Lorsqu'on estime l'ordre de grandeur que devrait atteindre ce type de déformation, on obtient des résultats bien trop élevés pour être physiquement acceptables. Le Soleil tourne sur lui-même beaucoup trop lentement pour que les moments quadrupolaires soient suffisamment importants. D'autres estimations, du même type, ont également rendue caduque l'explication par la présence d'une planète intérieure. La conclusion s'impose : notre théorie est incorrecte.

Avant de voir ce qui rend notre théorie incorrecte, exploitons la machinerie que l'on a développée pour calculer les orbites afin d'extraire un résultat quantitatif pour la déviation de particules très rapides passant près du Soleil. La limite relativiste est obtenue lorsque $K^2 \gg 1$:

l'énergie totale est très supérieure à l'énergie de masse. L'impulsion vaut $p = \sqrt{K^2 - 1}$. Dans la limite $K \gg 1$, on peut réduire les équations à une forme identique à celles de la théorie de Newton, à ceci près que le potentiel est multiplié par un facteur $(\alpha + \beta)$. Puisque $\alpha = \beta$, les prédictions fournissent généralement des effets deux fois plus importants.

Numériquement, des particules *très* rapides ($v = c$) qui frôlent la surface du Soleil devraient se voir défléchies d'un angle de $1,75''$. On a fait des mesures de la déviation de la lumière venues d'autres étoiles et qui passe à proximité du Soleil. Les résultats sont encourageants. En principe, les mesures sont tout ce qu'il y a de plus simple, mais il devient difficile de voir la moindre étoile en présence du Soleil, *a fortiori* les étoiles qui lui sont proches. On procède en prenant des clichés très précis de diverses régions du ciel pendant la nuit, que l'on compare ensuite aux photographies prises lors d'une éclipse totale. On superpose les clichés en faisant bien correspondre les étoiles éloignées du Soleil, et l'on tente de discerner un décalage pour celles qui en sont plus proches. L'analyse de ces données peut s'avérer laborieuse. Deux expériences de ce type ont toutefois fournit des résultats, correspondant à des déviations de $2,01$ et $1,70$ secondes d'arc pour la lumière frôlant la surface du Soleil. Ces observations confirmeraient donc la prédiction de $1,75$ secondes.

5.2 Dilatation du temps dans le champ gravitationnel

À ce stade, nous disposons d'une théorie apparemment en accord avec les observations excepté qu'elle fournit une valeur trop élevée d'un facteur $4/3$ pour la précession des orbites planétaires. Le débat sur les perturbations résiduelles fait rage, on cherche à affiner la précision des mesures, mais peut-être serait-il sage, comme le feraient certainement les théoriciens sur Vénus, de commencer par perfectionner la théorie sous sa forme actuelle. On espére découvrir de nouveaux effets qui permettraient de la tester ou de mettre à jour des incohérences cachées de la théorie.

Si l'on compare les équations différentielles pour le mouvement de particules soumises aux champs électrique et gravitationnel, on découvre une nouveauté propre aux équations de la gravitation. Les équations du mouvement font intervenir non seulement le gradient du potentiel, mais aussi le potentiel lui-même :

$$\begin{aligned} &\text{Electricité :} \quad \frac{d^2x^\mu}{ds^2} = -\frac{e}{m_0}\left(\frac{\partial A^\mu}{\partial x^\nu} - \frac{\partial A_\nu}{\partial x_\mu}\right)\frac{dx^\nu}{ds}, \\ &\text{Gravitation :} \quad \frac{d}{ds}\left(g_{\alpha\beta}\frac{dx^\beta}{ds}\right) = \frac{1}{2}\frac{\partial g_{\mu\nu}}{\partial x^\alpha}\frac{dx^\mu}{ds}\frac{dx^\nu}{ds}. \end{aligned} \tag{5.2.1}$$

Ainsi, les équations différentielles pour les champs sont tout à fait semblables, mais c'est leur interprétation qui les distingue. Par exemple, les équations n'impliquent pas la même chose dans une région où le potentiel est constant et dans une région où il est nul, bien que l'accélération soit nulle dans les deux cas. Dans l'univers, la contribution de nébuleuses lointaines au potentiel gravitationnel doit être quasiment constante sur de vastes régions de l'espace, de sorte que ces considérations sont valables.

Revenons à la formulation en termes de lagrangien et de principe variationnel pour mieux comprendre ces nouvelles relations en partant d'un point de vue plus général. Nous supposerons que dans une certaine région de l'espace, le tenseur gravitationnel $g_{\mu\nu}$ est indépendant des coordonnées et prend la valeur

$$g_{44} = 1 + \epsilon; \qquad g_{11} = g_{22} = g_{33} = -1. \tag{5.2.2}$$

On s'attend à ce que le potentiel dû aux masses éloignées soit négatif, $\epsilon < 0$. Le lagrangien est le suivant :

$$\begin{aligned} &-\frac{m_0}{2}\int d\alpha\, g_{\mu\nu}\frac{dx^\mu}{d\alpha}\frac{dx^\nu}{d\alpha} \\ &\quad = -\frac{m_0}{2}\int d\alpha\left[(1+\epsilon)\left(\frac{dt}{d\alpha}\right)^2 - \left(\frac{dx}{d\alpha}\right)^2 - \left(\frac{dy}{d\alpha}\right)^2 - \left(\frac{dz}{d\alpha}\right)^2\right]. \end{aligned} \tag{5.2.3}$$

Bien évidemment, la simple substitution $t' = t\sqrt{1+\epsilon}$ suffit à rétablir ce terme sous sa forme précédente. Cela semble indiquer que l'effet d'un potentiel constant serait équivalent à un changement d'échelle pour le temps, dont l'effet serait de ralentir les processus physiques ayant lieu dans des régions de plus faible potentiel gravitationnel.

Les arguments pour la seule particule libre ne sont pas significatifs. En effet, comment prétendre modifier le rythme auquel rien ne se passe ? C'est le comportement de particules en interaction qu'il faut regarder. Dans ce but, continuons l'analyse de notre théorie de la matière scalaire ; l'action s'écrit

$$\frac{1}{2}\int d^4x\,(\phi^{,\sigma}\phi_{,\sigma} - m^2\phi^2) - \lambda\int d^4x\; h_{\mu\nu}T^{\mu\nu} \tag{5.2.4}$$

avec

$$T^{\mu\nu} = \phi^{,\mu}\frac{\partial\mathcal{L}}{\partial\phi_{,\nu}} - \eta^{\mu\nu}\mathcal{L}. \tag{5.2.4'}$$

On peut séparer explicitement les dérivées spatiales et temporelles des gradients ainsi que la partie temporelle de l'élément de volume d^4x. On suppose les corrections ϵ petites devant 1 afin que le développement en ϵ soit possible. On arrive à l'expression de l'action

$$\frac{1}{2}\int d^3x\,dt\left[\left(\frac{\partial\phi}{\partial t}\right)^2(1-\epsilon/2) - (\nabla\phi)^2(1+\epsilon/2) - m^2\phi^2(1+\epsilon/2)\right]. \tag{5.2.5}$$

Ici encore, on vérifie que pour $dt' = dt\sqrt{1+\epsilon} \approx dt(1+\epsilon/2)$, on retrouve l'écriture précédente. Il apparaît clairement que nos mésons scalaires, représentés par ϕ, subissent une dilatation du temps. On peut montrer, à l'aide de la formule de Wenzel (5.2.4') pour $T_{\mu\nu}$, que la dilatation du temps a lieu pour toutes les interactions, et ce quelle que soit la nature précise du lagrangien complet. Quel qu'il soit, on pourra toujours séparer explicitement le reste du lagrangien de l'interaction gravitationnelle :

$$\mathcal{L}(\text{total}) = \mathcal{L}_0 - \lambda h_{\mu\nu}T^{\mu\nu}. \tag{5.2.6}$$

Avec la formule (5.2.4') et avec $g_{\mu\nu}$ donné par (5.2.2), $\lambda h_{44} = \epsilon/2$ et le lagrangien complet s'écrit $\mathcal{L} - (\epsilon/2)T_{44}$, ou encore

$$\mathcal{L}(\text{total}) = \mathcal{L}(1+\epsilon/2) - \frac{\partial\mathcal{L}}{\psi_{,t}}\psi_{,t}(\epsilon/2). \tag{5.2.7}$$

Supposons que le lagrangien total (le potentiel gravitationnel constant inclus) ne fasse intervenir que le champ ψ et ses dérivées. L'action en fonction de la variable t' s'écrit, au premier ordre en ϵ,

$$\text{Action} = \int d^3x\,dt'\,\mathcal{L}\,(\psi_{,t'},\,\psi,\,\psi_{,x}) \tag{5.2.8}$$

puisque

$$\psi_{,t'} = (1+\epsilon)^{-1/2}\psi_{,t}$$

et

$$\text{Action} = \int d^3x(1+\epsilon)^{1/2}dt\,\mathcal{L}\left[(1+\epsilon)^{-1/2}\psi_{,t},\,\psi,\,\psi_{,x}\right].$$

Le résultat de tout cela est que n'importe quel terme du lagrangien faisant intervenir la dérivée temporelle $\psi_{,t}$ sera affublé de son propre facteur $\sqrt{1+\epsilon}$. Ainsi, la substitution $t' = t\sqrt{1+\epsilon}$ reproduit exactement les effets du champ gravitationnel constant. Toute la physique reste la même, mise à part la dilatation du temps.

Les potentiels gravitationnels sont négatifs de sorte que les horloges proches d'un objet massif comme une étoile devraient fonctionner plus lentement. Puisque $\epsilon = -2GM/r$, on pourrait envisager que $(1+\epsilon)$ soit négatif. Toutefois, la question ne se pose jamais en pratique car G est trop faible. Pour une étoile aussi massive que le Soleil, on n'aurait $\epsilon = -1$ que si toute la masse de l'astre était concentrée à l'intérieur d'une sphère de 1,5 kilomètres de rayon. Cependant, d'un point de vue formel, l'éventualité $\epsilon < -1$ est une partie intégrante de notre théorie. Nous verrons par la suite que ce type de difficulté surgit même dans le cadre d'une théorie plus raffinée.

Ainsi, nous tenons là une nouvelle prédiction pour nos théories gravitationnelles : les horloges devraient être ralenties dans des régions de plus faible potentiel. On en a fait l'expérience sur Terre, en observant la trajectoire de photons près de la surface de la planète, sur une distance de 24 mètres. Les photons sont émis en haut et absorbés en bas. On utilise les raies très fines découvertes par Mössbauer dans les transitions nucléaires des cristaux. La légère modification de fréquence due à la chute (1 pour 10^{15}) est compensée par un décalage Doppler artificiel. On utilise l'absorption comme fonction des vitesses relatives des cristaux pour déterminer le décalage en fréquence, et les résultats s'avèrent en accord avec les prédictions théoriques, dans la limite de l'incertitude expérimentale, de l'ordre de dix pour cent. Dans ce cas, les horloges ralenties sont des mécanismes nucléaires qui produisent des photons de fréquence donnée. La différence de fréquence entre les horloges du haut et celles du bas vaut $(\Delta\omega/\omega) = (\epsilon/2) =$ la différence entre les potentiels gravitationnels, divisée par c^2.

Toute la machinerie de notre théorie de la gravitation n'est pas réellement indispensable pour prédire ce décalage en fréquence. En effet, il est implicite dans les résultats expérimentaux de Eötvös que les forces de gravité (ou les potentiels) sont proportionnelles au contenu en énergie. Ainsi, le décalage en fréquence correspond à la partie gravitationnelle de l'énergie du photon. Si l'on en croit Eötvös, dans un état excité, le noyau est plus lourd de $(E_0/c^2)g$, où E_0 est l'énergie d'excitation, puisque, comme nous l'indiquent les expériences de physique nucléaire, sa masse vaut $M + E_0/c^2$, M étant sa masse dans l'état fondamental. Lorsqu'on le porte à l'altitude h, son énergie est augmentée de $E_0 + (E_0/c^2)gh + Mgh$ par rapport à celle du noyau non excité resté à l'altitude zéro. Si l'on excite le noyau resté en bas, on n'ajoute que E_0. Après la transition, l'excédent d'énergie du noyau du haut est réduit à Mgh. Puisque l'énergie du photon s'écrit $E = \hbar\omega$, la fréquence du photon émis lors de la transition vaut $\omega = \omega_0[1 + gh/c^2]$. Le décalage en fréquence apparaît alors comme une conséquence de la conservation de l'énergie. Sans ce décalage, nous aurions découvert le mouvement perpétuel avec ces transitions nucléaires. On excite des noyaux du haut par des photons d'énergie E_0 mais on récupère l'énergie mécanique $(M + E_0/c^2)gh$ en descendant un des noyaux excités. Or, le fait de mettre en altitude un noyau à l'état fondamental ne coûte que Mgh : on gagnerait donc $(E_0/c^2)gh$ à chaque cycle ! Par conséquent, notre théorie n'est pas incohérente, elle suggère que le décalage en fréquence requis par la conservation de l'énergie soit considéré comme une propriété générale de tous les processus physiques, et que tout est donc ralenti dans un potentiel gravitationnel faible.

Il n'y a ici rien de comparable au « paradoxe des jumeaux » de la relativité restreinte. L'homme au sommet de la montagne vit et vieillit à un rythme plus rapide que nous ; nous le voyons bouger plus vite. Lorsqu'il nous regarde, il nous voit évoluer plus lentement que lui. Cela n'a rien à voir avec la dilation du temps qui entre en jeu dans le cas des grandes vitesses relatives où chaque observateur voit l'autre vivre plus lentement. Cependant, n'espérez pas augmenter notablement votre espérance de vie en partant vous installer dans la Vallée de la Mort (à quelque 80 mètres en dessous du niveau de la mer) : le vieillissement ne change que très peu. Toutefois, nous prendrons garde, dorénavant, en mentionnant l'âge d'objets tels que la Terre : en effet, son cœur pourrait s'avérer plus jeune que sa surface d'un jour ou deux !

5.3 Effets cosmologiques de la dilatation du temps. Principe de Mach.

Nous avons déjà suggéré que l'univers puisse être décrit de manière approximative par une distribution de masse à symétrie sphérique, et que les énergies gravitationnelles puissent équilibrer les énergies de masse des particules proches du centre. S'il en était ainsi, et si notre formule pour la dilatation du temps était correcte, alors les processus physiques devraient s'arrêter au cœur de l'univers, puisque le temps ne s'y écoulerait plus du tout. Cette prédiction n'est pas la seule physiquement inacceptable : on s'attendrait à ce que la matière aux confins de l'univers interagisse plus vite, de telle sorte que la lumière venue de galaxies lointaines devrait subir un décalage vers le violet. Au contraire, il est bien connu que le décalage se fait vers des fréquences plus basses, plus rouges. Ainsi, il apparaît nécessaire d'analyser plus avant notre formule pour la dilation du temps, parallèlement aux modèles possibles de l'univers. La discussion qui suit reste purement qualitative et a pour seul but d'encourager des réflexions approfondies sur ce sujet.

On peut envisager que les corrections à notre formule viennent des composantes spatiales du tenseur $h_{\mu\nu}$. Nous n'avons pris en compte que h_{44}. Or, en incluant h_{33}, h_{22} et h_{11}, peut-être pourrait-on déduire non seulement la dilatation du temps, mais aussi des contractions analogues le long des dimensions spatiales, lesquelles pourraient simplifier certaines difficultés. Une autre possibilité serait que le 1 qui apparaît dans la formule de dilatation du temps soit mal interprété. Notre formule ne vaut que pour des différences de potentiel ϕ très petites devant 1 en sorte que, d'une certaine manière, la constante 1 pourrait représenter la contribution normalisée issue de nébuleuses distantes. En d'autres termes, nous avons déduit que les corrections gravitationnelles à l'énergie totale d'une particule sont des corrections à son inertie. C'est une extension conceptuellement simple de l'idée que les particules pourraient ne pas avoir d'inertie intrinsèque, et que l'inertie résulte entièrement d'une somme d'interactions gravitationnelles avec le reste de l'univers. On se heurte immédiatement à des problèmes quantitatifs. Supposons que l'on tente d'écrire l'énergie potentielle totale d'une planète près du Soleil comme la somme du potentiel du Soleil et d'une contribution quasi-constante due au reste de la matière :

$$\phi = \phi(\text{Soleil}) + \phi(\text{matière}). \tag{5.3.1}$$

Il n'y a aucun moyen de distinguer ϕ(nébuleuses) de 1 puisque la correction ϕ(Soleil) porte un signe opposé.

Cette tentative rudimentaire semble échouer, mais cette question mérite qu'on la détaille quelque peu. L'idée que l'inertie représente les effets des interactions avec la matière lointaine fut proposée pour la première fois par Ernst Mach au dix-neuvième siècle. Ce fut l'une des idées les plus importantes qu'Einstein avait en tête lorsqu'il a construit sa théorie de la gravitation.

Mach pensait que le concept d'une accélération absolue dans « l'espace » n'avait aucun sens et que les accélérations absolues habituelles de la physique classique devaient être reformulées comme des accélérations par rapport à des nébuleuses distantes. De même, les rotations devenaient pour lui des rotations relativement à quelque chose d'autre, la « rotation absolue » étant un concept dénué de sens. Pris comme hypothèse fondamentale ou comme postulat, c'est ce qu'on appelle le « principe de Mach ». Peut-être suffit-il à lui seul à fournir des résultats physiques significatifs, un peu comme le principe de relativité. En reliant des systèmes en mouvement relatifs, celui-ci servit d'outil à Huygens pour déduire les lois de la collision des boules de billards, par exemple. Supposons que l'on ait observé qu'une collision frontale entre deux boules de billards d'impulsions égales et opposées, a pour résultat d'intervertir les impulsions. Huygens imagina alors de mener la même expérience sur un bateau cheminant à vitesse constante par rapport à la rive. À l'aide du principe de relativité, il parvint à en déduire la loi générale de la collision des boules de billard, indépendamment de leurs vitesses initiales.

Le principe de Mach implique un remaniement profond des lois de la mécanique. En effet, la mécanique habituelle pose le mouvement rectiligne non accéléré comme le mouvement « naturel », en l'absence de forces. Or, lorsqu'on définit les accélérations comme des accélérations relatives, par rapport à d'autres objets, le chemin d'une particule « sans accélération » dépend de la distribution des autres objets dans l'espace et, par conséquent, les définitions des forces entre objets seraient elles aussi modifiées par le changement de distribution des autres objets dans l'espace.

5.4 Principe de Mach en théorie quantique

Dans le cadre des théories quantiques, le principe de Mach implique de nouveaux effets puisqu'on ne peut pas parler de trajectoire rectiligne. Nous verrons que l'énoncé correct fait plutôt intervenir le développement temporel.

Le problème qui se posa à Mach fut de décider comment une particule pouvait « se savoir » accélérée. Pour lui, cela viendrait d'une influence des nébuleuses telle que l'accélération par rapport à elles nécessite une force. Avec l'avènement de la théorie quantique, on pouvait définir une nouvelle notion « absolue » : une échelle absolue de distance ou de temps. 10^{24} atomes d'hydrogène dépourvus d'énergie et confinés dans un cube occupent un volume défini de manière absolue ; la molécule de NH_3 se berce en laissant s'écouler une durée bien précise entre chaque cycle. Dans le vide, deux photons identiques qui se dirigent l'un vers l'autre ne font rien de spécial tant que leur longueur d'onde reste inférieure à $2\pi\, 3,68 \times 10^{-11}$ cm ; à partir de là, des paires d'électrons seront produites. Comment les photons « connaissent-ils » leur longueur d'onde en unités absolues et comment décident-ils de produire des paires ou non ? Chaque élément de volume de l'espace contiendrait-il une mesure absolue de sa taille (ou du temps)... ?

Si l'on adopte la philosophie du principe de Mach, alors ce qui précède apparaît dénué de sens ; la taille n'a rien d'absolu si l'on n'a rien à quoi la comparer. C'est l'influence des nébuleuses distantes qui doit déterminer l'échelle du temps en tout point de l'espace. La longueur d'onde Compton relative à la taille de l'univers, disons, dépendrait donc du nombre de nébuleuses qu'il contient. On suppose alors qu'en enlever certaines pourrait modifier cette échelle.

On considèrera que l'échelle de temps naturelle (disons la valeur de $\hbar/mc^2$, ou toute autre combinaison pour une quelconque particule fondamentale — on les suppose toutes proportionnelles à une certaine unité de longueur) est déterminée par les nébuleuses distantes. Nous allons montrer que le référentiel inertiel est automatiquement déterminé par ces nébuleuses et que le phénomène de l'inertie pour des accélérations relatives à ces dernières s'explique alors grâce au « principe de détermination des longueurs". Ainsi, le principe de Mach équivaut à affirmer que les unités fondamentales de longueur et de temps en un point donné sont le résultat de l'influence des nébuleuses distantes.

En théorie quantique, à une particule que l'on suppose « au repos » correspond un développement temporel en $\exp(-imc^2t/\hbar)$. En vertu du principe d'inertie, l'échelle de temps est indépendante de la coordonnée x ; on interprète les trajectoires classiques comme les chemins qui suivent les normales aux lignes de phase donnée. En deux dimensions, on représente les lignes iso-phase perpendiculairement à l'axe temporel, comme sur la figure 5.1.

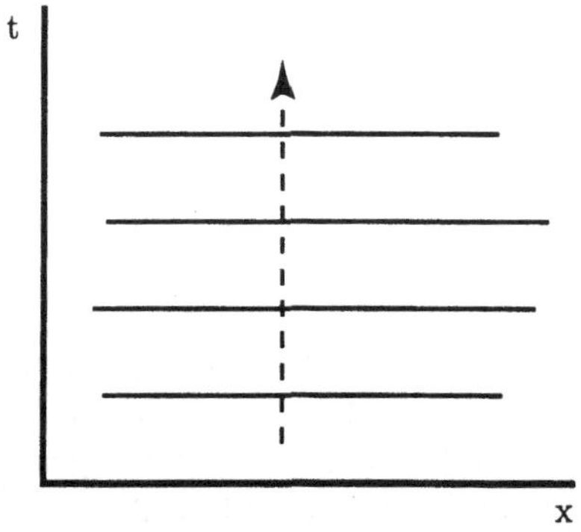

Figure 5.1

Lorsque les échelles de temps ne sont pas identiques dans toutes les portions de l'espace, alors les lignes de phase constante deviennent courbes. Les trajectoires classiques se courbent elles aussi ; elles correspondent au mouvement accéléré vers les régions où les échelles de temps sont plus basses, comme l'illustre la figure 5.2. Or, puisque les étoiles engendrent des « concentrations du temps », elles devraient produire ces accélérations. En théorie quantique, les solutions d'ondes planes n'existent que si les surfaces de phase constante sont parallèles. Dans le cas contraire, les paquets d'onde suivent le gradient de phase. Finalement, si les nébuleuses distantes demeurent la principale contribution à la détermination de l'échelle de temps, et en l'absence d'étoiles proches, l'échelle $\hbar/mc^2$ serait presque exactement égale en deux points voisins 1 et 2, parce que 1 et 2 sont presque exactement à la même distance de toutes les nébuleuses. Ainsi, les fréquences naturelles (l'écart entre lignes de phase constante) en 1 et 2 seraient pratiquement égales. Par conséquent, si une particule possède initialement une phase égale aux points 1 et 2, elle conservera cette même phase et restera au repos - elle ne sera pas accélérée (plus exactement, c'est un long paquet d'onde qui resterait immobile). Des phases initiales différentes conduisent à des lignes en pente, mais avec une pente constante dans le temps - une vitesse constante. L'absence d'accélération apparaît comme une conséquence du fait que l'échelle de temps naturelle est la même en tout point d'une certaine zone de l'espace. On comprend cette constance si ce sont les nébuleuses qui déterminent l'échelle naturelle puisque, dans un espace très petit par comparaison aux dimensions de la distribution des nébuleuses (de l'ordre de la taille de l'univers), on ne peut attendre aucune variation d'échelle.

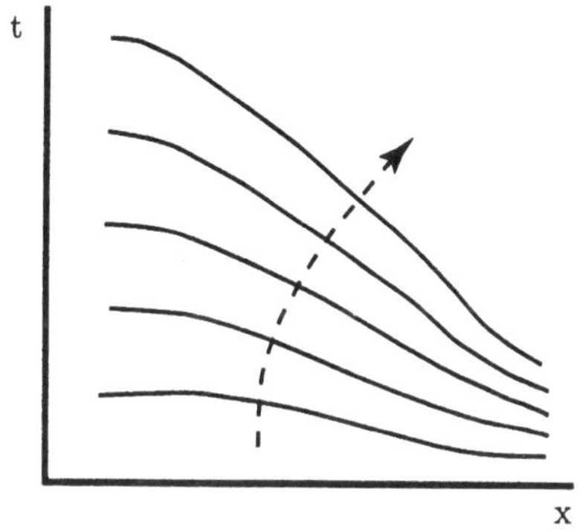

Figure 5.2

À ce stade, certaines coïncidences numériques méritent d'être signalées afin de comprendre comment les dimensions « naturelles" de longueur émergent en cosmologie. Ces coïncidences ne procèdent d'aucune « théorie" à proprement parler (elles servent tout juste à illustrer le type de relation que pourrait éventuellement prédire une théorie précise). Dans un système d'unités temporelles supposées « naturelles" pour l'univers, on admet que l'élément de longueur invariant d'une particule au repos s'écrit

$$(ds)^2 = g_{44}(dt)^2. \tag{5.4.1}$$

L'unité de temps coordonnée t pourrait être (R/c), avec R le rayon de l'univers. On suppose les unités atomiques définies par ds (on prend au sérieux le caractère absolu de $g_{\mu\nu}$); une unité de ds correspond donc à la longueur fondamentale. Mais quelle longueur fondamentale ? Toutes sont proportionnelles, mais prenons la longueur d'onde Compton du proton, $\hbar/Mc$. Ainsi, un s valant 1 signifie une oscillation de la fonction d'onde d'un proton ; un t de 1 donne l'ordre de grandeur de la taille de l'univers.

Supposons ensuite que la contribution à g_{44} de chaque proton vaut simplement $1/r$ (r étant, en unités des coordonnées, le rayon de l'univers). Les nébuleuses, typiquement distantes de $R = 1$, possèdent N_0

protons et contribuent donc à g_{44} par une quantité de l'ordre de N_0. Ainsi, au voisinage d'une étoile située à la distance r et comprenant n protons, l'élément de longueur élevé au carré s'écrit

$$(ds)^2 = \left(N_0 + \frac{n}{r}\right)(dt)^2. \tag{5.4.2}$$

La coïncidence est la suivante : l'âge de l'univers T est relié numériquement à la durée de vie du proton $(\hbar/M_pc^2) \approx T/\sqrt{N_0}$. Avec l'autre coïncidence, mentionnée plus tôt, que $2M_{\text{univ}}G/R \approx 1$, le résultat, exprimé dans un système d'unités arbitraires telles que les centimètres et les secondes, devient

$$(ds)^2 = \left(1 + \frac{2mG}{r}\right)(cdt)^2, \tag{5.4.3}$$

où m est la masse de l'étoile : *grosso modo*, $m = nM_p$. Exception faite de l'apparition catastrophique d'un signe $(+)$ au lieu d'un signe $(-)$, le résultat est le même que le $(ds)^2$ « correct". On a réussi à obtenir le bon ordre de grandeur simplement en jonglant avec des grandeurs cosmologiques.

Il y a peu de chances que cette coïncidence ait vraiment une signification fondamentale. Par exemple, on a supposé que chaque élément de la masse du proton contribue en $(1/r)$. Mais la dépendance en $(1/r)$ n'est correcte que s'il s'agit de corrections à l'énergie totale due aux particules voisines et probablement pas pour les particules de galaxies lointaines. Une autre difficulté majeure vient de la contribution des autres termes du tenseur $h_{\mu\nu}$, comme par exemple h_{11}, dont nous n'avons pas tenté d'inclure les effets. Et pourtant, ce type d'approche permet de mettre en évidence que les théories de la gravitation conduisent inévitablement à des considérations sur le temps et l'inertie. On saisit comment une interaction en termes du nombre de particules distantes peut engendrer l'inertie que l'on observe pour un objet tel qu'un proton. Dans tous les cas, l'idée de considérer sérieusement que $g_{\mu\nu}$ puisse prendre une valeur à caractère absolu n'est pas complètement absurde. L'espace plat pourrait très bien être caractérisé par $g_{44} = -g_{11} = -g_{22} = -g_{33} = \xi$, où ξ serait un nombre, par forcément pris égal à 1.

5.5 Énergie du champ gravitationnel

Revenons à des considérations moins spéculatives et plus précises.

Au cours de l'élaboration de notre théorie du champ et des modifications que nous lui avons apportées, nous avons négligé de vérifier que celle-ci est bien cohérente en soi. Nous avons écrit un lagrangien total avec un terme pour le champ, un terme pour la matière et un terme de couplage. Nous avons obtenu une équation du champ en imposant que la divergence du tenseur énergie-impulsion soit identiquement nulle. Cependant, cette procédure s'est avérée incorrecte puisque notre tenseur énergie-impulsion ne contient pas l'énergie du champ gravitationnel. Ainsi, notre théorie est physiquement indéfendable puisque l'énergie de la matière n'y est pas conservée.

Nous tenterons de corriger ce manquement théorique en ajoutant un nouveau tenseur à notre $T^{\mu\nu}$, en sorte que

$$(T^{\mu\nu} + \chi^{\mu\nu})_{,\nu} = 0, \tag{5.5.1}$$

et que l'énergie du champ lui-même soit bien prise en compte. Comment trouver ce terme ? On peut tenter de construire le tenseur complet à l'aide de la formule de Wenzel et du lagrangien total. On obtient un tenseur non symétrique, que l'on peut symétriser et utiliser pour calculer la précession du périhélie de Mercure. On aboutit à un résultat faux. Voici un nouvel exemple de ce que l'on peut prévoir à vue de nez pour les théories physiques : avec les théories qui ne découlent pas d'un principe variationnel comme le principe de moindre action, il faut s'attendre à rencontrer tôt ou tard des problèmes et des incohérences.

Tentons autre chose en suivant la méthode habituelle qui consiste à mettre successivement à l'épreuve diverses théories, selon un ordre de complexité croissante. D'un point de vue physique, le phénomène que l'on cherche à décrire est un effet non-linéaire : l'énergie est la source du champ gravitationnel, et l'énergie du champ lui-même est source de champ. C'est ici que l'on commence à jubiler : il est tout à fait envisageable que ce type de non-linéarité soit responsable du petit écart qui subsiste dans la précession du périhélie de Mercure. En insistant sur le fait que les équations du champ procèdent de la variation d'une action, nous regarderons quel type de terme peut être ajouté au lagrangien pour modifier l'équation du mouvement selon

$$h^{\mu\nu,\sigma}{}_{,\sigma} - 2\overline{h}^{\mu}{}_{\sigma}{}^{,\nu\sigma} = -\lambda\left(\overline{T}^{\mu\nu} + \overline{\chi}^{\mu\nu}\right), \tag{5.5.2}$$

en sorte que l'équation (5.5.1) soit satisfaite. À quoi $\chi^{\mu\nu}$ ressemblerait-il, sachant qu'il représente une énergie gravitationnelle ? Il ne fait aucun doute qu'il sera, au moins en partie, proportionnel au carré de la courbure du champ, c'est-à-dire au produit de deux gradients du potentiel. Ainsi, il est possible que $\chi^{\mu\nu}$ soit une somme de termes du type $h^{\mu\sigma}{}_{,\lambda}h^{\nu\lambda}{}_{,\sigma} + \ldots$, ayant chacun deux h et deux dérivées.

J'insiste sur le fait que nos équations découlent d'un principe variationnel comme le principe de moindre action. En effet, lorsqu'on prend la variation de ce type de produit, on réduit le nombre de h, de sorte que le lagrangien de départ devra contenir un terme du troisième ordre en $h_{\mu\nu}$, qu'on appellera F^3. Nous ferons en sorte que la variation de F^3 conduise au terme $\chi^{\mu\nu}$:

$$\frac{\delta F^3}{\delta h_{\mu\nu}} = \lambda\chi^{\mu\nu}. \tag{5.5.3}$$

D'un point de vue algébrique, F^3 doit contenir des produits de trois h avec deux indices dérivés. Un terme typique de F^3 pourrait être

$$F^3 = ah_{\mu\nu}h^{\mu\sigma,\lambda}h_{\sigma\lambda}{}^{,\nu} + \ldots \tag{5.5.4}$$

Lorsqu 'on écrit tous les produits possibles de ce type, on en trouve 24. On réduit ce nombre en remarquant que certains termes s'obtiennent comme des combinaisons des autres après intégration par parties. Cela nous mène finalement à 18 formes linéairement indépendantes, et l'on aboutit à une expression pour $\chi^{\mu\nu}$ en termes de h et de 18 constantes indépendantes.

L'étape suivante est évidente : on détermine les constantes en imposant

$$(T^{\mu\nu} + \chi^{\mu\nu})_{,\nu} = 0. \tag{5.5.5}$$

Cela donne un ensemble de plus de 18 équations pour les 18 constantes inconnues. Toutes s'avèrent pourtant cohérentes, et les 18 constantes sont donc déterminées de manière unique. Après avoir fait tout cela, on devrait disposer d'une théorie améliorée qui prend en compte l'énergie du champ gravitationnel au deuxième ordre en $h_{\mu\nu}$.

LEÇON 6

6.1 Termes bilinéaires du tenseur énergie-impulsion

Notre théorie à ce stade est linéaire en ce sens que l'on a écrit une équation reliant le champ gravitationnel à un tenseur énergie-impulsion $T_{\mu\nu}$.

$$\overline{h_{\mu\nu,\lambda}{}^{,\lambda} - 2\bar{h}_{\mu\lambda,\nu}{}^{,\lambda}} = -\lambda T_{\mu\nu} \tag{6.1.1}$$

Mais nous n'avons spécifié $T_{\mu\nu}$ qu'en terme de matière, comme si la gravitation n'avait aucune influence sur lui et comme si l'énergie du champ gravitationnel n'était pas elle-même source du champ. On peut mettre en évidence les effets que l'on cherche à inclure en regardant ce qui se produit lorsqu'on rapproche deux masses 1 et 2, en présence d'un troisième corps. Une partie du travail fourni pourra par exemple chauffer le troisième objet, de sorte que l'énergie n'est pas conservée si l'on se cantonne aux seules masses 1 et 2 et aux champs qu'elles engendrent. Autrement dit, l'énergie ne pourra pas être conservée si l'on ne considère que des sous-systèmes ; les deux boîtes en pointillés de la figure 6.1 ne pèseront pas le même poids. La non-linéarité due à l'énergie du champ nous est plus familière : nous avons calculé les champs produits par les sources de masse comme première approximation ; la prochaine approximation consiste à inclure les champs du premier ordre en tant que sources afin de tendre vers une solution auto-cohérente.

Nous allons construire un nouveau tenseur énergie-impulsion à partir de l'ancien en lui ajoutant un terme provenant d'une partie ou-

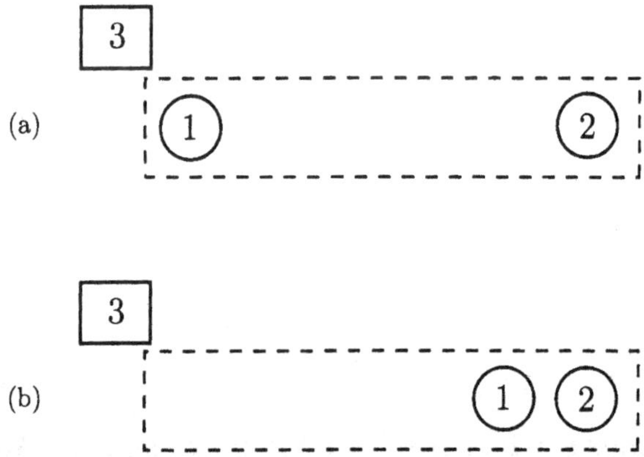

Figure 6.1

bliée du lagrangien, dénotée F^3 :

$$\begin{aligned} {}^{\text{nouveau}}T^{\mu\nu} &= {}^{\text{ancien}}T^{\mu\nu} + \chi^{\mu\nu} \\ \lambda\chi^{\mu\nu} &= \frac{\delta F^3[h]}{\delta h_{\mu\nu}}, \end{aligned} \tag{6.1.2}$$

en espérant que les problèmes en seront résolus, au moins à un ordre supérieur en $h_{\mu\nu}$.

Puisqu'on essaie de construire $\chi^{\mu\nu}$ de sorte qu'il répare la non-conservation de l'énergie (${}^{\text{o}}T^{\mu\nu}{}_{,\nu} \neq 0$) due au tenseur d'origine ${}^{\text{ancien}}T^{\mu\nu} \equiv {}^{\text{o}}T^{\mu\nu}$, on peut se faire une idée de la structure de $\chi^{\mu\nu}$ en regardant la divergence ${}^{\text{o}}T^{\mu\nu}{}_{,\nu}$. En effet, la divergence de $\chi^{\mu\nu}$ devrait l'annuler, au moins au premier ordre non nul. Pour calculer cette divergence, réécrivons tout d'abord l'expression de ${}^{\text{o}}T^{\mu\nu}$ pour une particule en mouvement. Cette réécriture, à première vue inhabituelle, s'avèrera plus commode à manipuler. En termes de l'intégrale sur un paramètre scalaire s que l'on peut choisir égal au temps propre (les dérivations par rapport à s seront dénotées par un point),

$$ {}^{\text{o}}T^{\mu\nu}(x) = m_0 \int ds\, \delta^4(x - z(s))\dot{z}^\mu \dot{z}^\nu. \tag{6.1.3}$$

Cette expression est équivalente à celle que l'on utilisait plus haut. On peut le vérifier en comparant les termes correspondants dans l'action

$$\lambda \int d^4x\, {}^{\circ}T^{\mu\nu}(x) h_{\mu\nu}(x) = \lambda m_0 \int ds\, h_{\mu\nu}(z) \dot{z}^{\mu} \dot{z}^{\nu}. \tag{6.1.4}$$

La fonction delta de l'équation (6.1.3) admet une interprétation physique simple : elle indique tout simplement qu'il n'y a d'énergie d'interaction que là où se trouve la particule et nulle part ailleurs. Peut-être est-il plus facile de se convaincre de la commodité de cette écriture en exprimant dans le même langage la théorie de l'électrodynamique que l'on connaît mieux. Le terme d'interaction du lagrangien est une intégrale de volume de $-j^{\mu}A_{\mu}$ et j^{μ} est relié à la vitesse de la particule par

$$\begin{aligned} j^{\mu}(x) &= e \int ds\, \delta^4(x - z(s)) \dot{z}^{\mu} \\ S(\text{int}) &= -e \int ds\, A_{\mu}(z) \dot{z}^{\mu}. \end{aligned} \tag{6.1.5}$$

Le parallèle avec nos équations (6.1.3) et (6.1.4) concernant le champ gravitationnel est évident.

On calcule la divergence ${}^{\circ}T^{\mu\nu}{}_{,\nu}$ à partir de l'équation (6.1.3). Commençons par remarquer que la fonction delta est symétrique en x et z de sorte que les dérivées par rapport à x^{ν} pourront être remplacées, dans la divergence, par (moins) les dérivées par rapport à z^{ν}. On use alors de l'identité

$$\dot{z}^{\nu} \frac{\partial}{\partial z^{\nu}} f[z(s)] = \frac{d}{ds} f[z(s)] \tag{6.1.6}$$

pour déduire la divergence de ${}^{\circ}T^{\mu\nu}$:

$${}^{\circ}T^{\mu\nu}{}_{,\nu} = \int ds\, \delta^4(x - z(s)) \ddot{z}^{\mu}. \tag{6.1.7}$$

Cette divergence apparaît comme une densité d'accélération. À ce stade, supposons que nous ayons déjà pris en compte, dans le lagrangien, toutes les énergies autres que gravitationnelle, en sorte que l'accélération $\ddot{z}^{\mu}$ représente les effets de la gravitation, donnés par l'équation du mouvement

$$\begin{aligned} g_{\mu\lambda} \ddot{z}^{\mu} &= -\frac{1}{2}[g_{\mu\lambda,\nu} + g_{\nu\lambda,\mu} - g_{\mu\nu,\lambda}] \dot{z}^{\mu} \dot{z}^{\nu} \\ &= -[\mu\nu, \lambda]_z\, \dot{z}^{\mu} \dot{z}^{\nu}. \end{aligned} \tag{6.1.8}$$

L'indice z du crochet sert à nous rappeler à quelles variables se réfère l'indice. On multiplie ensuite la divergence (6.1.7) par $g_{\mu\lambda}(x)$ et l'on remplace $g_{\mu\lambda}\ddot{z}^{\mu}$ par $-[\mu\nu,\lambda]_z\dot{z}^{\mu}\dot{z}^{\nu}$. Notons que, du fait de la fonction delta, $[\mu\nu,\lambda]_z$ a les mêmes effets que $[\mu\nu,\lambda]_x$. Cela implique que l'on peut sortir le crochet de l'intégrale, pour aboutir à une expression faisant intervenir la divergence ${}^{\mathrm{o}}T^{\mu\nu}{}_{,\nu}$ et le tenseur d'origine ${}^{\mathrm{o}}T^{\mu\nu}$:

$$g_{\sigma\lambda}(x){}^{\mathrm{o}}T^{\sigma\nu}{}_{,\nu}(x) = -[\mu\nu,\lambda]{}^{\mathrm{o}}T^{\mu\nu}(x). \tag{6.1.9}$$

Il s'agit d'une équation exacte, que doit satisfaire ${}^{\mathrm{o}}T^{\mu\nu}$. Nous ne l'étudierons pour le moment qu'au premier ordre en h. On peut écrire $g_{\sigma\lambda}$ comme la somme $\eta_{\sigma\lambda} + 2\lambda h_{\sigma\lambda}$. On obtient alors l'équation suivante, qui nous indique que ${}^{\mathrm{o}}T^{\lambda\nu}{}_{,\nu}$ commence par un terme linéaire dans la constante de couplage λ :

$${}^{\mathrm{o}}T_{\lambda\nu}{}^{,\nu} = -[\mu\nu,\lambda]{}^{\mathrm{o}}T^{\mu\nu} - 2\lambda h_{\sigma\lambda}{}^{\mathrm{o}}T^{\sigma\nu}{}_{,\nu}. \tag{6.1.10}$$

En effet, le crochet fait intervenir des dérivées si bien que $\eta_{\mu\nu}$, l'ordre zéro de $g_{\mu\nu}$, ne joue aucun rôle.

Si l'on rapproche cette équation de la condition de divergence nulle du nouveau tenseur ${}^{\text{nouveau}}T^{\mu\nu} \equiv {}^{\mathrm{n}}T^{\mu\nu}$,

$${}^{\mathrm{n}}T^{\mu\nu}{}_{,\nu} = {}^{\mathrm{o}}T^{\mu\nu}{}_{,\nu} + \chi^{\mu\nu}{}_{,\nu}, \tag{6.1.11}$$

et si l'on suppose que $\chi^{\mu\nu}$ est lui aussi bilinéaire, alors on voit que la divergence $\chi^{\mu\nu}{}_{,\nu}$ s'écrit

$$\chi_{\mu\nu}{}^{,\nu} = [\sigma\nu,\mu]{}^{\mathrm{o}}T^{\sigma\nu} + \mathcal{O}(\lambda^2). \tag{6.1.12}$$

Cependant, la donnée de sa divergence ne nous suffit pas à déterminer $\chi^{\mu\nu}$. Nous disposons de la condition supplémentaire qu'exprime l'équation (6.1.2) : $\chi^{\mu\nu}$ provient de la variation de F^3 par rapport à $h_{\mu\nu}$. Or, il suffit de construire F^3 comme la somme de tous les produits indépendants trilinéaires dans le champ et possédant deux indices dérivés pour déterminer ce terme de manière unique. Nous n'exposerons pas ici le calcul des 18 constantes, nous nous contenterons de recopier le résultat de ce dur labeur :

$$\begin{aligned} F^3 = -\lambda\Big[& h^{\alpha\beta}\overline{h}^{\gamma\delta}\overline{h}_{\alpha\beta,\gamma\delta} + h_{\gamma}{}^{\beta}h^{\gamma\alpha}\overline{h}_{\alpha\beta,\delta}{}^{,\delta} \\ & - 2h^{\alpha\beta}h_{\beta\delta}\overline{h}_{\alpha\gamma}{}^{,\gamma\delta} + 2\overline{h}_{\alpha\beta}\overline{h}^{\sigma\alpha}{}_{,\sigma}\overline{h}^{\tau\beta}{}_{,\tau} \\ & + \left(\frac{1}{2}h_{\alpha\beta}h^{\alpha\beta} + \frac{1}{4}h^{\alpha}{}_{\alpha}h^{\beta}{}_{\beta}\right)\overline{h}^{\sigma\tau}{}_{,\sigma\tau}\Big]. \end{aligned} \tag{6.1.13}$$

On peut maintenant calculer, à l'aide des méthodes perturbatives, tous les effets mentionnés plus haut. Dans le cas du mouvement des planètes, l'inclusion de F^3 dans le lagrangien fournit les nouvelles valeurs de ϕ et ψ à utiliser dans le calcul des orbites :

$$\begin{aligned}\phi &= \Phi + \frac{1}{2}\Phi^2 \ldots \\ \psi &= \Phi - \frac{3}{8}\Phi^2 \ldots \\ \Phi &= -2MG/r.\end{aligned} \tag{6.1.14}$$

Avec ces corrections, notre théorie est maintenant en parfaite adéquation avec les observations pour la précession du périhélie de Mercure : les derniers écarts entre la théorie et l'expérience ont disparu.

6.2 Formulation d'une théorie correcte à tous les ordres

Nous avons atteint le but que nous nous étions fixé au départ, c'est-à-dire que nous sommes parvenus à élaborer une théorie de champ pour la gravitation analogue à nos autres théories des champs, et qui rende compte de toutes les caractéristiques des phénomènes gravitationnels. Autrement dit, la démarche empruntée à nos Vénusiens imaginaires aura porté ses fruits. Il reste toutefois quelques détails à régler dans notre théorie : il y a de grandes chances que les plus rigoureux de nos théoriciens de Vénus ne se satisfassent pas d'une théorie qui laisse dans l'ombre les effets du troisième ordre, et que certains se mettent en quête des fonctions F^4, F^5, ... à ajouter au lagrangien pour rendre la théorie cohérente aux ordres supérieurs. Le calcul de ces corrections inobservables représenterait un travail des plus fastidieux et, pour cette fois, nous ne chercherons pas à imiter nos Vénusiens imaginaires.

Il est déjà arrivé, en physique, que l'on arrive à construire une théorie qui englobe toutes les corrections d'ordre supérieur, bien que celles-ci soient très difficiles à calculer séparément. On pourrait donc imaginer qu'un Vénusien, très ambitieux et particulièrement courageux, décide de partir en quête de la fonction $F = F^2 + F^3 + F^4 + F^5 + \ldots$. Il s'agit de trouver la fonctionnelle F sous la forme d'une action que l'on puisse faire varier, et ce pour des raisons empiriques : en effet, il semble qu'aucune théorie prometteuse ne découle d'un principe variationnel appliqué à un lagrangien ou un hamiltonien (qui sont des fonctionnelles équivalentes).

Rien ne permet d'affirmer que l'incapacité des théories non lagrangiennes à décrire la nature soit le reflet d'une loi fondamentale. Celle-ci pourrait être que les processus physiques ont lieu suivant un principe de moindre phase et que les actions de la physique classique ou quantique ne donnent qu'une expression approchée de cette phase. Les travaux de Birkhoff [Birk43] représentent une tentative ambitieuse de décrire la gravitation par une formulation non lagrangienne. Il a conservé les équations linéaires pour les champs mais a modifié les équations du mouvement des particules. Sa théorie classique s'avérait très satisfaisante, mais on ne pouvait la quantifier de manière cohérente. Il montrait que le mouvement ondulatoire des paquets d'onde obéissait non pas aux équations classiques qu'il postulait, mais aux équations d'Einstein ! Il est fort probable que les tentatives de quantification dévoilaient en fait des incohérences cachées des équations du champ.

Nous chercherons donc à déterminer la fonctionnelle totale :

$$F = F^2 + F^3 + F^4 + \dots, \tag{6.2.1}$$

définie par la condition que l'équation du mouvement qui en découle,

$$\frac{\delta F}{\delta h_{\mu\nu}} = \lambda T^{\mu\nu}, \tag{6.2.2}$$

implique automatiquement la propriété 6.1.9 pour la divergence de $T_{\mu\nu}$. La fonctionnelle F devrait donc obéir à l'équation différentielle suivant :

$$g_{\sigma\lambda}\left(\frac{\delta F}{\delta h_{\sigma\nu}}\right)_{,\nu} + [\mu\nu, \lambda]\left(\frac{\delta F}{\delta h_{\mu\nu}}\right) = 0, \tag{6.2.3}$$

que nous nous apprêtons à résoudre. Il s'agit en général d'un problème extrêmement ardu et il n'existe aucune procédure pour en fabriquer les solutions. À nous de nous montrer astucieux pour deviner les bonnes fonctionnelles, que nous érigerons en solution si leur substitution dans l'équation ci-dessus permet de retrouver l'équation (6.2.2). Il n'existe généralement pas de solution unique et, même si l'on ajoute celle pour h petit, on choisira la solution dont les termes dominants sont les fonctions F^2 et F^3 que l'on a obtenu par d'autres méthodes. Une solution s'avère toutefois plus « simple » que les autres (elle fait intervenir le plus petit nombre de dérivées de $g_{\mu\nu}$: deux seulement). C'est elle que nous choisirons. Une fois arrivés là, nous aurons une théorie identique à celle d'Einstein. Nous abandonnerons alors la vision vénusienne pour continuer l'étude de la théorie de la gravitation depuis le point de vue terrestre développé par Einstein.

6.3 Construction d'invariants sous les transformations infinitésimales

Pour simplifier le problème de la construction des solutions à l'équation (6.2.3), nous transformerons cette équation en une autre, équivalente, qui illustre une propriété de F. Commençons par remarquer que l'équation (6.2.3) est une équation vectorielle. Si l'on en prend le produit scalaire avec un vecteur arbitraire $A^\lambda(x)$, puis qu'on intègre sur tout l'espace, on aboutit à une équation légèrement différente :

$$\int d\tau \left[A^\lambda(x) g_{\sigma\lambda}(x) \left(\frac{\delta F}{\delta h_{\sigma\nu}} \right)_{,\nu} + A^\lambda(x)[\sigma\nu, \lambda] \left(\frac{\delta F}{\delta h_{\sigma\nu}} \right) \right] = 0. \quad (6.3.1)$$

Si F est solution de cette dernière équation quel que soit le vecteur A^λ, alors (6.2.3) elle aussi sera satisfaite. On intègre ensuite le premier terme par parties afin de se débarrasser du gradient par rapport à ν. On obtient

$$\int \underline{d\tau} \left(\frac{\delta F}{\delta h_{\sigma\nu}} \right) \left[- \left(A^\lambda(x) g_{\lambda\sigma}(x) \right)_{,\nu} + [\sigma\nu, \lambda] A^\lambda(x) \right] = 0. \quad (6.3.2)$$

Nous avons souligné $d\tau$ pour nous rappeler de prendre la moyenne de cette intégrale et de celle où σ et ν sont intervertis. Or, $h_{\sigma\nu}$ étant symétrique, on n'obtient un résultat significatif que dans le cas où le crochet est lui aussi symétrique en σ et ν. Cette équation (6.3.2) peut s'interpréter différemment : notons que si l'on procède à une variation du premier ordre sur h, disons si l'on remplace $h_{\sigma\nu}$ par $h_{\sigma\nu} + \xi_{\sigma\nu}$, alors la valeur de F change selon

$$F[h_{\sigma\nu} + \xi_{\sigma\nu}] = F[h_{\sigma\nu}] + \xi_{\sigma\nu} \frac{\delta F}{\delta h_{\sigma\nu}} + \dots \quad (6.3.3)$$

Ainsi, notre équation (6.3.2) nous signale que F est inchangée pour $\xi_{\sigma\nu}$ infinitésimal et de même forme que dans (6.3.2).

Prenons une transformation infinitésimale A^λ du champ tensoriel $h_{\mu\nu}$ vers le tenseur $h'_{\mu\nu}$. Exprimons ensuite $h'_{\mu\nu}$ suivant la règle qu'implique l'équation (6.3.2) (sans oublier de symétriser en σ, ν et d'utiliser l'expression explicite du crochet $[\sigma\nu, \lambda]$) :

$$h'_{\sigma\nu} = h_{\sigma\nu} - \frac{1}{2} g_{\sigma\nu,\lambda} A^\lambda - \underline{g_{\lambda\sigma} A^\lambda{}_{,\nu}}. \quad (6.3.4)$$

Par commodité, on note $-\lambda A^\nu = \zeta^\nu$ et l'on réécrit l'équation en termes de $g_{\sigma\nu}$ plutôt que de $h_{\sigma\nu}$. Il vient

$$g'_{\sigma\nu} = g_{\sigma\nu} + g_{\sigma\lambda}\zeta^\lambda{}_{,\nu} + g_{\nu\lambda}\zeta^\lambda{}_{,\sigma} + \zeta^\lambda g_{\sigma\nu,\lambda}. \tag{6.3.5}$$

Le problème est alors le suivant : il s'agit de trouver une forme pour F, fonctionnelle de $g_{\mu\nu}$ laissée invariante par la transformation infinitésimale (6.3.5) de $g_{\mu\nu}$ à $g'_{\mu\nu}$, au premier ordre en ζ^λ, quel que soit $\zeta^\lambda(x)$. Des mathématiciens travaillant en géométrie différentielle ont élaboré des moyens d'attaque pour des équations comme celle-ci* (on peut même résoudre ce problème particulier par la géométrie différentielle), et l'on supposera, comme tout physicien vénusien qui se respecte, avoir accès aux livres qui nous indiquent le chemin à suivre.

En fait, la transformation (6.3.5) n'est autre que celle du champ tensoriel $g_{\mu\nu}(x)$ sous une transformation infinitésimale des coordonnées $x^\lambda = x'^\lambda + \zeta^\lambda$. Continuons toutefois à jouer le jeu et à déduire nos résultats comme le feraient les Vénusiens inconscients de l'existence d'une interprétation géométrique. Bien évidemment, nous reviendrons sur l'aspect géométrique au moment de discuter le point de vue d'Einstein.

Penchons-nous à présent sur la forme invariante recherchée pour F. Il sera commode de définir la matrice inverse de $g_{\mu\nu}$, où les indices sont maintenant placés en haut :

$$g^{\mu\nu} g_{\nu\sigma} = \delta^\mu_\sigma. \tag{6.3.6}$$

Le symbole δ^μ_σ est ici le vrai delta de Kronecker, qui vaut 1 si $\mu = \sigma$ et zéro si $\mu \neq \sigma$.

L'inverse d'une matrice $A' = A + B$, pour B infinitésimale, est donné par l'expansion suivante :

$$\frac{1}{A'} = \frac{1}{A} - \frac{1}{A}B\frac{1}{A} + \frac{1}{A}B\frac{1}{A}B\frac{1}{A} - \ldots \tag{6.3.7}$$

Puisque ζ^λ est infinitésimal, on construit aisément l'inverse de $g'_{\sigma\nu}$ à l'aide de la règle que fournit l'équation (6.3.7)

$$g'^{\alpha\beta} = g^{\alpha\beta} - \zeta^\alpha{}_{,\nu} g^{\nu\beta} - \zeta^\beta{}_{,\nu} g^{\nu\alpha} - \zeta^\lambda g^{\alpha\sigma} g^{\beta\nu} g_{\sigma\nu,\lambda} + \ldots. \tag{6.3.8}$$

Étudions maintenant rapidement un invariant que l'on obtient facilement, afin de comprendre la méthode avant d'en construire un plus

*Voir par exemple [Vebl27].

compliqué, dans la section suivante, qui nous mènera à la théorie complète.

Voyons comment se transforme le déterminant d'une matrice sous une petite transformation de celle-ci. On utilise l'expression suivante pour le déterminant :

$$\mathrm{Det}\, A = e^{\mathrm{Tr}\ \log A}. \tag{6.3.9}$$

Ouvrons ici une parenthèse, non pas pour donner la preuve de cette égalité, mais pour nous convaincre qu'elle est bien raisonnable : on remarque qu'elle est triviale lorsque la matrice est diagonale :

$$\mathrm{Det}\, A = A_{11}A_{22}A_{33}\ldots = e^{\log A_{11}+\log A_{22}\ldots} = e^{\mathrm{Tr}\ \log A}. \tag{6.3.10}$$

La règle (6.3.9) permet de calculer le déterminant de $(A + B)$, où B est une matrice infinitésimale. On a besoin du logarithme matriciel de $A + B$; le développement est le suivant :

$$\begin{aligned}\mathrm{Det}\left[A\left(1+\frac{1}{A}B\right)\right] &= \mathrm{Det}\, A \cdot \mathrm{Det}\left(1+\frac{1}{A}B\right) = \mathrm{Det}\, A\, e^{\mathrm{Tr}\,(\log(1+\frac{1}{A}B))}\\ &= \mathrm{Det}\, A\, e^{\mathrm{Tr}\,\frac{1}{A}B}.\end{aligned} \tag{6.3.11}$$

Calculons maintenant le déterminant de $g'_{\sigma\nu}$ à l'aide de cette règle et prenons le logarithme de l'expression résultante :

$$\log(-\mathrm{Det}\, g') = \log(-\mathrm{Det}\, g) + 2\zeta^{\lambda}{}_{,\lambda} + \zeta^{\lambda} g_{\sigma\nu,\lambda} g^{\sigma\nu}. \tag{6.3.12}$$

Le produit des matrices g du dernier terme est relié au déterminant par

$$g_{\sigma\nu,\lambda} g^{\sigma\nu} = [\log(-\mathrm{Det}\, g)]_{,\lambda}. \tag{6.3.13}$$

On aboutit alors à une nouvelle expression en fonction de ζ^{λ}, de ses dérivées et de nombres, mais pas de matrices. Posons $C = \log(-\mathrm{Det}\, g)$ pour réécrire l'équation correspondante sous la forme

$$C' = C + 2\zeta^{\lambda}{}_{,\lambda} + C_{,\lambda}\zeta^{\lambda}. \tag{6.3.14}$$

Si cette expression était une dérivée totale, nous pourrions l'intégrer sur tout l'espace pour en déduire notre invariant. La forme des deux derniers termes suggère $\exp C/2$ comme facteur d'intégration. On cherche donc un invariant du type $\exp \alpha C'$, où il reste à ajuster α.

Puisque ζ^λ est infinitésimal, on peut se contenter d'un développement qui ne préserve que le premier terme :

$$e^{\alpha C'} = e^{\alpha(C+2\zeta^\lambda{}_{,\lambda}+C_{,\lambda}\zeta^\lambda)} = e^{\alpha C} + e^{\alpha C}\left(\alpha 2\zeta^\lambda{}_{,\lambda} + \alpha C_{,\lambda}\zeta^\lambda\right). \quad (6.3.15)$$

Le deuxième terme de cette équation se réécrit comme une dérivée totale ; notons que

$$\left(e^{\alpha C}\zeta^\lambda\right)_{,\lambda} = e^{\alpha C}\zeta^\lambda{}_{,\lambda} + \alpha C_{,\lambda}\zeta^\lambda e^{\alpha C}, \quad (6.3.16)$$

qui n'est autre que le deuxième terme de l'équation (6.3.15) avec $\alpha = 1/2$. Lorsqu'on intègre l'équation (6.3.15) sur tout l'espace avec $\alpha = 1/2$, l'intégrand du deuxième terme s'annule et il nous reste l'égalité

$$\int d\tau \exp(C'/2) = \int dt \exp(C/2). \quad (6.3.17)$$

Voici donc la solution invariante, en termes de la matrice $g_{\sigma\nu}$:

$${}^{\circ}F = \int d\tau \sqrt{-\mathrm{Det}\, g}. \quad (6.3.18)$$

6.4 Lagrangien de la théorie valable à tous les ordres

L'invariant ${}^{\circ}F$ de la section précédente est bien une solution de l'équation différentielle (6.2.3), mais ce n'est pas la solution que l'on cherche pour notre théorie car elle ne contient pas de dérivées. Dans cette section, nous construirons la bonne solution par une méthode analogue. Toute l'astuce revient à trouver la divergence que l'on pourra intégrer sur tout l'espace.

On part ici encore de l'équation (6.3.5) contenant ζ_λ et ses dérivées premières. Le principe est le suivant : on voudrait trouver des combinaisons de $g_{\mu\nu}$ et de ses dérivées dont la transformation ne fasse intervenir aucun ζ (ou, à la rigueur, un terme qui soit une différentielle pure). Nous avons, dans l'équation (6.3.5), des dérivées premières de ζ. Le calcul de $g'_{\mu\nu,\sigma}$ fait apparaître des dérivées secondes $\zeta^\lambda{}_{,\sigma\nu}$, et ainsi de suite. Cela semble devenir de plus en plus compliqué. Mais si $\zeta^\lambda{}_{,\sigma\nu}$ est le terme contenant le plus de dérivées et qu'il n'apparaît que dans un seul terme, isolé, alors on pourra l'éliminer en lui soustrayant celui dont les indices σ, ν sont intervertis. (À vrai dire, cela ne marchera pas pour ce terme-ci car l'expression de $\zeta^\lambda{}_{,\sigma\nu}$ est elle-même automatiquement symétrique. Mais on utilise cette astuce pour les dérivées d'ordre supérieur.) On commence donc par écrire $g'_{\mu\nu,\sigma}$, qui contient des dérivées secondes de ζ, du type $\zeta^{\lambda}{}_{,\sigma\nu}$. Il y en a deux : $\zeta^{\lambda}{}_{,\nu\sigma}$ et $\zeta^{\lambda}{}_{,\mu\sigma}$, et l'on tente de réduire leur nombre à un en combinant ces termes avec ceux provenant d'autres dérivées, comme $g'_{\mu\sigma,\nu}$. Au bout du compte, on parvient à éliminer deux termes, mais deux nouveaux apparaissent de sorte qu'on n'a rien simplifié. Mais si l'on considère le troisième agencement d'indices $g'_{\sigma\nu,\mu}$, alors par addition et soustraction, on aboutit à une nouvelle équation dans laquelle deux des termes s'avèrent identiques et s'additionnent. Une des difficultés est qu'en prenant les dérivées des produits, le nombre de termes augmente énormément ; par exemple :

$$\begin{aligned} g'_{\mu\nu,\sigma} = g_{\mu\nu,\sigma} + g_{\mu\lambda,\sigma}\zeta^{\lambda}{}_{,\nu} + g_{\nu\lambda,\sigma}\zeta^{\lambda}{}_{,\mu} + g_{\mu\lambda}\zeta^{\lambda}{}_{,\nu\sigma} \\ + g_{\nu\lambda}\zeta^{\lambda}{}_{,\mu\sigma} + \zeta^{\lambda} g_{\mu\nu,\lambda\sigma} + \zeta^{\lambda}{}_{,\sigma} g_{\mu\nu,\lambda}, \end{aligned} \quad (6.4.1)$$

mais après additions, soustractions, manipulations d'indices et symétrisation, on trouve

$$\begin{aligned} [\mu\nu,\sigma]' = [\mu\nu,\sigma] + [\mu\lambda,\sigma]\zeta^{\lambda}{}_{,\nu} + [\nu\lambda,\sigma]\zeta^{\lambda}{}_{,\mu} \\ + [\mu\nu,\lambda]\zeta^{\lambda}{}_{,\sigma} + \zeta^{\lambda}[\mu\nu,\sigma]_{,\lambda} - g_{\sigma\lambda}\zeta^{\lambda}{}_{,\mu\nu}, \end{aligned} \quad (6.4.2)$$

où il n'apparaît qu'un seul $\zeta^{\lambda}{}_{,\mu\nu}$. Il reste éliminer $g_{\sigma\lambda}$ en multipliant par la matrice inverse. Introduisons tout d'abord une nouvelle notation pour simplifier les manipulations. On pose

$$g^{\tau\sigma}[\mu\nu,\sigma] = \Gamma^{\tau}_{\mu\nu}. \quad (6.4.3)$$

Si l'on multiplie (6.4.2) par $g^{\sigma\tau}$ afin d'isoler la dérivée seconde restante, l'équation devient, en termes des nouveaux symboles (que l'on appelle « les coefficients de la connexion affine », ou « symboles de Christoffel » — de deuxième espèce) :

$$\Gamma^{\tau}_{\mu\nu}{}' = \Gamma^{\tau}_{\mu\nu} + \Gamma^{\tau}_{\mu\lambda}\zeta^{\lambda}{}_{,\nu} + \Gamma^{\tau}_{\nu\lambda}\zeta^{\lambda}{}_{,\mu} - \Gamma^{\lambda}_{\mu\nu}\zeta^{\tau}{}_{,\lambda} + \Gamma^{\tau}_{\mu\nu,\lambda}\zeta^{\lambda} - \zeta^{\tau}{}_{,\mu\nu}. \quad (6.4.4)$$

Cette expression est automatiquement symétrique en $\mu\nu$. On poursuit en différentiant à nouveau. Si l'on différentie cette équation par rapport à un nouvel indice ρ et que l'on soustrait l'équation correspondante où ν et ρ sont échangés, les seuls termes que la soustraction n'annule pas sont les suivants :

$$\begin{aligned} \Gamma^{\tau}_{\mu\nu,\rho}{}' - \Gamma^{\tau}_{\mu\rho,\nu}{}' = \Gamma^{\tau}_{\mu\nu,\rho} + \Gamma^{\tau}_{\mu\lambda,\rho}\zeta^{\lambda}{}_{,\nu} + \Gamma^{\tau}_{\nu\lambda,\rho}\zeta^{\lambda}{}_{,\mu} + \Gamma^{\tau}_{\mu\nu,\rho\lambda}\zeta^{\lambda} \\ + \Gamma^{\tau}_{\rho\lambda}\zeta^{\lambda}{}_{,\mu\nu} - \Gamma^{\lambda}_{\mu\nu}\zeta^{\tau}{}_{,\lambda\rho} \text{ moins } \nu,\rho \text{ intervertis.} \end{aligned} \quad (6.4.5)$$

Il s'agit maintenant de se débarrasser des dérivées secondes. Or, ces termes sont multipliés par des Γ. Mais l'équation (6.4.4) nous fournit une expression pour $\zeta^{\lambda}{}_{,\mu\nu}$. On l'utilise pour compenser ceux de l'équation (6.4.5). À cette fin, on prend le produit de deux équations du type (6.4.4). On remarque alors que les indices des Γ d'un des termes sont les mêmes que ceux des ζ de l'*autre* terme. Ainsi, en prenant le produit de deux équations (6.4.4), l'une avec les indices $(\tau\rho\lambda)$, l'autre avec les indices $(\lambda\mu\nu)$, en remplaçant (τ, μ, ν) puis en additionnant le résultat à (6.4.5), les dérivées secondes s'annulent.

Introduisons une nouvelle quantité $R^{\tau}{}_{\mu\nu\rho}$, définie par

$$R^{\tau}{}_{\mu\nu\rho} = \Gamma^{\tau}_{\mu\nu,\rho} + \Gamma^{\tau}_{\rho\lambda}\Gamma^{\lambda}_{\mu\nu} - \Gamma^{\tau}_{\mu\rho,\nu} - \Gamma^{\tau}_{\nu\lambda}\Gamma^{\lambda}_{\mu\rho}. \tag{6.4.6}$$

Ce tenseur est explicitement antisymétrique en ρ et ν. On obtient finalement l'équation

$$\begin{aligned} R'^{\tau}{}_{\mu\nu\rho} = R^{\tau}{}_{\mu\nu\rho} &+ \zeta^{\lambda}{}_{,\nu}R^{\tau}{}_{\mu\lambda\rho} + \zeta^{\lambda}{}_{,\rho}R^{\tau}{}_{\mu\nu\lambda} \\ &+ \zeta^{\lambda}{}_{,\mu}R^{\tau}{}_{\lambda\nu\rho} + \zeta^{\tau}{}_{,\lambda}R^{\lambda}{}_{\mu\rho\nu} + \zeta^{\lambda}R^{\tau}{}_{\mu\nu\rho,\lambda}. \end{aligned} \tag{6.4.7}$$

Il nous reste à faire de cette équation ce que nous avions fait de l'équation (6.3.5) qui lui est semblable, à ceci près qu'elle faisait intervenir $g_{\sigma\nu}$ au lieu de $R^{\tau}{}_{\mu\nu\rho}$. Par un cheminement parfaitement analogue à celui que l'on a suivi plus tôt, on aboutit au résultat suivant pour la quantité invariante F :

$$F = -\frac{1}{2\lambda^2}\int d\tau\, g^{\mu\nu}R^{\tau}{}_{\mu\nu\tau}\sqrt{-\mathrm{Det}\, g_{\alpha\beta}}. \tag{6.4.8}$$

C'est bien la fonctionnelle que nous recherchions, une partie de l'action d'une théorie valable à tous les ordres.

6.5 Équation d'Einstein pour le tenseur énergie-impulsion

La fonctionnelle F que nous venons d'obtenir conduit à une théorie vénusienne de la gravitation identique à celle d'Einstein. Le développement de la fonctionnelle F pour des champs gravitationnels faibles redonne, comme termes dominants, les fonctionnelles F^2 et F^3 de notre théorie précédente. On peut donc affirmer que le point de vue des Vénusiens a atteint son but : on a construit une théorie de la gravitation cohérente grâce à une succession d'étapes logiques, mais sans qu'il ait été nécessaire de faire preuve d'une intuition surhumaine.

Einstein, lui, parvint évidemment au même lagrangien mais sans l'aide d'une théorie des champs déjà bien étoffée, et je dois admettre que je n'ai pas la moindre idée de la façon dont il a pu deviner le résultat final. Nous avons déjà eu quelques difficultés à arriver au bout de cette théorie, mais j'ai l'impression que le travail d'Einstein revenait à nager en apnée, les yeux bandés et les mains attachées dans le dos ! Et pourtant, maintenant que nous disposons d'une théorie équivalente, nous pouvons abandonner le point de vue vénusien pour se pencher sur celui d'Einstein.

Nous ferons usage des notations standards pour les trois tenseurs qui découlent de notre $R^{\tau}{}_{\mu\nu\rho}$ et qu'on obtient en multipliant par $g_{\alpha\beta}$:

$$\begin{aligned} g_{\tau\sigma} R^{\tau}{}_{\mu\nu\rho} &= R_{\sigma\mu\nu\rho} \qquad \text{antisymétrique en } (\sigma\mu) \text{ et } (\nu\rho) \\ R^{\tau}{}_{\mu\nu\tau} &= R_{\mu\nu} \\ g^{\mu\nu} R_{\mu\nu} &= R. \end{aligned} \tag{6.5.1}$$

$R_{\sigma\mu\nu\rho}$ est un tenseur, le tenseur de Riemann. Il est antisymétrique sous l'échange de ν et ρ, ainsi que de σ et μ ; il est symétrique sous la permutation de la paire $\sigma\mu$ avec la paire $\nu\rho$. $R_{\mu\nu}$ (le tenseur de Ricci), lui, est symétrique.

La variation par rapport à $g_{\mu\nu}$ de la fonctionnelle F de l'équation (6.4.8) donne

$$2\frac{\delta F}{\delta g_{\mu\nu}} = -\frac{1}{\lambda^2}\frac{\delta(\sqrt{-g}R)}{\delta g_{\mu\nu}} = \frac{1}{\lambda^2}\sqrt{-g}\left(R^{\mu\nu} - \frac{1}{2}g^{\mu\nu}R\right), \tag{6.5.2}$$

où

$$g \equiv \mathrm{Det}\, g_{\mu\nu}.$$

La dernière expression de l'équation (6.5.2) est le tenseur énergie-impulsion de la théorie (voir l'équation (6.2.2)) et, comme nous l'avions imposé, il obéit à l'équation

$$g_{\sigma\lambda} T^{\lambda\nu}{}_{,\nu} = -[\mu\nu, \sigma] T^{\mu\nu} \qquad (\text{ou } T^{\lambda\nu}{}_{,\nu} = -\Gamma^{\lambda}{}_{\mu\nu} T^{\mu\nu}), \tag{6.5.3}$$

lorsqu'on le substitue à $T_{\mu\nu}$. Ainsi, les équations complètes du champ gravitationnel valables à tous les ordres sont

$$\sqrt{-g}\left(R^{\mu\nu} - \frac{1}{2}g^{\mu\nu}R\right) = \lambda^2 T^{\mu\nu}, \tag{6.5.4}$$

où $T^{\mu\nu}$ est notre tenseur énergie-impulsion. C'est l'équation qu'a obtenue Einstein.

LEÇON 7

7.1 Principe d'équivalence

Notre nouvel objectif est de décrire la relativité et la gravitation d'un point de vue plus proche de la méthode d'Einstein. En effet, j'espère qu'en abordant la théorie par des aspects différents, notre vision globale de la théorie n'en sera que meilleure. La théorie de la gravitation telle qu'elle apparaît dans les travaux d'Einstein est tellement séduisante qu'on serait vite tenté de trouver, pour tous les autres champs, une description analogue à la gravitation plutôt que de poursuivre l'approche vénusienne, c'est-à-dire de chercher une description de la gravitation analogue à celle des autres champs. Nous résisterons à la tentation.

Les bases de l'approche d'Einstein sont celles de la physique de son époque : l'électrodynamique et la mécanique newtonienne. On sent très nettement qu'en travaillant à ses théories, Einstein aspirait à rendre cohérentes toutes les branches de la physique. Il a trouvé le moyen de réconcilier l'invariance de Lorentz de l'électrodynamique classique avec l'invariance galiléenne de la mécanique newtonienne, et cela fut à l'origine de nombreux résultats en physique. De même, c'est une énigme gravitationnelle qui, dès qu'il a pu la transformer en principe physique, l'a conduit à sa théorie de la gravitation.

L'idée centrale de la gravitation, l'aspect essentiel à son fonctionnement, c'est que le poids et la masse sont exactement proportionnels, de sorte que tous les objets sont accélérés par la gravité au même rythme, quelle que soit leur composition. L'expérience de Eötvös a montré qu'on pouvait ajouter une force centrifuge à la force de gravitation de telle manière qu'on ne puisse distinguer la force résultante d'un effet purement gravitationnel. C'est cela qui a suggéré à Einstein qu'il pourrait y avoir un principe physique grâce auquel les accélérations pourraient imiter la gravitation en tous points. Il est clair que des expériences de mécanique menées à l'intérieur d'une boîte accélérée fournissent des résultats indiscernables de ceux que l'on obtiendrait si cette même boîte était stationnaire, mais en présence d'un champ gravitationnel. Il n'existait aucune vérification de ce fait à l'époque d'Einstein, mais aujourd'hui, nous avons tous entendu parler des effets d'apesanteur dans un satellite, qui n'en sont que la manifestation. C'est cette possibilité de compenser la force gravitationnelle par une accélération qui constitue le cœur du principe d'équivalence.

Avant que l'on puisse faire de la physique à partir de cette idée, il nous faut un énoncé plus précis, qui fasse intervenir des grandeurs mesurables. En termes de mécanique newtonienne, on parle de « forces » agissant sur des objets stationnaires. Si l'on fournit à une boîte une accélération uniforme g, tous les objets au repos à l'intérieur subiront une force exactement proportionnelle à leur poids. Par exemple, les contraintes exercées sur une table ou un ressort à l'intérieur de la boîte seront les mêmes que celles que produirait un champ gravitationnel uniforme d'intensité g. Les contraintes exercées sur une table ne sont pas des grandeurs directement mesurables, aussi vaut-il peut-être mieux raisonner avec un poids accroché au bout d'un ressort. Pour une masse donnée, l'étirement du ressort par rapport à sa longueur à vide devrait être exactement la même lorsque (1) la boîte est immobile dans un champ de gravitation d'intensité g ou (2) lorsqu'elle est uniformément accélérée avec une accélération g en l'absence de tout champ de force. C'est ce qu'illustre la figure 7.1.

Cet énoncé du principe d'équivalence est déjà plus physique mais il reste à un niveau très élémentaire, sans que la nature des forces soit clairement définie. Est-il possible d'énoncer des principes physiques sans préciser la nature des forces ? Souvenons-nous de la situation en mécanique newtonienne. On entend souvent que la loi de Newton,

$$F_x = m\ddot{x}, \tag{7.1.1}$$

n'est qu'une définition de ce que sont les forces et qu'elle n'a pas réellement de contenu physique, que sa logique se mort la queue. Mais bien sûr, cela ne concerne pas la totalité de la théorie newtonienne : celle-ci prédit tout de même les orbites de la Lune et des planètes. En déclarant que les forces se calculent à l'aide de la loi (7.1.1), Newton énonce simplement que s'il y a accélération, alors il ne nous reste plus qu'à chercher le phénomène physique qui engendre la force correspon-

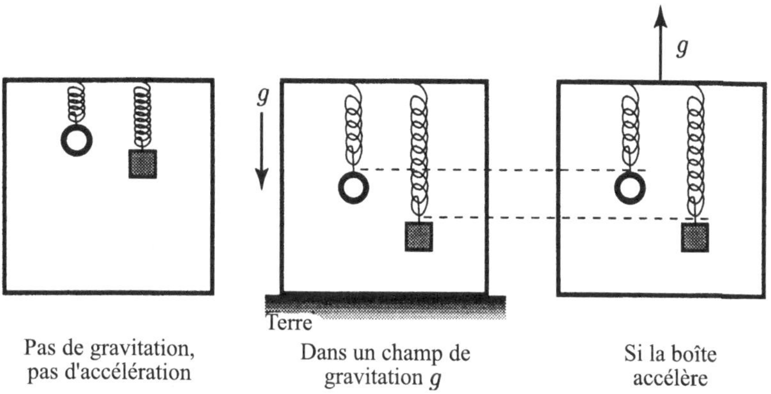

Figure 7.1

dante. Tout l'avenir de la physique réside dans notre compréhension de la façon dont l'environnement d'un objet est relié aux forces que l'on substitue au terme de gauche de l'équation (7.1.1) pour rendre compte des accélérations que l'on observe.

Avec sa troisième loi

$$F(\text{action}) = -F(\text{réaction}), \tag{7.1.2}$$

Newton énonce un fait physique puisqu'il précise le lien entre forces et objets physiques. Sa loi de la gravitation donne une autre précision de la façon dont l'environnement d'un objet est relié à son accélération. En quelque sorte, la deuxième loi est donnée sur le mode du « cherchez la femme »† : si force il y a, alors il faut dénicher l'objet qui en est coupable.

De la même manière, notre formulation simple du principe d'équivalence donne une illustration physique de l'influence de l'environnement sur un objet et celle-ci ne dépend pas de la validité de la seconde loi de Newton (7.1.1). Dans ce cas, l'environnement correspond soit aux masses sources des champs gravitationnels, soit aux accélérations.

Il n'est pas possible d'annuler complètement les effets de la gravitation par des accélérations uniformes. Imaginons une « boîte » en orbite autour de la Terre, un satellite par exemple. Puisque le champ créé par la Terre n'est pas uniforme, l'accélération ne compense exactement les

†En français dans le texte (NdT).

effets gravitationnels qu'en un seul point : au centre de masse du satellite. Lorsqu'on s'en éloigne, le champ gravitationnel de la Terre change en intensité ou en direction, de sorte qu'il subsiste de faibles composantes des forces gravitationnelles qui ne sont pas annulées. Si la boîte n'est pas trop grande, ces petites forces additionnelles seront quasiment proportionnelles à la distance depuis le centre de masse et elles auront le caractère quadrupolaire qu'illustre la figure 7.2(a). Sur Terre, ces forces sont à l'origine des marées : on les appelle donc « les forces de marées ». On peut aussi considérer que la boîte est plongée dans un champ non uniforme, sans accélération, comme sur la figure 7.2(b). Le principe d'équivalence nous indique maintenant que l'on peut recréer une situation physiquement indiscernable de celle qui règne à l'intérieur du satellite. Il suffit pour cela de répartir, à grande distance, des masses élevées de sorte à superposer à l'attraction gravitationnelle de la Terre un champ uniforme qui compensera exactement l'attraction au centre de la boîte.

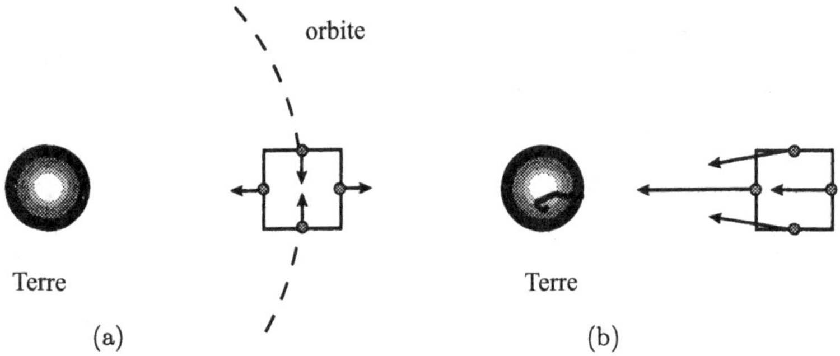

Figure 7.2

Commençons par essayer d'énoncer plus précisément le principe d'équivalence : un champ gravitationnel au sein d'une boîte accélérée sera équivalent à un autre champ gravitationnel et une autre accélération. On peut annuler la gravitation en n'importe quel point et à n'importe quel instant ; dans un petit voisinage autour de ce point, les effets résiduels seront proportionnels à la distance au point d'annulation. Ainsi, l'élaboration de notre théorie devra tenir compte de transformations que l'on symboliserait par

$$(\text{gravitation})' = (\text{gravitation}) + (\text{accélération}). \tag{7.1.3}$$

Grâce à cela, on ne pourra pas dire de manière absolue que tel effet est gravitationnel et tel autre inertiel ; on ne pourra pas définir une « vraie » gravitation puisqu'il est impossible d'évaluer quelle proportion d'une force est d'origine gravitationnelle et quelle proportion provient d'une accélération. Il est vrai que les accélérations ne pourront imiter la gravitation partout, en particulier pas dans une boîte de grande taille. Toutefois, les transformations (7.1.3), valables sur des régions infinitésimales, devraient nous permettre de décrire la situation sous une forme différentielle ; à ce moment seulement aurons-nous à nous soucier des conditions aux limites ou de la description de la gravitation sur de grandes régions de l'espace.

En relativité restreinte, on parle souvent de référentiels en mouvement à vitesse constante et en ligne droite. Mais dès que l'on introduit la moindre masse, source de gravitation, quelque part dans l'univers, ces mouvements non accélérés deviennent impossibles car les champs gravitationnels agissent partout.

Des expériences comme celles qu'on peut faire avec un ressort, si elles sont menées dans une boîte qui n'est pas en chute libre, permettent de détecter la présence de forces gravitationnelles. Toutefois, on ne saurait dire, depuis l'intérieur de la boîte, si celle-ci est accélérée par rapport aux nébuleuses ou si les forces sont dues aux masses alentour. C'est cet aspect des forces gravitationnelles qui suggère le postulat suivant, lequel nous conduira finalement à la théorie complète.

On postule qu'à l'intérieur d'une « boîte », il est impossible, par quelque expérience que ce soit, de faire la distinction entre accélération et gravitation. Autrement dit, une boîte en accélération dans un certain champ gravitationnel est indiscernable d'une boîte au repos dans un autre champ gravitationnel.

Comme cela ressemble à du Einstein ! Comme cela rappelle son postulat de relativité restreinte ! Sachant que le principe d'équivalence marche pour les ressorts (de même qu'on savait que la relativité restreinte marchait pour l'électrodynamique), on le généralise, par décret, à tout autre type d'expérience. On est maintenant habitués à ce genre de procédures, mais imaginez, en 1911, à quel point le génie d'Einstein a pu surprendre !

7.2 Quelques conséquences du principe d'équivalence

Le principe d'équivalence nous dit que la lumière subit les effets du champ gravitationnel. La déviation de la lumière qui parcourt une distance donnée dans un champ gravitationnel uniforme se calcule très simplement si l'on raisonne en termes de boîte accélérée. À l'intérieur, la lumière y chemine en ligne droite comme dans un système non accéléré, et la cinématique la plus simple suffit à calculer son chemin. Pour faire cette expérience, il suffit d'une source de lumière et d'un détecteur, ainsi qu'une série de fentes pour définir le chemin de la lumière comme sur la figure 7.3.

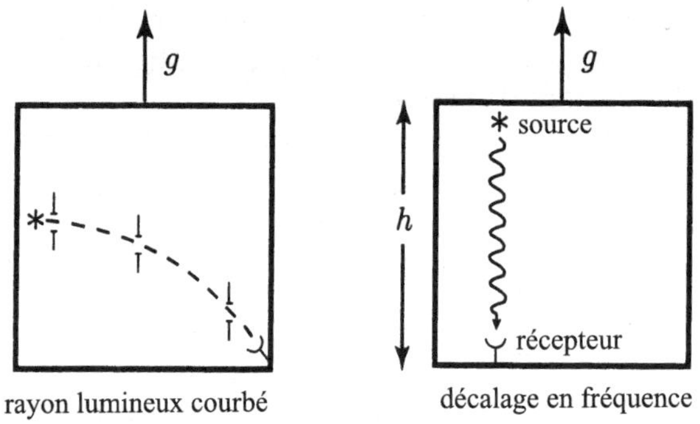

Figure 7.3

On ne peut pas utiliser de moyens aussi simples pour calculer la déviation de la lumière par une étoile car le champ gravitationnel d'une étoile n'est pas uniforme. Un calcul simpliste de ce type, utilisant les potentiels newtoniens, serait donc faux d'un facteur deux. Le calcul correct nécessite l'usage des champs relativistes adaptés.

Le principe d'équivalence précise également que la gravité affecte le rythme des horloges. De la lumière émise depuis le haut de la boîte en accélération sera vue décalée vers le bleu si on l'observe depuis le bas de la boîte. Faisons quelques calculs adaptés aux faibles vitesses. En première approximation, le temps nécessaire à la lumière pour parcourir la hauteur h de la boîte de la figure 7.3 vaut c/h. Pendant ce laps de temps, le bas de la boîte a vu sa vitesse augmenter de $v = gh/c$. Finalement, le récepteur se déplace par rapport à l'émetteur de sorte que le décalage en fréquence s'écrit

$$\begin{aligned} f_{\text{reçue}} &= f_{\text{émise}}(1 + v/c) \\ &= f_{\text{émise}}(1 + gh/c^2). \end{aligned} \tag{7.2.1}$$

Ainsi, l'horloge du bas de la boîte reçoit un signal de fréquence différente de la fréquence émise. Notez bien que ce résultat ne dépend pas de $E = mc^2$, ni de l'existence de niveaux d'énergie (que nous avons dû postuler). Il ne dépend que du comportement classique des objets, de la géométrie et de la cinématique ; il fournit une prédiction physique fondée sur le postulat d'équivalence. Comme précédemment, il n'y a pas de paradoxe : l'horloge du haut semble plus bleue, un habitant du haut de la boîte semble plus bleu qu'un homme vivant en bas. De même, on peut calculer le décalage de fréquence pour la lumière émise par l'homme du dessous. Dans ce cas, le récepteur s'éloigne de la source de sorte que les habitants du bas semblent plus rouges lorsqu'on les observe d'en haut.

L'une des manières de décrire la situation revient à dire que l'échelle de temps est plus courte en haut. Le temps s'écoule différemment dans des potentiels gravitationnels différents et donc dans les diverses parties du monde. Quelle est l'ampleur de cette différence en divers points de l'espace ? Pour la calculer, comparons les rythmes des horloges à l'aide d'un intervalle de temps absolu, défini en termes de temps propres ds. Prenons deux événements ayant lieu en haut, supposés séparés d'une durée dt ; dans la limite des faibles vitesses,

$$\phi = gh; \qquad ds = dt(1 + \phi/c^2). \tag{7.2.2}$$

La grandeur ϕ est simplement la différence de potentiel entre la position des événements et le point de référence. Un calcul plus précis nous donnerait l'expression suivante, valable pour toutes les valeurs de la vitesse :

$$ds = dt\sqrt{1 + 2\phi/c^2}. \tag{7.2.3}$$

Ici encore, rappelons qu'on ne peut pas utiliser simplement le potentiel newtonien dans cette expression, car la définition de ϕ doit être adaptée à une situation relativiste.

7.3 Rythme maximum des horloges dans le champ de gravitation

Puisqu'on a vu que les effets gravitationnels font tourner plus vite les horloges dans les régions de plus haut potentiel, penchons-nous maintenant sur une énigme amusante. On sait qu'une montre devrait fonctionner plus vite lorsqu'on la déplace vers le haut, en l'éloignant de la surface de la Terre. Par ailleurs, au cours de ce déplacement, elle devrait retarder du fait de la dilation du temps de la relativité restreinte. Voici donc le casse-tête : devrait-on éloigner ou rapprocher notre montre de la surface de la Terre pour qu'elle avance le plus possible dans le temps ? Pour simplifier, supposons uniforme l'attraction gravitationnelle de la planète et considérons le mouvement dans une dimension seulement. Le problème a forcément une solution. Si l'on se déplace très vite, à la vitesse de la lumière, la montre n'avancera pas du tout et nous serons en retard par rapport à l'heure sur Terre. Si l'on soulève la montre un tout petit peu et qu'on la maintient à une très faible altitude, elle sera en avance sur le temps terrestre. Il existe donc un déplacement optimum de la montre qui lui permet d'avancer au maximum dans un laps de temps terrestre donné. La seule contrainte sera de ramener la montre sur Terre pour la comparer à la montre restée au laboratoire.

Donnons tout de suite la réponse, bien qu'il eût été un bon exercice de la calculer en détail. Pour que la montre que l'on déplace avance le plus possible pendant un intervalle de temps terrestre, disons une heure, il faut la propulser à une vitesse telle qu'elle soit en chute libre tout du long et qu'elle retombe juste à temps, une heure après (cf. figure 7.4). Le problème se complique si l'on augmente le nombre de dimensions, mais on obtient toujours la même réponse. Si l'on veut que la montre retombe une heure plus tard, mais en un autre point de la surface de la Terre, il faut l'envoyer selon une trajectoire balistique. On obtient la même réponse dans un champ gravitationnel non uniforme. Si l'on envoie la montre d'un satellite à un autre, l'orbite effectivement suivie sera celle qui correspond au temps propre maximum.

Lorsqu'on s'attaque à ce type de problèmes, on s'expose à de sérieuses difficultés faute de définitions suffisamment précises. Par exemple, les solutions de chute libre ne sont pas nécessairement uniques. Le problème du projectile soumis à la seule attraction de la pesanteur présente généralement deux solutions : deux angles et vitesses initiales conduisent à un maximum (l'orbite d'un satellite peut aussi prendre le chemin le plus long autour de la Terre). Quoi qu'il en soit, l'une ou l'autre de ces solutions correspond à un maximum du temps écoulé pour la montre en mouvement. Qu'il s'agisse de maxima absolus ou secondaires n'est pas si important pour ce qui nous occupe : ce qui importe, c'est que ces solutions nous amènent à faire de la mécanique à partir d'un principe variationnel.

Pour comprendre la signification de la propriété du temps écoulé le plus long, voyons ce qui se passe dans la limite des faibles vitesses. Le temps écoulé est une intégrale de ds, qui représente le rythme du « tic-tac » de la montre. Dans la limite non-relativiste, l'intégrale à maximiser s'écrit

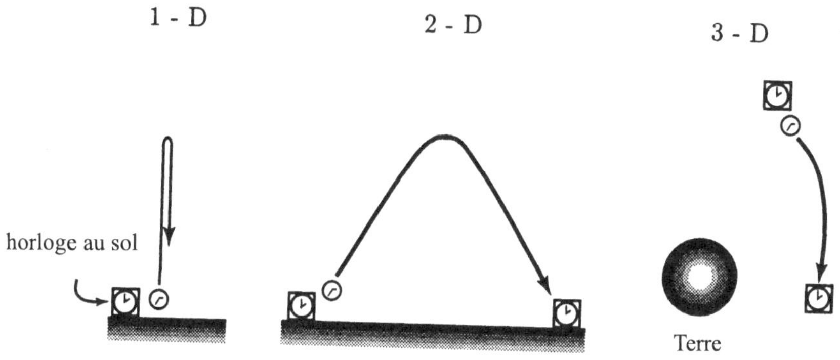

Figure 7.4

$$\int ds = \int_{t_0}^{t_1} dt \left(1 + \frac{\phi}{c^2} - \frac{v^2}{2c^2} + \dots\right), \tag{7.3.1}$$

avec

$$\sqrt{1 - v^2/c^2} \approx 1 - \frac{v^2}{2c^2}.$$

Le premier terme s'intègre pour donner la durée écoulée dans le système de référence, $(t_1 - t_0)$. On réarrange les deux autres termes pour qu'ils nous apparaissent plus familiers : en multipliant par la masse de la particule et en changeant le signe, on obtient

$$\int ds = (t_1 - t_0) - \frac{1}{mc^2} \int_{t_0}^{t_1} dt \left(\frac{1}{2} mv^2 - m\phi\right). \tag{7.3.2}$$

Cette expression sera maximum pour une durée $(t_1 - t_0)$ donnée si l'on minimise l'intégrale de droite. Or, cette intégrale n'est autre que l'action classique pour une particule de masse m dans un potentiel gravitationnel ϕ. Nous voyons alors que dans la limite classique, la condition que le temps propre soit maximum est équivalente au principe de moindre action.

Ces résultats laissent entendre que l'on pourrait obtenir un principe mécanique (à peu près équivalent à la seconde loi de Newton) qui serait relativiste. Il s'agit d'imposer que la variation de $\int ds$ soit nulle :

$$\delta \int_1^2 ds = 0. \tag{7.3.3}$$

C'est Einstein qui a deviné que ce principe permettrait d'élucider le mouvement des corps en présence de champs gravitationnels. Cela apporte la solution au problème des équations du mouvement étant donné le champ. Il reste encore à relier le potentiel ϕ qui apparaît dans cette expression à la situation physique. C'était là le gros problème avant Einstein. Comment obtenir le bon ϕ ? Que se passerait-il si l'on n'utilisait pas le bon champ gravitationnel, comme si l'on travaillait avec un système présentant des forces centrifuges mais sans le savoir ? Nous avons vu que les forces gravitationnelles et les forces inertielles sont indiscernables, à tel point que l'on ne peut définir de distinction universelle entre les deux.

C'est Einstein qui a deviné que, dans des situations comme celles-ci, peu importait que ϕ soit universellement correct ou pas ; s'il est bien défini, la description de la physique devrait être indépendante de la façon dont on a séparé les effets gravitationnels des effets inertiels. Ainsi, afin de construire une expression de ϕ qui ait cette propriété, nous étudierons avec soin la façon dont s'écrit l'intervalle de temps propre ds dans divers systèmes de coordonnées ainsi que ses transformations sous ce que nous avons symbolisé par gr'=gr + accel. Grâce à cela, nous aboutirons à une expression de ds invariante sous toutes les transformations envisageables.

7.4 Expression du temps propre dans un système de coordonnées quelconque

Dans le but d'obtenir la formule d'Einstein pour $(ds)^2$, nous devrons considérer des référentiels en accélération, mais surtout soumis à des déformations arbitraires. On cherche une formule générale pour les coordonnées qui soit du même type que les transformations sous une rotation,

$$\begin{aligned} x' &= x\cos\omega t + y\sin\omega t \qquad & z' &= z \\ y' &= y\cos\omega t - x\sin\omega t \qquad & t' &= t. \end{aligned} \tag{7.4.1}$$

On décrit une accélération et une déformation quelconques en précisant la dépendance des quatre coordonnées d'un référentiel dans les coordonnées d'un autre :

$$\begin{aligned} x &= x(x',y',z',t') \qquad & z &= z(x',y',z',t') \\ y &= y(x',y',z',t') \qquad & t &= t(x',y',z',t'). \end{aligned} \tag{7.4.2}$$

Examinons tout d'abord le cas $\phi = 0$. On connaît l'expression du temps propre dans le référentiel initial (on pose $c = 1$) :

$$(ds)^2 = (dt)^2 - (dx)^2 - (dy)^2 - (dz)^2. \tag{7.4.3}$$

Pour écrire le temps propre dans les coordonnées primées, il nous suffit de réécrire les différentielles de la manière suivante :

$$dx^\mu = \frac{\partial x^\mu}{\partial x'^\alpha} dx'^\alpha, \qquad (ds)^2 = \eta_{\mu\nu} dx^\mu dx^\nu. \tag{7.4.4}$$

On définit ainsi un tenseur métrique $g'_{\alpha\beta}$ qui contient la description de l'élément ds dans le référentiel arbitrairement accéléré et déformé :

$$(ds)^2 = \eta_{\mu\nu} \frac{\partial x^\mu}{\partial x'^\alpha} \frac{\partial x^\nu}{\partial x'^\beta} dx'^\alpha dx'^\beta = g'_{\alpha\beta} dx'^\alpha dx'^\beta. \tag{7.4.5}$$

Notez que $g'_{\alpha\beta}$ représente dix fonctions des coordonnées (x', y', z', t') puisqu'il existe dix produits bilinéaires $dx^\alpha dx^\beta$. Le tenseur métrique est symétrique. Une fois qu'on connaît ces dix fonctions, trouver les chemins qui rendent maximum le temps propre n'est plus qu'un simple exercice mathématique.

Qu'advient-il lorsque la gravitation n'est pas nulle ? Dans les cas simples abordés à la section précédente, on avait trouvé pour le temps propre une expression du type

$$(ds)^2 = (1 + 2\phi/c^2)(dt)^2 - (dx)^2 - (dy)^2 - (dz)^2. \tag{7.4.6}$$

Celle-ci diffère à peine de la situation en champ nul. C'est Einstein qui eut l'idée de proposer que la description complète de la gravitation pourrait toujours être spécifiée par un tenseur métrique $g_{\alpha\beta}$ tel que

$$(ds)^2 = g_{\alpha\beta} dx^\alpha dx^\beta. \tag{7.4.7}$$

Le cas du champ nul correspond à une forme particulièrement simple du tenseur métrique : $g_{\alpha\beta} = \eta_{\alpha\beta}$. En changeant de système de coordonnées, la nouvelle métrique sera donnée par

$$g'_{\alpha\beta} = \frac{\partial x^\mu}{\partial x'^\alpha} \frac{\partial x^\nu}{\partial x'^\beta} g_{\mu\nu}. \tag{7.4.8}$$

Comme précédemment, le mouvement des particules découle de la condition que le temps propre soit maximum. Lorsque c'est possible, certaines transformations judicieusement choisies permettent de réduire le tenseur à la métrique $g_{\alpha\beta} = \eta_{\alpha\beta}$. Dans ce cas, on pourra conclure qu'il n'y a pas de champ gravitationnel et pas d'accélération. Mais on ne pourra pas le faire dans le cas général puisque le tenseur $g_{\alpha\beta}$ représente dix fonctions supposées indépendantes, tandis que les transformations des coordonnées (7.4.8) n'en précisent que quatre. Seulement dans des circonstances très particulières pourra-t-on s'affranchir, en tous points, de tous les $g_{\mu\nu}$. En présence de matière, la réduction à $\eta_{\alpha\beta}$ n'est pas possible ; tous les tenseurs $g_{\alpha\beta}$ reliés par l'équation (7.4.8) seront équivalents puisqu'aucun d'eux ne conduira à une expression particulièrement simple de $(ds)^2$.

Nous sommes parvenus à élucider un aspect important de la description des forces gravitationnelles. L'équivalent dans la théorie de Newton est l'énoncé que la force est donnée par le gradient d'une fonction scalaire.

$$\begin{aligned} &\text{Gravitation newtonienne :} \quad m\ddot{x} = F_x, \qquad F_x = -\nabla\phi, \\ &\text{Théorie d'Einstein :} \quad \delta \int ds = 0, \qquad (ds)^2 = g_{\mu\nu} dx^\mu dx^\nu. \end{aligned} \tag{7.4.9}$$

La deuxième partie de la théorie consiste à préciser la façon dont les potentiels (ϕ ou $g_{\mu\nu}$) sont reliés à la matière. De même que, dans la théorie de Newton,

$$\Delta\phi = 4\pi G\rho, \tag{7.4.10}$$

on parviendra à relier le tenseur $g_{\mu\nu}$ à la matière. Voici l'idée maîtresse : puisque la matière est une donnée physique alors que les systèmes de coordonnées ne le sont pas, celle-ci devra être décrite de telle sorte que les résultats des équations du mouvement soient indépendants du choix du système de coordonnées ; les propriétés significatives du tenseur $g_{\mu\nu}$ devront être des grandeurs invariantes sous des transformations arbitraires.

7.5 Interprétation géométrique du tenseur métrique

On peut donner une interprétation géométrique du tenseur $g_{\mu\nu}$. Nous étudierons rapidement sa signification en deux dimensions pour nous faire une idée de la nature des invariants qu'elle englobe. Dans le cas de champs gravitationnels uniformes, nous avons vu que le tenseur $g_{\mu\nu}$ décrit la façon dont l'échelle de temps diffère selon la position dans l'espace. D'une manière plus générale, le tenseur représente la façon dont les échelles varient d'un point à un autre, non seulement pour le temps, mais pour toutes les coordonnées. Dans des coordonnées cartésiennes orthogonales, l'élément de longueur ds bidimensionnel est donné par

$$(ds)^2 = (dx)^2 + (dy)^2. \tag{7.5.1}$$

En coordonnées polaires, il devient

$$(ds)^2 = (dr)^2 + r^2(d\theta)^2. \tag{7.5.2}$$

Bien évidemment, il ne faut accorder aucune signification particulière aux symboles que l'on utilise pour les coordonnées : la physique sur un plan est la même, que l'on utilise les axes cartésiens ou les axes polaires pour la décrire. En conséquence, si l'on trouve l'expression

$$(ds)^2 = y^2(dx)^2 + (dy)^2 \tag{7.5.3}$$

pour l'élément de longueur dans le système de coordonnées qu'on a choisi, alors il ne faut accorder aucune signification fondamentale au fait que la longueur x semble varier avec la coordonnée y : une simple transformation des coordonnées nous ramène à la forme cartésienne (7.5.1) de l'élément de longueur.

Examinons maintenant un cas plus intéressant. Imaginons que nous soyons de petits insectes rampant sur un sol carrelé dont nous avons toujours cru que les carreaux étaient carrés. Toute notre vie durant, nous avons considéré que la géométrie de notre plancher était correctement décrite en comptant les carreaux et en appliquant la règle d'Euclide (7.5.1) où les intervalles dx ou dy correspondent à un certain nombre de longueur de carreaux. Un jour, quelques-uns des insectes les plus malins s'appliquèrent à le vérifier avec une règle graduée. Après toute une série de mesures, ils obtinrent que l'élément de longueur et le nombre de carreaux étaient reliés de la manière suivante :

$$(ds)^2 = \frac{(dx)^2 + (dy)^2}{1 + ar^2}, \tag{7.5.4}$$

où

$$r^2 = x^2 + y^2.$$

Supposons que nos insectes chercheurs aient mesuré avec beaucoup de soin le rapport du rayon d'un cercle et de sa circonférence en faisant glisser leur règle le long des courbes à r constant et depuis le centre vers l'extérieur le long d'un des axes. Ils obtiendraient les résultats suivants :

$$\begin{aligned} \text{Circonférence} &= \int ds = \int_0^{2\pi} \frac{r d\theta}{(1+ar^2)} = \frac{2\pi r}{(1+ar^2)}, \\ \text{Rayon} &= \int_0^r ds\Big|_{y=0} = \int_0^r \frac{dx}{(1+ax^2)} = b \arctan\left(\frac{r}{b}\right) = R, \end{aligned} \tag{7.5.5}$$

où $b^2 = 1/a$.

Le résultat expérimental du rapport de la circonférence au rayon aurait été

$$\frac{1}{R}\frac{2\pi b \tan(R/b)}{1+\tan^2(R/b)} = 2\pi \frac{\sin(2R/b)}{(2R/b)}. \tag{7.5.6}$$

Et cela ne donne 2π que dans la limite où le rayon du cercle tend vers zéro. C'est ce rayon, mesurable, qui représente un résultat physique significatif.

Le modèle que nous venons d'étudier a une interprétation géométrique simple. Toutefois, j'insiste à nouveau sur le fait que seuls les résultats expérimentaux comptent, et que ceux-ci dépendent uniquement de la formule pour l'élément de longueur. Quelle importance si l'on ne peut pas donner à cette formule une interprétation géométrique facile à visualiser ?

Nous pouvons dire que, depuis toujours, notre colonie d'insectes vivait sans le savoir à la surface d'une sphère. Maintenant que nous l'avons deviné, nous comprenons facilement pourquoi nos mesures de circonférence aboutissaient au résultat (7.5.6). Pour une sphère de rayon $(b/2)$, le résultat de l'équation (7.5.6) représente le rapport de la circonférence d'un cercle à la distance sur la surface, le long d'un méridien. C'est ce qu'illustre la figure (7.5).

Le point de vue que nous avions auparavant sur la gravitation est comparable à celui qu'auraient les insectes les plus conservateurs : les carreaux sont « vraiment » carrés, ce sont les règles qui subissent des transformations à mesure qu'on les déplace, sous l'effet d'un certain

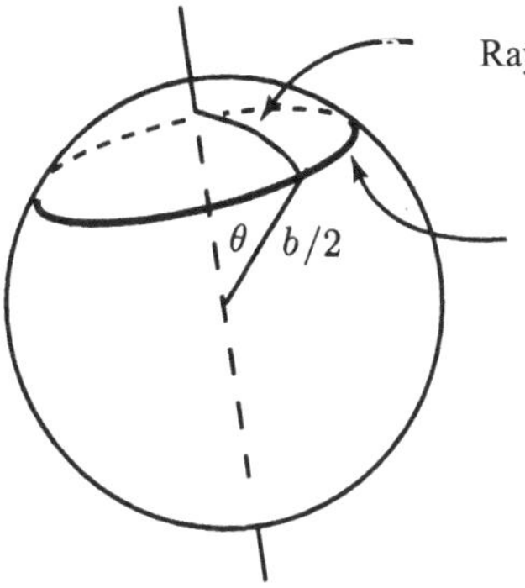

Figure 7.5

champ. En vertu du nouveau point de vue, géométrique, il est impossible de définir les carreaux comme étant « vraiment » carrés : nous vivons dans un monde qui n'est généralement pas euclidien, et dont on peut mesurer la courbure par des expériences adéquates. Inutile d'envisager les processus tels qu'ils ont lieu dans un espace réellement euclidien : on ne pourra jamais rien mesurer de physique dans cet espace fictif. Les carreaux représentent simplement un étiquetage des coordonnées, n'importe quelle autre convention aurait fait l'affaire.

7.6 Courbures en dimensions deux et quatre

Les courbures sont les invariants qui caractérisent la géométrie d'une manière qui ne dépend pas du choix des coordonnées. On visualise facilement la notion de courbure avec un espace bi-dimensionnel : un plan est un espace plat, sans courbure ; une surface courbe est un espace doté d'une certaine courbure. Comme nous aurons besoin de travailler analytiquement avec les courbures, mieux vaut commencer par la géométrie bi-dimensionnelle plus facile à visualiser. Les notions de courbure pour des dimensions supérieures sont tout à fait analogues aux courbures des surfaces.

En général, l'élément de longueur d'une surface bi-dimensionnelle s'écrit

$$(ds)^2 = g_{11}(dx)^2 + 2g_{12}dx\,dy + g_{22}(dy)^2. \qquad (7.6.1)$$

Bien que cette expression semble faire intervenir trois fonctions g_{ab}, la géométrie invariante n'est spécifiée que par une seule fonction des coordonnées. Il se trouve que nous disposons d'une certaine liberté dans le choix des coordonnées, que l'on peut prendre orthogonales par exemple. Cela représente suffisamment de liberté pour imposer deux conditions aux fonctions g_{ab}, puisqu'une transformation des coordonnées correspond à deux fonctions. En particulier, il est toujours possible de choisir

1. $g_{12} = 0,$
2. $g_{22} = g_{11}.$

Cela signifie que la forme la plus générale de l'élément de longueur, adaptée à l'étude des mesures géométriques sur une surface bi-dimensionnelle, s'écrit

$$(ds)^2 = f(x,y)\Big((dx)^2 + (dy)^2\Big). \tag{7.6.2}$$

La fonction $f(x,y)$ représente le facteur dont les règles sont modifiées à mesure qu'on les déplace sur la surface. Si l'on en croit l'autre point de vue, c'est elle qui détermine la courbure de la surface.

Voici un exemple amusant d'une situation physique correspondant exactement à ces géométries et qu'a inventée l'un des étudiants de Robertson. Imaginons un homme qui fait des mesures sur une assiette géante, plus ou moins chaude suivant les endroits. La règle qu'il utilise se dilate ou se contracte selon que les mesures sont faites sur des régions plus ou moins chaudes de l'assiette. Bien évidemment, la fonction $f(x,y)$ est alors déterminée par la valeur locale de la température et par le coefficient de dilatation thermique de la règle.

La courbure locale d'une surface en un point doit être définie par quelque critère mathématique qui prenne en compte la limitation des mesures faites sur des objets de plus en plus petits. On pourrait par exemple choisir de comparer les rapports des circonférences aux rayons ou les rapports des périmètres à la racine des rayons. Dans le cas de surfaces sphériques, ces rapports diffèrent de ceux qu'on obtient sur une surface plane d'un facteur en $(\sin\theta)/\theta$ où θ est le rapport du rayon que l'on mesure sur le rayon de la sphère. Dans la limite de cercles de plus en plus petits, cette grandeur s'écarte de un par une valeur proportionnelle à l'aire du cercle. Pour la sphère, le coefficient de proportionnalité (fois 3) vaut $1/R^2$. Ce nombre (coefficient de la déviation à 2π) permet de décrire la courbure locale. On le connaît sous le nom de *courbure intrinsèque* ou encore *courbure gaussienne* d'une surface sphérique, en l'honneur de Gauss qui est à l'origine des mathématiques sous-jacentes à tout cela.

Il est facile d'imaginer d'autres surfaces courbes. Par exemple, on voit aisément qu'un cylindre possède une courbure nulle. En effet, on peut dérouler un cylindre pour en faire un plan sans avoir à le déformer, et le rapport des circonférences aux rayons vaut donc exactement 2π. Dans des cas plus compliqués, si les surfaces sont lisses, elles ressemblent, dans les régions infinitésimales où l'on définit la courbure intrinsèque, soit à des paraboloïdes, soit à des paraboloïdes hyperboliques. Ces surfaces admettent une description en termes de deux paramètres : les rayons de courbure dans deux plans orthogonaux. Dans ce cas, la courbure intrinsèque est donnée par $1/(R_1 R_2)$. Elle est positive lorsque la surface est un paraboloïde et négative lorsqu'il s'agit d'un paraboloïde hyperbolique. Nous voyons que l'on retrouve les bonnes valeurs de la courbure dans les cas particuliers des surfaces sphériques et cylindriques. Pour la sphère, les deux rayons sont égaux ; pour le cylindre, l'un des deux rayons est infini.

En quatre dimensions, la courbure est définie par un critère mathématique analogue. Toutefois, il ne faut pas s'attendre à des exemples si faciles à visualiser : notre intuition nous fera probablement défaut et nous devrons nous fier presque entièrement aux méthodes analytiques. Il est déjà difficile d'avoir de l'intuition dans l'espace quadri-dimensionnel de la relativité restreinte (personnellement, j'ai du mal à voir les relations de voisinage à cause des signes négatifs), alors visualiser le même espace avec une courbure sera encore plus dur. Il peut s'avérer utile d'envisager un espace bi-dimensionnel courbe comme une surface courbe plongée dans un espace tri-dimensionnel. Mais une description analogue des courbures d'un espace tri-dimensionnel nécessite qu'on le plonge dans un espace à six dimensions ; l'espace quadri-dimensionnel, quant à lui, requiert un monde à dix dimensions. Autrement dit, la courbure de l'espace-temps est un concept autrement plus compliqué que celle des surfaces.

7.7 Grandeurs invariantes sous les transformations générales des coordonnées

Dans une géométrie quadri-dimensionnelle, il ne faut pas moins de vingt coefficients pour décrire la courbure de la même manière que la grandeur $1/(R_1R_2)$ symbolise la courbure intrinsèque d'une surface bi-dimensionnelle. Ces vingt grandeurs représentent les propriétés physiquement significatives du tenseur $g_{\mu\nu}$. Ce qu'il nous reste à faire, c'est simplifier l'expression de $g'_{\mu\nu}$ par un choix judicieux des coordonnées, de la même manière qu'on peut définir la géométrie bi-dimensionnelle par la seule fonction $f(x, y)$ de l'équation (7.6.2).

Nous l'avons vu : dans le cas général, on ne pourra se débarrasser des champs gravitationnels en leur superposant une accélération qu'en un seul point. Or, on définit la courbure en précisant ce qu'il advient dans le voisinage infinitésimal d'un point donné ; il sera donc utile d'étudier les simplifications possibles du tenseur $g'_{\mu\nu}$. Par analogie avec le cas bi-dimensionnel, on devine qu'il sera toujours possible de choisir les coordonnées (appelées « coordonnées normales de Riemann ») en sorte que l'espace au voisinage du point choisi soit plat, à l'exception des termes de second ordre dans la distance à ce point. Autrement dit, une surface courbe se distingue du plan qui lui est tangent par une grandeur quadratique dans les coordonnées choisies au point de tangence ; on s'attend à quelque chose de semblable en quatre dimensions.

Faisons le calcul du nombre des grandeurs que les transformations générales permettent de préciser afin de voir dans quelle mesure on pourra simplifier $g'_{\mu\nu}$ lorsqu'on développe son expression autour d'un point x_0. Notons x un point quelconque de l'espace ; le développement de Taylor de $g'_{\mu\nu}$ autour de x_0 s'écrit

$$g'_{\mu\nu}(x) = g'_{\mu\nu}(x_0) + g'_{\mu\nu,\tau}(x_0)(x^\tau - x_0^\tau) + \frac{1}{2}g'_{\mu\nu,\tau\sigma}(x_0)(x^\tau - x_0^\tau)(x^\sigma - x_0^\sigma) + \ldots \quad (7.7.1)$$

Le tenseur métrique $g'_{\mu\nu}(x_0)$ et ses dérivées se calculent à l'aide de la règle (7.4.8).

Il vient

$$
\begin{aligned}
g'_{\alpha\beta}(x_0) &= \left[\frac{\partial x^\mu}{\partial x'^\alpha}\cdot\frac{\partial x^\nu}{\partial x'^\beta}\cdot g_{\mu\nu}\right]_{x_0},\\
g'_{\alpha\beta,\tau} &= \left[\frac{\partial x^\mu}{\partial x'^\alpha}\cdot\frac{\partial x^\nu}{\partial x'^\beta}\cdot g_{\mu\nu,\tau}\right]_{x_0} + 2\left[\frac{\partial^2 x^\mu}{\partial x'^\alpha\partial x'^\tau}\cdot\frac{\partial x^\nu}{\partial x'^\beta}\cdot g_{\mu\nu}\right]_{x_0},\\
g'_{\alpha\beta,\tau\sigma} &= \left[\frac{\partial x^\mu}{\partial x'^\alpha}\cdot\frac{\partial x^\nu}{\partial x'^\beta}\cdot g_{\mu\nu,\tau\sigma}\right]_{x_0} + 2\left[\frac{\partial^3 x^\mu}{\partial x'^\alpha\partial x'^\tau\partial x'^\sigma}\cdot\frac{\partial x^\nu}{\partial x'^\beta}\cdot g_{\mu\nu}\right]_{x_0}\\
&\quad + \text{autres termes.}
\end{aligned}
\tag{7.7.2}
$$

Notons que pour simplifier $g'_{\mu\nu}$ en se limitant au développement du second ordre, il faudra choisir notre transformation en sorte que les dérivées partielles de l'équation (7.7.2) prennent certaines valeurs. Nous pourrons préciser, dans notre transformation,

1. les seize quantités $\left[\dfrac{\partial x^\mu}{\partial x'^\alpha}\right]_{x_0}$,
2. les quarante quantités $\left[\dfrac{\partial^2 x^\mu}{\partial x'^\alpha\partial x'^\beta}\right]_{x_0}$, (7.7.3)
3. les quatre-vingt quantités $\left[\dfrac{\partial^3 x^\mu}{\partial x'^\alpha\partial x'^\beta\partial x'^\gamma}\right]_{x_0}$.

(Remarquons que l'ordre des dérivées n'a aucune importance.) Pour l'autre partie du décompte, le nombre des composantes du tenseur métrique et de ses dérivées donne

1. dix composantes $g'_{\mu\nu}(x_0)$,
2. quarante dérivées premières $g'_{\mu\nu,\tau}(x_0)$, (7.7.4)
3. cent dérivées secondes $g'_{\mu\nu,\tau\sigma}(x_0)$.

Pour commencer, on essaie de poser $g'_{\mu\nu}(x_0) = \eta_{\mu\nu}$. Cela ne concerne que les dérivées premières $[\partial x^\mu/\partial x'^\alpha]_{x_0}$. On a 10 conditions à satisfaire contre 16 paramètres. Cela suffit amplement : il reste 6 degrés de liberté. Ces six degrés de liberté sont les six paramètres de la relativité restreinte - transformations de Lorentz et rotations (le vecteur vitesse, l'axe et l'angle de rotation) - que l'on peut toujours exécuter sans avoir à modifier $\eta_{\mu\nu}$. Ensuite, on annule exactement les quarante dérivées $g'_{\mu\nu,\tau}(x_0)$ par les quarante

$$\left[\frac{\partial^2 x^\mu}{\partial x'^\alpha \partial x'^\beta}\right]_{x_0}.$$

Les dérivées de $g_{\mu\nu}$ apparaissent dans l'équation du mouvement qui rend $\int ds$ minimum. Le fait qu'on peut toutes les annuler en un point implique que l'on peut éliminer entièrement les forces de gravité en un point et à un instant donnés par un choix judicieux des accélérations.

Au bout du compte, il ne reste que vingt combinaisons linéaires des dérivées secondes du type $g'_{\mu\nu,\tau\sigma}$, que la transformation ne peut annuler. Ce sont elles qui décrivent les forces de marée. Nous verrons dans la prochaine leçon comment construire ces vingt grandeurs en termes des composantes du tenseur $g_{\mu\nu}$ telles qu'elles s'expriment dans le système de coordonnées choisi, quel qu'il soit.

LEÇON 8

8.1 Transformations des composantes d'un tenseur dans un système de coordonnées non-orthogonales

Dans pratiquement tout ce qui précède, il était possible d'utiliser des notations simplifiées pour la sommation des composantes d'un tenseur car on travaillait dans des systèmes de coordonnées orthogonales. En particulier, on a souvent fait usage de la règle de sommation des indices répétés

$$A_\mu B^\mu = A_4 B_4 - A_3 B_3 - A_2 B_2 - A_1 B_1 . \tag{8.1.1}$$

Dans un système de coordonnées orthogonales, ces sommes sont des grandeurs scalaires invariantes, un cas particulier bien connu étant la somme qui définit le temps propre en relativité restreinte :

$$(ds)^2 = (dt)^2 - (dx)^2 - (dy)^2 - (dz)^2 . \tag{8.1.2}$$

Les systèmes de coordonnées plus généraux que l'on considère à présent seront accélérés, courbés et déformés ; le temps propre y sera défini en termes des produits des déplacements avec le tenseur métrique $g_{\mu\nu}$ (*cf.* équation (7.4.7)). On comprend alors que la construction d'invariants scalaires obéisse à une loi plus compliquée que l'équation (8.1.1).

Les déplacements sont le prototype de ce qu'on appellera « les composantes *contravariantes* » d'un vecteur. On choisira la notation conventionnelle qui consiste à placer leur indice en exposant, comme dx^μ. Ce qui compte, c'est la loi de transformation de ces composantes de vecteur sous un changement de système de coordonnées. Pour les intervalles de coordonnées infinitésimaux, celle-ci s'écrit

$$dx'^\mu = \frac{\partial x'^\mu}{\partial x^\alpha} dx^\alpha . \tag{8.1.3}$$

On définit une fonction vectorielle comme un ensemble de quatre grandeurs du même type que les déplacements, et qui se transforment de la même manière sous les changements de coordonnées :

$$A^\mu(x') = \frac{\partial x'^\mu}{\partial x^\alpha} A^\alpha(x). \tag{8.1.4}$$

On appelle « composantes contravariantes d'un vecteur » les grandeurs A^μ. Ces définitions se généralisent facilement aux tenseurs de plus haut rang : par exemple, on définira un tenseur comme une fonction qui se transforme de la même manière que le produit extérieur de deux vecteurs, c'est-à-dire

$$T^{\mu\nu}(x') = \frac{\partial x'^\mu}{\partial x^\alpha} \frac{\partial x'^\nu}{\partial x^\beta} T^{\alpha\beta}(x). \tag{8.1.5}$$

Lorsqu'on compare la loi de transformation du tenseur métrique $g_{\mu\nu}$ avec la définition (8.1.5), on voit que $g_{\mu\nu}$ n'est pas du même type car les dérivées apparaissent dans l'autre sens. Toutefois, on a défini la matrice inverse de $g_{\mu\nu}$ par

$$g^{\nu\alpha} g_{\alpha\beta} = \delta^\nu{}_\beta. \tag{8.1.6}$$

On prouve alors sans difficulté que cette matrice inverse est bien un tenseur contravariant, de sorte qu'il est légitime de l'écrire avec ses deux indices en haut, comme nous l'avons fait dès le début.

De même, on prouve sans plus de difficulté que les sommes

$$g_{\mu\nu} dx^\mu dx^\nu = (ds)^2 \tag{8.1.7}$$

et

$$g_{\mu\nu} A^\mu B^\nu$$

sont des scalaires invariants. En effet, dans un cas, les dérivées apparaissent dans le bon sens, et dans l'autre, elles apparaissent dans le sens contraire de sorte que la sommation donne des deltas de Kronecker.

Cela suggère d'utiliser le tenseur métrique $g_{\mu\nu}$ pour définir un second type de composante vectorielle obéissant à une autre loi de transformation ,

$$\begin{aligned} (a) \qquad & A_\beta = g_{\alpha\beta} A^\alpha, \\ (b) \qquad & A_\beta(x') = \frac{\partial x^\mu}{\partial x'^\beta} A_\mu(x), \end{aligned} \tag{8.1.8}$$

et qu'on appellera « composantes *covariantes* » du vecteur. On fabrique alors les scalaires invariants par des sommations

$$A_\beta B^\beta. \tag{8.1.9}$$

Dans ce qui suit, il faudra vérifier avec soin l'altitude des indices : en général, seules les sommations sur une paire d'indices, l'un en haut, l'autre en bas, seront autorisées. Par exemple, dans le cas particulier des coordonnées orthogonales de la relativité restreinte, on devrait maintenant écrire l'expression du temps propre ainsi :

$$(ds)^2 = \eta_{\mu\nu} dx^\mu dx^\nu. \tag{8.1.10}$$

Le tenseur $\eta_{\mu\nu}$ est diagonal et a pour composantes $(1, -1, -1, -1)$.

En physique, lorsqu'apparaît une quantité vectorielle, comme par exemple le potentiel vecteur de l'électrodynamique, il s'agit en fait de l'une de ses composantes, covariante ou contravariante. Mais on peut toujours passer de l'un à l'autre grâce au tenseur métrique ; il est toujours possible de monter ou descendre les indices en multipliant soit par $g_{\mu\nu}$ soit par son inverse. On pourra aussi construire des tenseurs partiellement covariants et partiellement contravariants. Ceux-ci possèderont certains indices en haut et certains indices en bas, et il faudra veiller à les écrire de telle sorte qu'il n'y ait pas d'équivoque pour l'ordre des indices :

$$g_{\mu\alpha} T^{\mu\nu} = T_\alpha{}^\nu. \tag{8.1.11}$$

On oubliera cette règle pour les tenseurs symétriques $g_{\mu\nu}$ ou $g^{\mu\nu}$ puisque, dans ces cas particuliers, le fait de monter ou descendre les indices produit simplement un delta de Kronecker :

$$g^{\mu\alpha} g_{\alpha\nu} = \delta^\mu{}_\nu = \delta^\mu_\nu. \tag{8.1.12}$$

Nous ne prendrons pas la peine de rappeler les preuves de ces relations que l'on connaît depuis des années et qu'on trouve dans de nombreux ouvrages. Elles furent toutes utilisées par Einstein - qui inventa la notation qui les rend si simple à manipuler - et pour ce genre de choses, on peut lui faire confiance. La position des indices, en haut ou en bas, fournit un moyen mnémotechnique pour écrire les transformations, puisqu'elle correspond à la position des indices dans les dérivées qui définissent les transformations (cf. équations (8.1.3), (8.1.4), (8.1.5) et (8.1.8)).

Il n'existe aucune distinction physique entre les composantes covariantes et contravariantes d'un vecteur. Toutes deux ont le même contenu physique ; seul leur mode de représentation varie. En deux dimensions, il est facile de montrer graphiquement que les deux descriptions des vecteurs sont différentes. Puisque la transformation est définie pour des déplacements infinitésimaux, nous n'avons pas à nous soucier de la courbure de l'espace. Tout ce qui compte, c'est l'orthogonalité, ou non, des coordonnées. Lorsque les axes des coordonnées ne se coupent pas à angle droit, il existe alors deux projections possibles des déplacements physiques sur les axes : perpendiculairement à un axe ou parallèlement à l'autre, comme l'illustre la figure 8.1. On voit que les composantes $g_{\mu\nu}$ du tenseur métrique décrivent la non orthogonalité des coordonnées en un point donné.

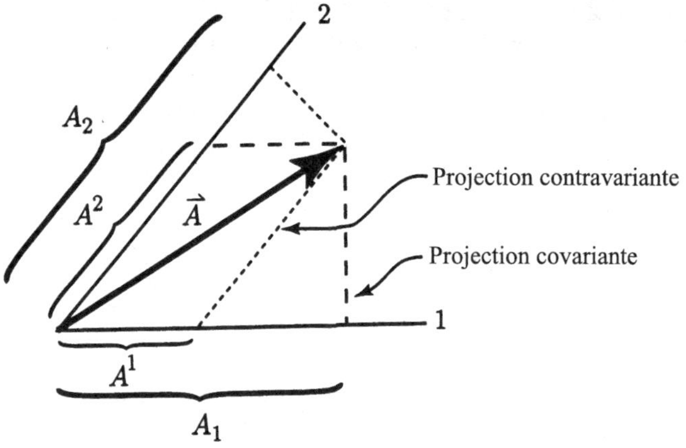

Figure 8.1

8.2 Équations qui déterminent les invariants de $g_{\mu\nu}$

Maintenant que l'on comprend mieux le rôle du tenseur métrique, passons à l'étude des grandeurs que l'on peut construire à partir de $g_{\mu\nu}$ et qui restent invariantes sous les transformations infinitésimales des coordonnées.

Nous nous apprêtons à faire précisément ce que nous avons fait voici quelque temps déjà en construisant un lagrangien. Supposons que l'on fasse un petit changement de coordonnées

$$x^{\mu} = x'^{\mu} + \zeta^{\mu}(x'), \tag{8.2.1}$$

où ζ^{μ} sera choisi suffisamment petit pour qu'on ne garde que les termes du premier ordre en ζ^{μ}. Les dérivées sont les suivantes :

$$\frac{\partial x^{\alpha}}{\partial x'^{\mu}} = \delta^{\alpha}_{\mu} + \frac{\partial \zeta^{\alpha}}{\partial x'^{\mu}}. \tag{8.2.2}$$

Lorsqu'on calcule le nouveau $g'_{\mu\nu}$, on obtient le produit de deux de ces dérivées :

$$g'_{\mu\nu}(x') = g_{\alpha\beta}(x' + \zeta)\left(\delta^{\alpha}_{\mu} + \frac{\partial \zeta^{\alpha}}{\partial x'^{\mu}}\right)\left(\delta^{\beta}_{\nu} + \frac{\partial \zeta^{\beta}}{\partial x'^{\nu}}\right). \tag{8.2.3}$$

Et si l'on ne garde que les termes d'ordre zéro et de premier ordre en ζ^{μ}, alors

$$g'_{\mu\nu}(x') = g_{\mu\nu}(x') + g_{\alpha\nu}\frac{\partial \zeta^{\alpha}}{\partial x'^{\mu}} + g_{\mu\beta}\frac{\partial \zeta^{\beta}}{\partial x'^{\nu}} + \frac{\partial g_{\mu\nu}}{\partial x'^{\sigma}}\zeta^{\sigma}. \tag{8.2.4}$$

Le nouveau $g'_{\mu\nu}$ égale l'ancien $g_{\mu\nu}$ plus des termes d'ordre ζ^{μ}. Si l'on examine alors quelles fonctions de $g_{\mu\nu}$ restent invariantes, alors on se ramène au problème mathématique que l'on a résolu dans la sixième leçon, lorsqu'on cherchait le lagrangien qui nous conduirait à un tenseur énergie-impulsion conservé.

Ainsi, plusieurs points de vue physiques différents peuvent conduire à la même équation, avec le même contenu. Nous venons de montrer que la transformation qui s'imposait lorsqu'on cherchait un lagrangien pour la gravitation apparaît aussi comme solution d'un problème purement géométrique. On devine alors que certains critères, les uns plutôt physiques, les autres plutôt mathématiques, sont en fait équivalents. Les bases de la première approche, qui nous ont fait imposer une divergence identiquement nulle, doivent être équivalentes à ce que nous faisons à présent. Quelle sera la signification physique des invariants de $g_{\mu\nu}$?

Les équations du mouvement seront obtenues à partir du principe variationnel

$$\delta \int ds = \delta \int \sqrt{g_{\mu\nu}(x) dx^{\mu} dx^{\nu}} = 0. \tag{8.2.5}$$

On introduit, pour faciliter le calcul, un paramètre u qui permet de mieux définir la racine carrée de la différentielle :

$$\int du \sqrt{g_{\mu\nu}(x) \frac{dx^\mu}{du} \frac{dx^\nu}{du}}. \tag{8.2.6}$$

Lorsqu'on prend la variation de ce terme, on obtient l'équation (géodésique) suivante :

$$\frac{d^2 x^\mu}{ds^2} = -\Gamma^\mu_{\sigma\tau} \frac{dx^\sigma}{ds} \frac{dx^\tau}{ds}, \tag{8.2.7}$$

où

$$\Gamma^\mu_{\sigma\tau} = g^{\mu\nu}[\sigma\tau, \nu].$$

Puisque cette équation garde la même forme lorsqu'on modifie le tenseur métrique par une transformation arbitraire, alors elle doit représenter les invariants de $g_{\mu\nu}$ qui contiennent la physique du problème.

8.3 Hypothèse d'un espace vraiment plat

Voyons ce que nous enseigne la découverte que ces approches différentes conduisent aux mêmes résultats. Le point de vue que l'on avait adopté initialement était que l'espace pouvait être décrit comme celui de la relativité restreinte. Dans cet espace (que l'on qualifiera de galiléen par commodité) peuvent régner des champs gravitationnels $h_{\mu\nu}$ dont l'effet est de modifier la longueur des règles et d'accélérer ou ralentir le rythme des horloges. Ainsi, lorsqu'on discute du résultat de nos expériences, il faut bien distinguer les échelles des mesures proprement dites, les échelles physiques, des échelles de la théorie, les échelles galiléennes.

Or, ce sont les coordonnées physiques qui doivent toujours reproduire les mêmes résultats. L'espace galiléen pourra servir, au début, à élaborer la théorie, mais dès lors qu'on en vient à la prédiction d'effets réels, nous voyons que celui-ci n'a aucune signification.

Il n'y aurait aucun sens à dénigrer le choix de coordonnées de notre voisin sous prétexte qu'il ne nous paraît pas galiléen. S'il persiste à le considérer comme galiléen et attribue la courbure aux champs, il est tout à fait dans son droit et c'est notre espace qui lui semble absurde. Pour toute donnée physique, on obtient le même résultat quel que soit l'étiquetage initial de l'espace. Nous voyons ainsi qu'il y aurait une nette amélioration philosophique si l'on pouvait, dès le départ, formuler notre théorie de telle sorte qu'il n'y ait pas besoin d'un espace galiléen pour définir la physique ; on manipulerait directement l'espace physique dans lequel seraient faites les mesures.

Souvenons-nous de celui qui fait des relevés sur une gigantesque assiette chaude à l'aide d'une règle graduée ; sa règle s'allonge ou se rétracte selon qu'il passe dans des régions plus chaudes ou plus froides. Pour nous, cela n'a de sens que parce que nous savons mesurer les distances sans que la température ait d'influence : grâce à la lumière. Si l'on gravait sur l'assiette un système de coordonnées « vraiment » euclidien, obtenu en faisant des mesures à l'aide d'un rayon lumineux, l'homme qui l'habite pourrait définir un champ de température, c'est-à-dire un champ qui décrirait les modifications de la longueur de sa règle selon ses déplacements sur l'assiette. Si on le trompait en inscrivant un système de coordonnées déformé, mais en lui disant qu'il est euclidien, il aboutirait alors à un autre champ de température. Toutefois, on ne pourra jamais, en inscrivant des coordonnées arbitraires, le duper au point de modifier les résultats physiques de ses mesures qu'il effectue entièrement seul. Tant qu'il n'utilise que la longueur de sa règle pour relever les distances, il trouvera toujours les mêmes résultats, même si les coordonnées qu'on lui fournit le conduisent à des champs de température complètement farfelus.

Dans le cas de l'assiette chaude, on voit facilement ce qui est euclidien et ce qui ne l'est pas, car on a supposé que les mesures effectuées avec des rayons lumineux restent indépendantes de la température. Au contraire, dans le cas de la gravitation, nous savons qu'aucun moyen de mesure ne sera jamais à l'abri de ses effets (aucune « lumière » n'existe, qui ne subirait pas la gravitation et qui nous permettrait de définir un système de coordonnées galiléen). Ainsi, tous les systèmes de coordonnées sont équivalents et seul les distinguent le fait que des valeurs différentes pour les champs sont nécessaires à la description du rythme des horloges ou des échelles de longueur. Lorsqu'on en vient aux mesures physiques, le système de coordonnées utilisé au départ disparaît puisqu'il n'était qu'un étiquetage commode, un moyen de faire les comptes.

Le système galiléen ou euclidien ne reste significatif que dans la limite où le champ gravitationnel est nul ou la température de l'assiette uniforme. Dans ce cas, les distances physiques et euclidiennes suivent la même géométrie. Si l'on était parti d'un étiquetage courbe des positions, on aurait trouvé qu'une certaine transformation des coordonnées permet de décrire les mesures sans qu'il soit besoin d'un champ. Cela simplifie beaucoup les choses mais, je le répète, cette simplification n'est pas inhérente à la description euclidienne de la géométrie ; elle est due au caractère physiquement simple de la situation physique considérée.

Si les forces sont nulles en tout point, alors les Γ le sont aussi. Si les forces ne sont pas nulles partout, alors il n'est plus possible de définir un « bon » système de coordonnées. Il reste toutefois la possibilité de les annuler localement (c'est le principe d'équivalence !).

8.4 Les diverses approches de la théorie de la gravitation

L'un des aspects les plus curieux de la théorie de la gravitation, c'est qu'elle admet à la fois une interprétation en termes de champ et une interprétation géométrique. Puisqu'il s'agit vraiment de deux aspects de la même théorie, on peut imaginer que les chercheurs vénusiens, après avoir élaboré une théorie de champ pour la gravitation, auraient finalement découvert le point de vue géométrique. On ne peut en être absolument sûrs puisqu'on ne peut jamais expliquer à l'avance les raisonnements inductifs (lorsqu'on ne sait que peu de choses, comment expliquer le chemin à suivre pour en apprendre un peu plus ?).

Quoi qu'il en soit, c'est là l'interprétation d'un champ de spin deux ; à quoi bon l'expliquer : elle est tout simplement prodigieuse ! L'interprétation géométrique n'est pas vraiment nécessaire, ni indispensable à la physique. Il se pourrait bien que toute cette coïncidence ne représente qu'une sorte d'invariance de jauge. Il se pourrait bien que les relations entre ces deux points de vue sur la gravitation deviennent limpides une fois qu'on en aura étudié un troisième, en rapport avec les propriétés générales de transformation des théories de champs. Je détaillerai ce point de vue dans la suite, mais je le mentionne ici afin de donner une idée de la marche à suivre pour essayer de comprendre comment la gravitation peut être à la fois une géométrie et un champ.

Examinons simplement ce qu'est une invariance de jauge. Telle qu'on la connaît en électrodynamique, elle implique que si l'on remplace un potentiel vecteur A par

$$A' = A + \nabla X, \tag{8.4.1}$$

alors, en termes du nouveau potentiel vecteur A', les équations du champ et la physique restent inchangées. Cela s'apparente à la propriété d'invariance de phase des amplitudes. Voyons ce qu'il advient des amplitudes de la théorie quantique. Clairement, si l'on utilise

$$\psi' = e^{ia}\psi$$

dans le calcul d'une probabilité, cela ne modifie en rien la physique qu'elle décrit. En général, une constante a ne fait aucune différence. Mais que se passe-t-il si, au lieu d'une constante, on utilise une fonction X qui varie d'un point à l'autre de l'espace ? Les équations contiennent toujours des gradients de ψ'

$$\nabla\psi' = e^{iX}(\nabla\psi + i\psi\nabla X). \tag{8.4.2}$$

Toutefois, l'opérateur $(\nabla - iA')$ fournit un terme qui n'est modifié que par un facteur de phase :

$$(\nabla - iA')\psi' = e^{iX}(\nabla - iA)\psi. \tag{8.4.3}$$

Donc pour un champ de vecteur dont le couplage est celui-ci, les équations sont invariantes sous les transformations de phase (dépendant de l'espace et du temps) des champs ψ.

La théorie vectorielle de Yang-Mills est une tentative pour généraliser l'idée d'une transformation de jauge à une invariance des interactions nucléaires sous l'isospin. Si ψ représente l'amplitude d'un proton, alors

$$\psi' = e^{i\vec{\tau}\cdot\vec{a}}\psi \tag{8.4.4}$$

décrit un objet qui est à la fois proton et neutron. Lorsque $\vec{a}$ est un vecteur constant dans l'espace d'isospin, l'invariance des forces nucléaires sous les changements d'isospin implique que le nouvel objet ψ' a le même comportement nucléaire que ψ. La proposition de Yang et Mills fut d'ajouter un champ au lagrangien en sorte que les équations restent invariantes sous le changement de phase *dépendant de l'espace* ($\vec{a} \to \vec{X}$).

Comment relier ces idées à la gravitation ? Les équations décrivant la physique sont invariantes sous des déplacements spatio-temporels constants :

$$x'^{\mu} = x^{\mu} + a^{\mu}. \tag{8.4.5}$$

Pour que ces transformations ressemblent plus aux transformations de phase et d'isospin, passons à la représentation par l'impulsion, en sorte que l'opérateur de translation s'écrive

$$\exp(ip_{\mu}a^{\mu}).$$

Par ailleurs, on pourrait s'interroger sur la façon de rendre les équations de la physique invariantes sous des déplacements spatio-temporels *variables* ($a^\mu \to \zeta^\mu$). Il s'agira de trouver un lagrangien plus complet ; les termes à ajouter sont justement ceux du champ gravitationnel. Ainsi, la gravitation apparaît comme le champ correspondant à l'invariance de jauge sous les transformations générales des coordonnées.

8.5 Espace tangent et courbure

On peut chercher à raisonner comme Einstein, c'est-à-dire géométriquement, avec des histoires de courbures et de limites sur les rayons et les circonférences. Et c'est ce que nous allons faire, histoire de se convaincre que tout cela n'est pas si compliqué. Maintenant que l'on sait ce qu'on fait, on peut effectuer une transformation générale des coordonnées. Nous avons vu combien il y avait de dérivées et on a réussi à montrer qu'un choix judicieux des seize dérivées $(\partial x^\alpha / \partial x'^\nu)$ permet de poser

$$g^{\mathrm{o}}_{\mu\nu} = \eta_{\mu\nu}. \tag{8.5.1}$$

Supposons que l'on puisse aussi choisir les quarante dérivées secondes $(\partial^2 x^\alpha / \partial x'^\mu \partial x'^\nu)$ pour annuler toutes les dérivées premières de $g^{\mathrm{o}}_{\mu\nu}$. Il reste alors quatre-vingt dérivées troisièmes à ajuster et cent dérivées des $g_{\mu\nu}$. Voilà les vingt combinaisons linéaires de ces dérivées secondes qui admettront une définition géométrique. Aucune transformation des coordonnées ne permet de s'en débarrasser. Ce que l'on cherche, c'est une expression de ces vingt grandeurs en termes du $g_{\mu\nu}$ initial. Nous y parviendrons en trois étapes, et à reculons si l'on peut dire. Avant de trouver ces vingt grandeurs, on suppose tout d'abord que les dérivées premières et secondes ont été fixées (en un point et en passant aux coordonnées normales de Riemann) de sorte que $g^{\mathrm{o}}_{\mu\nu} = \eta_{\mu\nu}$ et $g^{\mathrm{o}}_{\mu\nu,\sigma} = 0$. On s'attachera alors à comprendre comment, en partant de coordonnées arbitraires, on a réussi à obtenir les vingt grandeurs en termes du $g_{\mu\nu}$ original.

Voyons en premier lieu quelles sont les grandeurs géométriques que l'on peut définir à partir des coordonnées dans l'espace tangent à un point. Ce que l'on fait en quatre dimensions est semblable à l'exemple bi-dimensionnel suivant : l'espace courbe est une surface, et l'on compare la géométrie de la surface au voisinage du point à celle du plan tangent, comme sur la figure 8.2. Les coordonnées initiales sur la surface courbe ne sont généralement ni orthogonales, ni orientées comme il le faudrait pour décrire la géométrie simplement, en termes de l'invariant $1/(R_1 R_2)$. La première étape consiste à déterminer cette courbure intrinsèque en termes de la géométrie initiale.

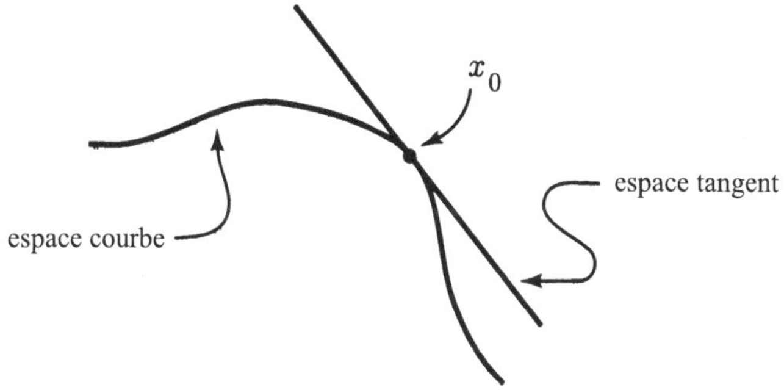

Figure 8.2

Ce n'est qu'à partir des dérivées secondes de la métrique au point considéré que se fait la distinction entre l'espace plat et l'espace courbe. Les courbures sont justement une mesure de l'écart local entre la surface et le plan tangent. Elle décrivent la caractéristique essentielle de l'espace au point considéré. Puisque seules les dérivées premières, secondes et troisièmes entrent en jeu, l'expression

$$x^\alpha = x'^\alpha + \frac{1}{2} a^\alpha{}_{\mu\nu} x'^\mu x'^\nu + \frac{1}{6} b^\alpha{}_{\mu\nu\sigma} x'^\mu x'^\nu x'^\sigma \tag{8.5.2}$$

représente une transformation suffisamment générale. Il nous reste à choisir les vingt combinaisons significatives. Les dérivées premières sont

$$\frac{\partial x^\alpha}{\partial x'^\mu} = \delta^\alpha{}_\mu + a^\alpha{}_{\mu\nu} x'^\nu + \frac{1}{2} b^\alpha{}_{\mu\nu\sigma} x'^\nu x'^\sigma . \tag{8.5.3}$$

Dans cet espace tangent, les tenseurs métriques admettent l'écriture générale

$$\begin{aligned} g'_{\alpha\beta} &= \eta_{\alpha\beta} + \frac{1}{2} x'^\sigma x'^\tau g^{\circ\prime}{}_{\alpha\beta,\sigma\tau}, \\ g_{\alpha\beta} &= \eta_{\alpha\beta} + \frac{1}{2} x^\sigma x^\tau g^\circ_{\alpha\beta,\sigma\tau}. \end{aligned} \tag{8.5.4}$$

L'exposant « o » indique que l'on calcule la grandeur correspondante au point de tangence x_0. On obtient les combinaisons invariantes en considérant deux systèmes de coordonnées arbitraires dans l'espace tangent et en imposant que la même formule marche dans les deux cas. Puisque les espaces sont tangents, leurs coordonnées ne diffèrent qu'au deuxième ordre, de sorte que

$$a^{\alpha}{}_{\mu\nu} = 0. \tag{8.5.5}$$

Ainsi, il n'y a plus qu'à substituer une transformation à l'autre. En remplaçant la loi de transformation de $g_{\mu\nu}$ à l'aide des expressions (8.5.3) pour les dérivées, on trouve

$$g'_{\alpha\beta} = g_{\mu\nu}\frac{\partial x^{\mu}}{\partial x'^{\alpha}}\frac{\partial x^{\nu}}{\partial x'^{\beta}} = \eta_{\alpha\beta} + \frac{1}{2}\left(g^{\text{o}}_{\alpha\beta,\sigma\tau} + \eta_{\alpha\nu}b^{\nu}_{\beta\sigma\tau} + \eta_{\beta\nu}b^{\nu}_{\alpha\sigma\tau}\right)x'^{\sigma}x'^{\tau}. \tag{8.5.6}$$

Les dérivées secondes des g sont reliées par

$$g'^{\text{o}}{}_{\alpha\beta,\sigma\tau} = g^{\text{o}}_{\alpha\beta,\sigma\tau} + b_{\alpha\beta\sigma\tau} + b_{\beta\alpha\sigma\tau} \tag{8.5.7}$$

où

$$b_{\alpha\beta\sigma\tau} \equiv \eta_{\alpha\nu}b^{\nu}{}_{\beta\sigma\tau}.$$

Avec cette expression à notre disposition, nous cherchons maintenant des combinaisons linéaires des g qui ne contiennent pas les b. On utilise le fait que les b sont complètement symétriques dans leurs trois derniers indices, alors que $g_{\alpha\beta,\tau}$ n'est symétrique qu'en $\sigma\tau$. Essayez d'intervertir les indices $(\beta \leftrightarrow \sigma)$ et de soustraire les termes

$$g'^{\text{o}}{}_{\alpha\beta,\sigma\tau} - g'^{\text{o}}{}_{\alpha\sigma,\beta\tau} - g^{\text{o}}_{\alpha\beta,\sigma\tau} + g^{\text{o}}_{\alpha\sigma,\beta\tau} = b_{\beta\alpha\sigma\tau} - b_{\sigma\alpha\beta\tau}. \tag{8.5.8}$$

La partie droite de l'expression est complètement symétrique dans les indices $(\alpha\tau)$, mais c'est moins évident pour la partie gauche. Ainsi, lorsqu'on antisymétrise $(\alpha - \tau)$ on obtient l'expression suivante :

$$R_{\alpha\tau\beta\sigma} = \frac{1}{2}(g^{\text{o}}_{\alpha\beta,\sigma\tau} - g^{\text{o}}_{\alpha\sigma,\beta\tau} - g^{\text{o}}_{\tau\beta,\sigma\alpha} + g^{\text{o}}_{\tau\sigma,\beta\alpha}), \tag{8.5.9}$$

qui reste égale à elle-même dans le système primé. Ce sont les vingt combinaisons linéaires que l'on cherchait. Cette grandeur n'est pas un tenseur ; elle n'est pas assez générale car elle n'est définie qu'en champ nul. En quelque sorte, elle représente les parties irréductibles du tenseur gravitationnel, celles dont on ne peut se débarrasser par une transformation. Elle incarne les forces de marées. Nous disposons maintenant d'un mode d'emploi précis pour trouver les courbures. Premièrement, trouver la transformation (vers les coordonnées normales de Riemann) qui réduise $g_{\mu\nu}$ à $\eta_{\mu\nu}$ et qui annule les dérivées premières. Ensuite, en termes des $g_{\mu\nu}$ transformés, les composantes de la courbure sont données par (8.5.9). Elles ne dépendent pas du système de coordonnées. Le problème qu'il nous reste à résoudre est celui d'exprimer $R_{\alpha\tau\beta\sigma}$ en termes des coordonnées arbitraires de départ et du $g_{\mu\nu}$ original.

8.6 Courbure dans des coordonnées arbitraires

Il suffit, pour déduire les expressions de la courbure en termes des coordonnées les plus générales, de procéder pas à pas. On commence par relaxer la contrainte sur les dérivées premières (on permet maintenant qu'elles soient non nulles), mais en préservant l'orthogonalité locale des coordonnées. $g_{\mu\nu}$ et $g'_{\mu\nu}$ s'écrivent alors

$$\begin{aligned} g_{\alpha\beta} &= \eta_{\alpha\beta} + g^{\mathrm{o}}{}_{\alpha\beta,\mu}x^{\mu} + \frac{1}{2}g^{\mathrm{o}}{}_{\alpha\beta,\mu\nu}x^{\mu}x^{\nu}, \\ g'_{\alpha\beta} &= \eta_{\alpha\beta} + \frac{1}{2}g'^{\mathrm{o}}{}_{\alpha\beta,\sigma\tau}x'^{\sigma}x'^{\tau}, \end{aligned} \tag{8.6.1}$$

où g' est le même qu'auparavant, avec une dérivée première nulle. Puisqu'on a déjà ajusté les dérivées secondes, il ne nous reste plus qu'à considérer les transformations du type

$$x^{\alpha} = x'^{\alpha} + \frac{1}{2}a^{\alpha}{}_{\mu\nu}x'^{\mu}x'^{\nu}. \tag{8.6.2}$$

Les termes cubiques ne jouent aucun rôle. On injecte alors l'expression des dérivées premières,

$$\frac{\partial x^{\alpha}}{\partial x'^{\mu}} = \delta^{\alpha}{}_{\mu} + a^{\alpha}{}_{\mu\nu}x'^{\nu}, \tag{8.6.3}$$

dans l'équation donnant g' en fonction de g :

$$\eta_{\alpha\beta} + \frac{1}{2} g'^{\circ}_{\alpha\beta,\sigma\tau} x'^{\sigma} x'^{\tau} = \eta_{\alpha\beta} + \left(g^{\circ}_{\alpha\beta,\sigma} + a_{\beta\alpha\sigma} + a_{\alpha\beta\sigma} \right) x'^{\sigma}$$
$$+ x'^{\sigma} x'^{\tau} \left[a^{\rho}{}_{\alpha\sigma} a_{\rho\beta\tau} + a^{\rho}{}_{\alpha\tau} g^{\circ}_{\rho\beta,\sigma} + a^{\rho}{}_{\beta\tau} g^{\circ}_{\rho\alpha,\sigma} + \frac{1}{2} a^{\rho}{}_{\sigma\tau} g^{\circ}_{\alpha\beta,\rho} + \frac{1}{2} g_{\alpha\beta,\sigma\tau} \right], \tag{8.6.4}$$

où $a_{\alpha\beta\sigma} = \eta_{\alpha\mu} a^{\mu}{}_{\beta\sigma}$. Les termes de dérivée première s'annulent si l'on choisit $a^{\alpha}{}_{\mu\nu}$ tel que

$$a_{\beta\alpha\sigma} + a_{\alpha\beta\sigma} = -g^{\circ}_{\alpha\beta,\sigma}. \tag{8.6.5}$$

Il faudra résoudre cette équation pour exprimer les $a^{\alpha}{}_{\mu\nu}$ en termes des $g^{\circ}_{\alpha\beta,\sigma}$ du système de coordonnées initial. On le fait grâce à l'astuce habituelle : en soustrayant l'équation obtenue lorsqu'on inverse (α, σ), puis en regroupant les termes, on obtient

$$a_{\sigma\alpha\beta} = -\frac{1}{2} \left[g^{\circ}_{\sigma\alpha,\beta} + g^{\circ}_{\sigma\beta,\alpha} - g^{\circ}_{\alpha\beta,\sigma} \right] = - \left[\alpha\beta, \sigma \right]^{\circ}. \tag{8.6.6}$$

L'équation (8.6.4) nous indique alors que $g'^{\circ}_{\alpha\beta,\sigma\tau}$ vaut (deux fois) l'expression entre crochets du terme de droite de l'équation (8.6.4), où l'on substitue l'équation (8.6.6) à $a_{\sigma\alpha\beta}$. On peut maintenant remplacer le $g^{\circ}_{\alpha\beta,\sigma\tau}$ de l'équation (8.5.9) par ce $g'^{\circ}_{\alpha\beta,\sigma\tau}$ pour obtenir l'expression suivantes de la courbure en termes des coordonnées de départ (dont on impose seulement qu'elles soient localement orthogonales) :

$$R_{\alpha\tau\beta\sigma} = \frac{1}{2} (g_{\alpha\beta,\sigma\tau} - g_{\alpha\sigma,\beta\tau} - g_{\tau\beta,\alpha\sigma} + g_{\tau\sigma,\alpha\beta})$$
$$+ [\rho\sigma, \alpha] \eta^{\rho\lambda} [\tau\beta, \lambda] - [\rho\beta, \alpha] \eta^{\rho\lambda} [\tau\sigma, \lambda]. \tag{8.6.7}$$

Il ne reste plus que l'orthogonalité des coordonnées générales de départ, qui provient d'une transformation linéaire :

$$x^{\alpha} = L^{\alpha}{}_{\mu} x'^{\mu}. \tag{8.6.8}$$

Il n'y a plus qu'à imposer

$$g'^{\circ}_{\alpha\beta} = \eta_{\alpha\beta}, \tag{8.6.9}$$

et à réécrire tout le reste. Les L remplacent simplement les dérivées, selon

$$g'_{\mu\nu} = L^{\alpha}{}_{\mu} L^{\beta}{}_{\nu} g_{\alpha\beta} = \eta_{\mu\nu}. \tag{8.6.10}$$

Parmi les choses que l'on peut déduire, notons la relation

$$\eta^{\alpha\beta} L_\alpha{}^\sigma - L_\beta{}^\mu = g^{\sigma\mu}. \tag{8.6.11}$$

Qu'advient-il des différents termes ?

$$\frac{\partial}{\partial x'^\alpha} = \frac{\partial}{\partial x^\mu}\frac{\partial x^\mu}{\partial x'^\alpha} = L^\mu{}_\alpha \frac{\partial}{\partial x^\mu} \tag{8.6.12}$$

Ainsi (les indices latins représentant les indices des coordonnées primées)

$$g'_{mn,st} = L^\sigma{}_s L^\tau{}_t L^\mu{}_m L^\nu{}_n g_{\mu\nu,\sigma\tau} \tag{8.6.13}$$

$$a'_{rmn} = L^\rho{}_r L^\mu{}_m L^\nu{}_n a_{\rho\mu\nu} \tag{8.6.14}$$

$$\eta^{rq} a'_{rmn} a'_{qst} = \eta^{rq} L^\rho{}_r L^\lambda{}_q L^\mu{}_m L^\nu{}_n L^\sigma{}_s L^\tau{}_t a_{\rho\mu\nu} a_{\lambda\sigma\tau} \tag{8.6.15}$$

et lorsqu'on substitue tout cela dans l'expression des composantes de R, on trouve que R n'est plus un invariant.

Voici l'expression finale de R obtenue à l'aide de l'équation (8.6.11) :

$$\begin{aligned} R_{\alpha\tau\beta\sigma} = {} & \frac{1}{2}(g_{\alpha\beta,\sigma\tau} - g_{\alpha\sigma,\beta\tau} - g_{\tau\beta,\alpha\sigma} + g_{\tau\sigma,\alpha\beta}) \\ & + [\rho\sigma,\alpha] g^{\rho\lambda}[\tau\beta,\lambda] - [\rho\beta,\alpha] g^{\rho\lambda}[\tau\sigma,\lambda]; \end{aligned} \tag{8.6.16}$$

et sa loi de transformation :

$$R'{}_{mnst} = L^\mu{}_m L^\nu{}_n L^\sigma{}_s L^\tau{}_t R_{\mu\nu\sigma\tau}. \tag{8.6.17}$$

8.7 Propriétés du tenseur de Riemann

Bien que les grandeurs $R_{\mu\nu\sigma\tau}$ ne soient pas invariantes, elles sont néanmoins les composantes d'un tenseur, comme l'indique leur loi de transformation (8.6.17). On montre facilement qu'il ne s'agit en fait que de vingt grandeurs indépendantes, comme nous l'avions annoncé. On a obtenu l'expression (8.5.9) en antisymétrisant d'une part en (α, τ), et d'autre part en (β, σ). Les symétries des indices sont les suivantes :

$$\begin{aligned} R_{\alpha\tau\beta\sigma} &= -R_{\tau\alpha\beta\sigma} && (a) \\ &= -R_{\alpha\tau\sigma\beta} && (b) \\ &= +R_{\beta\sigma\alpha\tau} && (c) \end{aligned} \tag{8.7.1}$$

La relation algébrique ci-dessous est également implicite dans l'équation (8.5.9) (et donc aussi (8.6.16)) :

$$R_{\alpha\tau\beta\sigma} + R_{\alpha\sigma\tau\beta} + R_{\alpha\beta\sigma\tau} = 0. \tag{8.7.2}$$

Comptons le nombre de ses composantes indépendantes. Les deux premiers indices ne peuvent être égaux entre eux, ainsi que les deux derniers ; seules les combinaisons antisymétriques sont non nulles. Rappelons qu'un tenseur antisymétrique de rang deux possède six composantes indépendantes, de sorte qu'en faisant abstraction de la symétrie dans l'échange des deux paires d'indices, il y aurait 36 composantes. Cette dernière symétrie (8.7.1c) réduit ce nombre à $(6 \times 7)/2 = 21$. La relation algébrique de l'équation (8.7.2) ne représente qu'une condition non triviale : lorsque deux indices sont identiques, (8.7.2) devient une identité grâce aux symétries (8.7.1). Par exemple,

$$R_{1\tau 1\sigma} + R_{1\sigma\tau 1} + R_{11\sigma\tau} = R_{1\tau 1\sigma} - R_{1\tau 1\sigma} + 0 = 0. \tag{8.7.3}$$

Tous les indices doivent donc être différents pour que cette relation algébrique soit significative. Mais lorsque tous les indices sont différents, c'est-à-dire $(1, 2, 3, 4)$, elle ne représente plus qu'une équation supplémentaire. Ainsi, le tenseur de courbure (le tenseur de Riemann) ne possède que vingt composantes indépendantes.

Ce dont nous avons besoin pour élaborer notre théorie, ce n'est pas d'un tenseur mais d'une grandeur complètement invariante que nous pourrions insérer dans notre lagrangien. (Einstein, lui, a proposé d'identifier le tenseur énergie-impulsion à un autre tenseur, obtenu à partir du tenseur de courbure.) Le principe de moindre action doit faire intervenir une intégrale sur tout l'espace, qui doit être parfaitement invariante sous les transformations. Le terme à intégrer doit être un scalaire :

$$\int dx\, dy\, dz\, dt\, (\text{scalaire}) = (\text{scalaire invariant})\,. \tag{8.7.4}$$

On fabrique un scalaire en remontant des indices du tenseur de courbure et en les contractant avec ceux du bas. Par exemple, sur le premier indice,

$$g^{\alpha\lambda} R_{\alpha\tau\beta\sigma} = R^{\lambda}{}_{\tau\beta\sigma}. \tag{8.7.5}$$

Malheureusement, la contraction avec le second indice s'annule :

$$R^{\tau}{}_{\tau\beta\sigma} \equiv 0. \tag{8.7.6}$$

Il convient de réduire d'abord le rang du tenseur par contraction du premier et du dernier indice :

$$g^{\alpha\sigma} R_{\alpha\tau\beta\sigma} = R_{\tau\beta}. \qquad (8.7.7)$$

(Remarquons que l'on utilise, par convention, la même lettre R pour tous les tenseurs obtenus à partir du tenseur de courbure.) Ce tenseur de rang deux (le tenseur de Ricci) est symétrique. On contracte ces indices à leur tour pour obtenir le scalaire (appelé « scalaire de courbure ») que l'on pourra intégrer :

$$g^{\alpha\sigma} g^{\tau\beta} R_{\alpha\tau\beta\sigma} = g^{\tau\beta} R^{\sigma}{}_{\tau\beta\sigma} = R^{\sigma\beta}{}_{\beta\sigma} = R. \qquad (8.7.8)$$

Enfin, l'intégrale de volume de ce scalaire n'est pas invariante, car l'élément de volume $dx\, dy\, dz\, dt$ n'est pas un scalaire ; il varie sous les transformations des coordonnées par le déterminant de $L_{\alpha}{}^{\mu}$. Aussi, l'intégrale invariante s'écrit

$$\int dx\, dy\, dz\, dt\, R \sqrt{-g}. \qquad (8.7.9)$$

C'est l'action d'Einstein–Hilbert dans le vide [Hilb15].

LEÇON 9

9.1 Modifications de l'électrodynamique requises par le principe d'équivalence

Le principe d'équivalence postule qu'aucune expérience ne permet de faire la distinction entre une accélération et la gravitation, pas même l'observation de radiations électromagnétiques. Cela pose un réel problème : nous avons hérité du préjugé qu'une charge accélérée rayonne, tandis qu'on n'attend pas d'une charge soumise à un champ gravitationnel qu'elle émette du rayonnement. Cela ne provient pas d'une erreur dans notre énoncé du principe d'équivalence ; c'est la loi de la puissance rayonnée par une charge accélérée,

$$\frac{dW}{dt} = \frac{2}{3}\frac{e^2}{c^3}a^2, \tag{9.1.1}$$

qui prête à confusion. On l'obtient généralement en calculant le flux d'un vecteur de Poynting très lointain, et elle ne vaut que pour les mouvements cycliques, ou pour les mouvements qui n'augmentent pas indéfiniment (contrairement au cas du mouvement à accélération constante). Il ne suffit pas de préciser *quand* l'énergie est émise. On ne peut le déterminer qu'en trouvant la force de rayonnement de freinage, qui vaut $2/3\, e^2/c^3\, \dot{\vec{a}}$, puisque c'est le travail effectué contre cette force qui représente la perte d'énergie. Cette force s'annule lorsque l'accélération est constante. Plus généralement, le travail résistif s'écrit

$$\frac{dW}{dt} = -\frac{2}{3}\frac{e^2}{c^3}\vec{v}\cdot\dot{\vec{a}} = \frac{2}{3}\frac{e^2}{c^3}\vec{a}\cdot\vec{a} - \frac{2}{3}\frac{e^2}{c^3}\frac{d}{dt}(\vec{v}\cdot\vec{a}), \tag{9.1.2}$$

ce qui donne l'expression correcte de dW/dt. Dans le cas de mouvements cycliques ou à basse vitesse, la contribution moyenne du dernier terme sur un temps suffisamment long est très faible, voire nulle (sur un cycle, $\vec{v} \cdot \vec{a}$ revient à sa valeur initiale, et ne contribue en rien), de sorte que l'équation simplifiée (9.1.1) suffit.

Bien sûr, en présence d'un champ gravitationnel, il faudra modifier les lois électrodynamiques de Maxwell, tout comme il a fallu modifier la mécanique ordinaire pour satisfaire au principe de relativité. Après tout, les équations de Maxwell prédisent que la lumière chemine en ligne droite alors qu'on découvre qu'elle est déviée par les étoiles. Il est clair qu'un meilleur énoncé des lois de l'électricité devra contenir une interaction entre gravitation et électrodynamique afin de les rendre compatibles avec le principe d'équivalence.

Nous n'aurons notre théorie complète de la gravitation qu'après avoir étudié les modifications de l'électrodynamique, ainsi que des mécanismes d'émission, de réception et d'absorption des ondes gravitationnelles.

9.2 Dérivation covariante des tenseurs

Dans la leçon précédente, nous avons vu comment la notion de courbure de l'espace intervenait dans l'étude des mesures géométriques. Pour nous faire une meilleure idée de la façon dont la courbure quadri-dimensionnelle influence notre point de vue sur la physique, adoptons une approche plus conventionnelle, qui consiste à définir la courbure par l'effet que subit un vecteur lorsqu'on le déplace dans l'espace-temps. Revenons à notre monde à deux dimensions ; si l'on use des coordonnées euclidiennes plates, un champ de vecteur constant sera décrit par des composantes constantes. Dans un autre système de coordonnées, courbes, les composantes du champ de vecteur constant varieront généralement d'un point à un autre. Les coordonnées polaires en fournissent un exemple bien connu, puisque les composantes d'un vecteur constant F s'y écrivent :

$$\begin{aligned}(A\cos\theta + B\sin\theta) &= F_r,\\ (B\cos\theta - A\sin\theta) &= F_\theta.\end{aligned} \tag{9.2.1}$$

La première chose à faire, c'est de trouver les formules qui nous permettrons de comparer la différence, du point de vue de la physique, entre la valeur d'un tenseur en un point donné et sa valeur aux points voisins. Autrement dit, on cherche à décrire les variations d'un tenseur d'une manière qui ne dépende pas des changements de composantes dues aux choix des coordonnées. Par exemple, on voudrait comparer un vecteur en x^μ avec un autre vecteur, situé en $x^\mu + dx^\mu$, en déplaçant l'un des deux vecteurs jusqu'à l'autre point tout en le gardant constant (plus précisément, en le maintenant parallèle à lui-même).

Dans le cas d'une fonction scalaire, c'est-à-dire d'un tenseur de rang nul, cela ne pose aucun problème. Le gradient ordinaire se transforme selon

$$\frac{\partial \phi}{\partial x'^\nu} = \frac{\partial x^\sigma}{\partial x'^\nu}\frac{\partial \phi}{\partial x^\sigma}, \tag{9.2.2}$$

et le gradient d'un scalaire est donc un vecteur covariant. Toutefois, les gradients ordinaires de vecteurs ou de tenseurs de plus haut rang ne sont pas des tenseurs : leur loi de transformation contient des termes dépendants des aléas du système de coordonnées. On obtient la forme appropriée des dérivées en regardant ce qui se passe dans l'espace tangent. Puisque celui-ci est plat, les dérivées de composantes ne contiennent aucun terme dû à la courbure des coordonnées et les gradients de vecteurs, pris par rapport aux coordonnées plates, y sont des tenseurs. On en déduit la formule de ces tenseurs dans n'importe quel système de coordonnées en repassant de l'espace plat aux coordonnées générales par la transformation inverse. Comme de coutume, on le fera avec des développements limités. Les coordonnées primées représentant celles de l'espace plat, posons

$$\begin{aligned} x^\nu &= x'^\nu + \frac{1}{2}a^\nu{}_{\sigma\tau}x'^\sigma x'^\tau + \dots, \\ \frac{\partial x^\nu}{\partial x'^\mu} &= \delta^\nu_\mu + a^\nu{}_{\sigma\mu}x'^\sigma + \dots. \end{aligned} \tag{9.2.3}$$

En se restreignant au voisinage du point autour duquel on a pris le développement,

$$A_\mu(x) = \frac{\partial x^\nu}{\partial x'^\mu}A'_\nu(x').$$

Et puisqu'on peut réécrire les dérivées comme dans l'équation (9.2.3), il vient

$$A_\mu(x) = A'_\mu(x') + a^\nu_{\mu\lambda}x'^\lambda A'_\nu(x') + \dots. \tag{9.2.4}$$

Prenons maintenant le gradient de cette expression par rapport aux coordonnées générales, évalué à l'origine

$$\begin{aligned}\left(\frac{\partial A_\mu}{\partial x^\sigma}\right)_\circ &= \frac{\partial}{\partial x'^\tau}\left(A'_\mu(x') + a^\nu_{\mu\lambda} x'^\lambda A'_\nu(x')\right)_\circ \left(\frac{\partial x'^\tau}{\partial x^\sigma}\right)_\circ \\ &= \frac{\partial A'_\mu(x')}{\partial x'^\sigma} + a^\nu_{\mu\sigma} A'_\nu(x').\end{aligned} \tag{9.2.5}$$

Tous les termes linéaires en x' s'annulent car on a calculé le gradient à l'origine. On obtient ainsi une formule pour les « dérivées en espace plat », en fonction des coordonnées générales.

$$\left[\frac{\partial A_\mu}{\partial x^\sigma} - a^\nu_{\mu\sigma} A_\nu\right] = \frac{\partial A'_\mu}{\partial x'^\sigma} \tag{9.2.6}$$

Écrivons maintenant $a^\nu_{\mu\sigma}$ en termes du tenseur métrique afin d'obtenir la formule pour la « vraie » dérivée. Celle-ci est bien un tenseur, connu sous le nom de « dérivée covariante » du vecteur A. Pour distinguer la dérivation covariante du gradient, on la dénotera par un point-virgule :

$$A_{\mu;\tau} \equiv \frac{\partial A_\mu}{\partial x^\tau} - \Gamma^\sigma_{\mu\tau} A_\sigma. \tag{9.2.7}$$

La preuve du caractère tensoriel de cette grandeur est facile mais laborieuse. Il suffit d'effectuer la transformation des coordonnées à l'espace plat, de calculer vraiment la dérivée, puis de vérifier les lois de transformation. La règle pour la différentiation d'un vecteur contravariant est analogue :

$$A^\mu{}_{;\sigma} = \frac{\partial A^\mu}{\partial x^\sigma} + \Gamma^\mu_{\sigma\tau} A^\tau. \tag{9.2.8}$$

On le démontre facilement en partant de l'équation (9.2.7) et en montant ou descendant les indices à l'aide du tenseur métrique. Le réarrangement des tenseurs métriques produisent un signe opposé devant le terme en Γ. Voici la règle pour calculer la dérivée covariante d'un tenseur de rang supérieur :

$$T^{\mu\nu}{}_{\rho;\lambda} = \frac{\partial T^{\mu\nu}{}_\rho}{\partial x^\lambda} + \Gamma^\mu_{\lambda\sigma} T^{\sigma\nu}{}_\rho + \Gamma^\nu_{\lambda\sigma} T^{\mu\sigma}{}_\rho - \Gamma^\sigma_{\lambda\rho} T^{\mu\nu}{}_\sigma. \tag{9.2.9}$$

En d'autres termes, chaque indice engendre un terme supplémentaire contenant un Γ et le tenseur lui-même. Est-il nécessaire d'élaborer un moyen mnémotechnique ? Il n'y a qu'une seule possibilité pour l'altitude des indices, et la seule chose à retenir, c'est le signe + pour l'indice en haut et – pour l'indice en bas.

L'exemple le plus connu de telles transformations est la formule du rotationnel d'un vecteur en coordonnées sphériques. Ce type de formule fait toujours intervenir les dérivées ordinaires multipliées par les valeurs des composantes du vecteur.

Une relation supplémentaire concernant les dérivées covariantes pourra nous être utile : on montre facilement que la dérivée covariante du tenseur métrique est nulle,

$$g^{\mu\nu}{}_{;\sigma} = 0, \tag{9.2.10}$$

et on en déduit la règle suivante pour la dérivée covariante d'un produit :

$$(A^\mu B^\nu)_{;\sigma} = A^\mu B^\nu{}_{;\sigma} + A^\mu{}_{;\sigma} B^\nu. \tag{9.2.11}$$

Pour donner la preuve de ce type d'identité entre grandeurs tensorielles, on peut toujours choisir un système de coordonnées qui nous facilite la tâche. En effet, les tenseurs sont des objets mathématiques construits de telle manière qu'une identité tensorielle dont on a fait la preuve avec des coordonnées particulières est valable dans tous les systèmes de coordonnées. La dernière équation est facile à démontrer, en passant dans l'espace tangent où la dérivée covariante s'identifie à la dérivée ordinaire.

Un des effets de la courbure est que les dérivées covariantes ne commutent pas. On le vérifie explicitement, dans le cas général, par l'utilisation successive de l'équation (9.2.9). La première étape nous donne

$$\begin{aligned} A^\mu{}_{;\sigma;\tau} &= [A^\mu{}_{;\sigma}]_{;\tau} \\ &= \frac{\partial [A^\mu{}_{;\sigma}]}{\partial x^\tau} + \Gamma^\mu_{\tau\lambda}[A^\lambda{}_{;\sigma}] - \Gamma^\lambda_{\sigma\tau}[A^\mu{}_{;\lambda}] \end{aligned} \tag{9.2.12}$$

et la seconde

$$\begin{aligned} A^\mu{}_{;\sigma;\tau} = {} & \frac{\partial^2 A^\mu}{\partial x^\tau \partial x^\sigma} + \frac{\partial}{\partial x^\tau}\left(\Gamma^\mu_{\sigma\lambda} A^\lambda\right) \\ & + \Gamma^\mu_{\tau\lambda}\left(\frac{\partial A^\lambda}{\partial x^\sigma} + \Gamma^\lambda_{\sigma\rho} A^\rho\right) - \Gamma^\lambda_{\sigma\tau}\left(\frac{\partial A^\mu}{\partial x^\lambda} + \Gamma^\mu_{\lambda\rho} A^\rho\right). \end{aligned} \tag{9.2.13}$$

La non-commutation des dérivations covariantes apparaît lorsqu'on calcule la différence

$$A^{\mu}{}_{;\sigma\tau} - A^{\mu}{}_{;\tau\sigma} = \left[\Gamma^{\mu}_{\sigma\rho,\tau} - \Gamma^{\mu}_{\tau\rho,\sigma} + \Gamma^{\mu}_{\tau\lambda}\Gamma^{\lambda}_{\rho\sigma} - \Gamma^{\mu}_{\sigma\lambda}\Gamma^{\lambda}_{\rho\tau}\right] A^{\rho}. \quad (9.2.14)$$

Le terme en facteur de A^{ρ} est forcément un tenseur, puisque l'on a, à gauche, la différence entre deux tenseurs. Ce terme est justement le tenseur de courbure, de sorte que

$$A^{\mu}{}_{;\sigma\tau} - A^{\mu}{}_{;\tau\sigma} = R^{\mu}{}_{\rho\sigma\tau} A^{\rho}. \quad (9.2.15)$$

9.3 Transport parallèle d'un vecteur

Le fait que c'est le tenseur de courbure qui relie les doubles dérivées covariantes nous ouvre la voie vers une autre vision géométrique de la courbure. La non-commutativité des dérivées secondes donne la limite de la différence entre le vecteur obtenu par un déplacement selon σ suivi d'un déplacement selon τ et le vecteur transporté d'abord le long de τ puis le long de σ. Dans des coordonnées plates, cela ne fait aucune différence pour un vecteur constant. Si l'espace correspondant est courbe, alors l'ordre des déplacements conduit à un vecteur différent. En physique, l'importance de ces remarques devient évidente dès lors qu'on comprend qu'on ne peut pas définir un champ de vecteur « vraiment constant », à moins de le définir comme un champ de vecteur dont les dérivées sont nulles dans l'espace tangent.

La géométrie sphérique illustre bien la façon dont la courbure est mise en évidence par le transport d'un vecteur maintenu parallèle à lui-même sur la surface. Imaginons que l'on déplace un petit vecteur depuis le pôle Nord jusqu'à l'équateur, puis le long de l'équateur jusqu'à former un angle θ, puis qu'on le ramène au pôle Nord, comme sur la figure 9.1, tout cela en le maintenant parallèle à lui-même, c'est-à-dire, ici, en s'assurant qu'il pointe toujours vers le pôle Sud. Une fois de retour au pôle Nord, on s'aperçoit que le vecteur a tourné d'un angle θ. La courbure K d'une surface est définie en termes de l'angle dont le vecteur a tourné après avoir parcouru un chemin fermé infinitésimal. Pour une surface,

$$\delta\theta = (\text{aire intérieure}) \cdot K. \quad (9.3.1)$$

Pour un triangle sur une surface sphérique, cet angle vaut justement l'excédent (par rapport à $180°$) de la somme des angles du triangle. Pour une surface sphérique, la courbure K s'écrit simplement $1/R^2$.

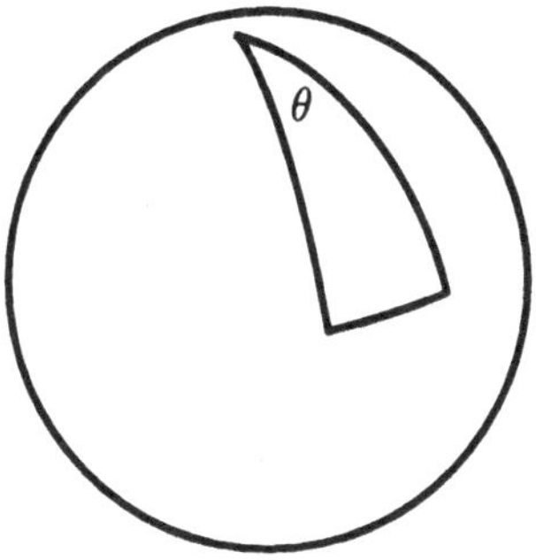

Figure 9.1

La généralisation en plus haute dimension de la définition de la courbure s'effectue en termes de modification d'un vecteur que l'on transporte parallèlement à lui-même le long d'un chemin fermé. Puisque l'orientation d'un chemin sur un plan dépend de deux axes de coordonnées, on voit que la courbure aura les propriétés d'un tenseur de rang quatre. Dans un espace tri-dimensionnel, on peut fabriquer une surface sphérique en s'éloignant « radialement » d'un point choisi comme centre, en suivant les géodésiques (les chemins les plus courts) jusqu'à une distance donnée. Les composantes de la courbure le long de directions différentes correspondraient à l'écart minuscule, par rapport à la valeur 2π, des longueurs des grands cercles de la surface sphérique.

Pour visualiser cela en termes d'un espace plus simple plongé dans un autre, de plus haute dimension, il faut ajouter une dimension à chaque composante indépendante du tenseur métrique. Pour les espaces bi-dimensionnels, la métrique possède trois composantes : trois dimensions suffisent. Pour un espace tri-dimensionnel, il y a six composantes indépendantes au tenseur métrique, contre dix en dimension quatre.

La définition des composantes de la courbure en termes de modifications d'un vecteur transporté parallèlement autour d'une boucle est plus générale que celle qui s'appuie sur les défauts des circonférences, car celle-ci n'illustre pas tous les aspects de la courbure.

Le lien avec les dérivées secondes covariantes se calcule aisément en prenant des transports parallèles successifs. Le long du chemin de la figure 9.2, la différence entre le vecteur au départ et après un tour s'écrit

$$\delta^2 A^\mu = R^\mu{}_{\nu\sigma\tau} A^\nu \Delta_1 x^\sigma \Delta_2 x^\tau. \tag{9.3.2}$$

Puisque la courbure est un tenseur antisymétrique en (σ, τ), on peut remplacer les produits bilinéaires $\Delta_1 x^\sigma \Delta_2 x^\tau$ par $1/2(\Delta_1 x^\sigma \Delta_2 x^\tau - \Delta_1 x^\tau \Delta_2 x^\sigma)$, qui représente la moitié des composantes de l'aire du parallélogramme. La signification des indices du tenseur est facile à expliquer en quelques mots : lorsque l'on transporte un vecteur le long d'une petite boucle dans le plan $(\sigma\tau)$, la variation de la composante μ du vecteur est proportionnelle à la somme des autres composantes A^ν, $R^\mu{}_{\nu\tau\sigma} A^\nu$, et à l'aire de la boucle.

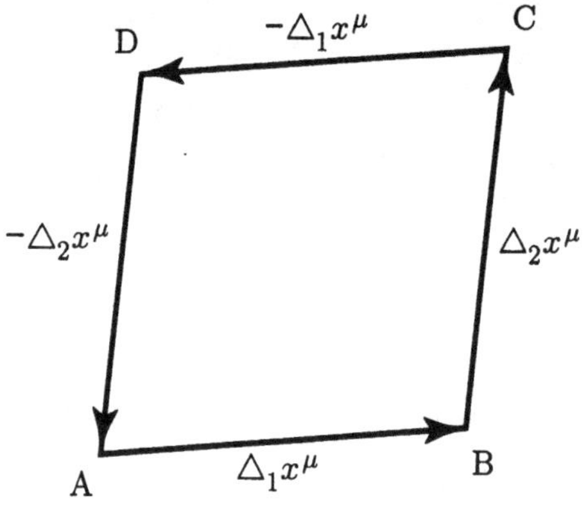

Figure 9.2

Nous avons beaucoup parlé de transport des vecteurs maintenus parallèles à eux-mêmes sans vraiment préciser le concept en termes mathématiques. Intuitivement, cela implique que l'on déplace ensemble le haut et le bas de la flèche le long d'une ligne droite, c'est-à-dire une géodésique. La définition mathématique sera plus facile à comprendre à partir de l'équation des géodésiques

$$\frac{d^2 x^\mu}{ds^2} = -\Gamma^\mu_{\nu\sigma} \frac{dx^\nu}{ds} \frac{dx^\sigma}{ds}. \tag{9.3.3}$$

Le vecteur (dx^μ/ds) représente une vitesse tangentielle, Δt^μ, le long de la géodésique, la « ligne droite physique ». La dérivée seconde

(d^2x^μ/ds^2) représente la variation de cette vitesse sur un intervalle de temps Δs.

$$\Delta s \left(\frac{d^2x^\mu}{ds^2}\right) = \Delta t^\mu = -\Gamma^\mu_{\nu\sigma} t^\nu \Delta x^\sigma . \tag{9.3.4}$$

La variation est proportionnelle au vecteur lui-même, t^ν, et aux déplacements Δx^σ. La définition du transport parallèle est analogue : on dira que le vecteur A'^μ est le résultat du déplacement de A^μ parallèlement à lui-même si

$$A'^\mu = A^\mu + \delta A^\mu$$

où

$$\delta A^\mu = -\Gamma^\mu_{\sigma\nu} A^\sigma \Delta x^\nu . \tag{9.3.5}$$

On montre facilement que les relations entre un ensemble de vecteurs que l'on transporte parallèlement le long d'une boucle fermée restent inchangées de sorte que tout l'espace défini par un ensemble de vecteurs tourne à mesure que l'on parcourt la boucle ; c'est là tout le changement qu'induisent ces déplacements. On en apporte la preuve en montrant que les scalaires invariants

$$B^\mu A^\nu g_{\mu\nu} \tag{9.3.6}$$

ne sont pas modifiés. Cela implique que la longueur des vecteurs, ainsi que les angles qu'ils forment entre eux, sont préservés. La seule modification autorisée ressemble à une rotation rigide de tout l'espace.

Il est possible que la courbure locale ne suffise pas à définir complètement les propriétés topologiques de l'espace. Par exemple, nous avons déduit que la longueur des vecteurs et les angles qu'ils forment entre eux sont préservés lorsqu'on translate un espace parallèlement à lui-même. Toutefois, cela n'exclut pas qu'une réflexion s'ajoute, sur des chemins fermés macroscopiques, à la rotation rigide. Un exemple bi-dimensionnel de telles réflexions (il s'agit nécessairement d'une surface non-orientable) est celui du ruban de Möbius (*cf.* figure 9.3). Prenons deux vecteurs, l'un parallèle et l'autre perpendiculaire à la ligne centrale du ruban de Möbius, et faisons le tour du ruban en partant de la gauche de la ligne verticale en pointillés de la figure 9.3 : on ne retrouve pas le même espace. Celui-ci a subi, en plus de la rotation rigide, une réflexion due à la torsion de la surface.

Maintenant que nous disposons d'une définition du transport parallèle d'un vecteur, nous pouvons nous atteler au calcul du tenseur de

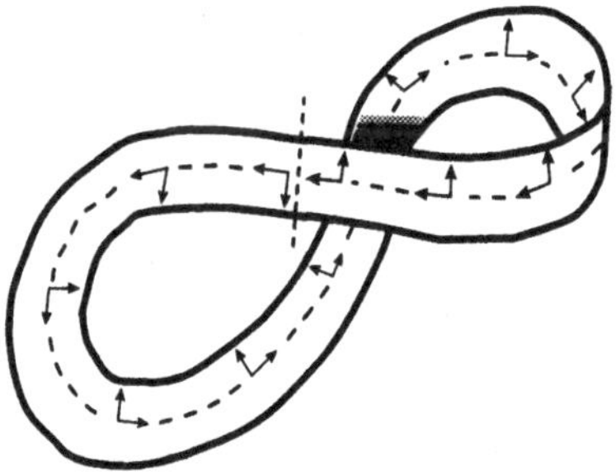

Figure 9.3

courbure en suivant le chemin $ABCD$ de la figure 9.2. Les différences du vecteur à chaque déplacement infinitésimal sont données par les symboles de Christoffel Γ. Or, puisque ce ne sont pas exactement les mêmes le long de (AB) et de (CD), bien que les déplacements soient opposés, le vecteur ne revient pas à sa valeur initiale. On comprend ainsi comment les gradients des symboles de Christoffel jouent leur rôle. Les calculs détaillés mènent à l'expression (9.2.14).

On montre que le tenseur de courbure satisfait à l'identité de Bianchi

$$R^{\mu}{}_{\sigma\alpha\beta;\gamma} + R^{\mu}{}_{\sigma\beta\gamma;\alpha} + R^{\mu}{}_{\sigma\gamma\alpha;\beta} = 0. \tag{9.3.7}$$

Je ne saurais donner, comme ça, la signification géométrique de l'identité de Bianchi. L'une des équations bien connues de l'électrodynamique admet une écriture semblable, exception faite du nombre de dimensions. En fonction du potentiel, le tenseur du champ s'écrit

$$F_{\mu\nu} = \frac{\partial A_\mu}{\partial x^\nu} - \frac{\partial A_\nu}{\partial x^\mu}. \tag{9.3.8}$$

Autrement dit, $F_{\mu\nu}$ est le rotationnel d'un certain vecteur. Mais les propriétés de $F_{\mu\nu}$ qui découlent du fait que c'est un rotationnel sont aussi bien décrites par l'identité

$$F_{\mu\nu,\sigma} + F_{\nu\sigma,\mu} + F_{\sigma\mu,\nu} = 0, \tag{9.3.9}$$

dont la forme est analogue à l'identité de Bianchi. On relie les propriétés du rotationnel à une intégrale de chemin grâce au théorème de Stokes,

$$\oint_\Gamma \vec{G} \cdot d\vec{r} = \int \left(\vec{\nabla} \wedge \vec{G} \right) \cdot d\vec{S}, \tag{9.3.10}$$

où la seconde intégrale est une intégrale de surface sur n'importe quelle surface bornée par le chemin Γ.

Dans le cas de la gravitation, l'analogie serait la suivante : l'intégrale de chemin représente les modifications d'un vecteur que l'on a déplacé parallèlement à lui-même le long du chemin fermé Γ. On peut relier cette variation globale à une intégrale sur une hypersurface bidimensionnelle quelconque pourvu qu'elle soit bordée par Γ. On démontre cette relation de la même manière que le théoème de Stokes, en divisant la surface finie en petits éléments infinitésimaux, comme l'illustre la figure 9.4. On prouve ensuite que la somme des contributions de chaque petit élément est équivalent à l'intégrale de chemin. Ainsi vue comme l'analogue de cet exemple en plus haute dimension, on comprend mieux le rôle que joue l'identité de Bianchi dans la description de la nature de la courbure de l'espace.

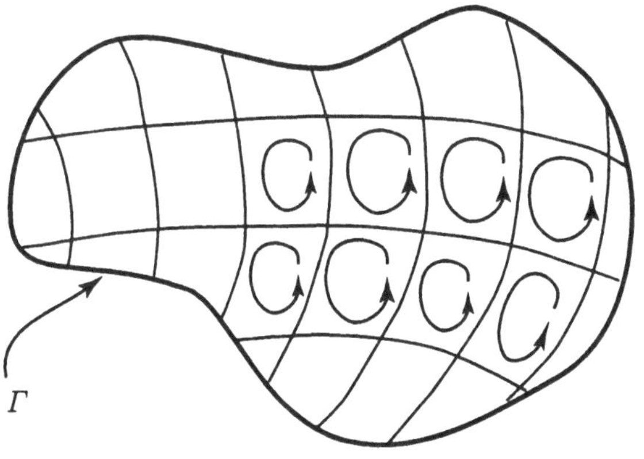

Figure 9.4

9.4 Lien entre courbure et matière

Nous avons vu comment notre interprétation géométrique permet de décrire les effets de la gravitation en termes du tenseur de courbure $R^{\mu}{}_{\nu\sigma\tau}$. Tout ce qu'il nous reste à faire, c'est de relier ce tenseur de courbure aux sources du champ gravitationnel, matière et énergie. Commençons par contracter le premier indice avec le dernier pour fabriquer le tenseur de Ricci

$$R_{\nu\sigma} = R^{\mu}{}_{\nu\sigma\mu}. \tag{9.4.1}$$

C'est la seule façon de contracter les indices du tenseur de courbure une seule fois. Ensuite, la loi de conservation de l'énergie et de l'impulsion nous indique que la dérivée covariante contractée, c'est-à-dire la divergence covariante du tenseur énergie-impulsion, doit être nulle.

On cherche donc une forme contenant le tenseur de Ricci et dont la contraction avec la dérivée covariante soit identiquement nulle. On obtient la réponse en contractant deux fois de suite l'identité de Bianchi (9.4.2). La contraction des indices $(\mu\beta)$ conduit à une expression contenant le tenseur de Ricci :

$$R_{\sigma\alpha;\gamma} - R_{\sigma\gamma;\alpha} + R^{\mu}_{\sigma\gamma\alpha;\mu} = 0. \tag{9.4.2}$$

En contractant les indices (σ, α), il vient

$$R_{;\gamma} - R^{\sigma}{}_{\gamma;\sigma} - R^{\mu}{}_{\gamma;\mu} = 0. \tag{9.4.3}$$

Ainsi, la grandeur tensorielle dont la divergence covariante est nulle sera

$$\left(R^{\mu}{}_{\gamma} - \frac{1}{2}g^{\mu}{}_{\gamma}R\right)_{;\mu} = 0. \tag{9.4.4}$$

C'est Einstein qui eut l'idée de proposer que cette expression soit justement le tenseur énergie-impulsion. Pour l'écrire sous la même forme qu'Einstein, on élève un indice afin d'avoir des composantes doublement contravariantes :

$$\begin{aligned} G^{\mu\nu} &= R^{\mu\nu} - \frac{1}{2}g^{\mu\nu}R = \lambda^2 T^{\mu\nu}, \\ G^{\mu\nu}{}_{;\nu} &= 0. \end{aligned} \tag{9.4.5}$$

L'équation (9.4.5) est la loi complète de la gravitation d'Einstein, point de départ de notre travail. On appelle souvent $G^{\mu\nu}$ le « tenseur d'Einstein ».

Maintenant qu'on a relié le tenseur énergie-impulsion au tenseur de courbure, une question intéressante se pose : notre intuition nous dicte que dans un espace dénué de matière et d'énergie, la métrique devrait être celle d'un espace plat, c'est-à-dire la métrique de Minkowski de la relativité restreinte. Or, on trouve des solutions telles que

$$T_{\mu\nu} = 0 \quad \text{partout, mais avec} \quad R^{\sigma}{}_{\rho\tau\nu} \neq 0. \tag{9.4.6}$$

La plus intéressante (parce qu'indépendante du temps) est due à A. Taub. Il existe certainement d'autres solutions de ce problème ; on peut donc se demander si l'on peut avoir de la gravitation en l'absence de sources.

La réponse sera probablement semblable à celle de la question correspondante en électrodynamique. Si l'on autorise les dépendances temporelles, les équations permettent la présence de champs en l'absence de sources (c'est-à-dire des ondes). Toutefois, on a toujours considéré les rayonnements comme ayant été émis par des sources chargées sans jamais rencontrer la moindre difficulté physique. On peut, par exemple, construire des champs statiques, découlant des potentiels

$$\begin{aligned} \phi &= x, \\ \phi &= x^2 + y^2 - 2z^2, \end{aligned} \tag{9.4.7}$$

qui n'ont pas de divergence, c'est-à-dire pas de sources. Toutefois, l'interprétation habituelle veut que ces champs soient dûs à des charges situées hors d'un certain volume à l'intérieur duquel l'équation (9.4.7) est valable ; pour augmenter le volume au sein duquel ces solutions sont valables sans les rendre caduques, il faut autoriser la présence d'un nombre croissant de charges à l'extérieur.

Sans avoir vérifié le détail de la solution de A. Taub, je soupçonne qu'il a dû faire face à une situation semblable. Pour expliquer les courbures en l'absence de matière, il faut, pour des solutions qui ont une interprétation physique claire sur de petites régions de l'espace, prendre la limite où ces régions deviennent infinies. Le prix à payer est qu'on retarde indéfiniment l'explication concernant la quantité croissante de matière « extérieure ».

LEÇON 10

10.1 Équations du champ pour la gravitation

Nous avons découvert un tenseur, appelé « tenseur de courbure », défini par le changement que subissent les vecteurs lorsqu'ils sont transportés dans notre espace. S'agissant d'un tenseur, il peut servir à fabriquer des grandeurs utiles pour écrire des équations covariantes. Écrire simplement ces équations ne nous apporte pas grand chose : encore faut-il préciser le lien entre ces équations et le monde réel. Ce que fit Einstein fut tout bonnement de deviner ce lien. Il est impossible de le déduire de principes plus fondamentaux. Chaque proposition possède ses propres caractéristiques et l'on pourrait toujours, après coup, trouver un critère qui rende le choix d'Einstein unique, mais ce n'est pas du jeu.

L'indication physique qui pourrait nous aider c'est que la gravitation se couple à la densité d'énergie. Or, en relativité, la densité d'énergie est la composante (44) d'un tenseur de rang deux. C'est donc un tenseur de rang deux qui doit apparaître dans les équations. La courbure est un tenseur de rang quatre : on le contracte donc une fois et l'on utilise le tenseur de Ricci. La première intuition d'Einstein fut d'identifier le tenseur énergie-impulsion au tenseur de Ricci, $\lambda^2 T_{\mu\nu} = R_{\mu\nu}$. Mais il y avait une autre possibilité : celle d'ajouter au tenseur de Ricci un multiple du scalaire de courbure R (obtenu comme la contraction du tenseur de Ricci). C'est ce qu'Einstein choisit finalement :

$$R_{\mu\nu} - \frac{1}{2} g_{\mu\nu} R = \lambda^2 T_{\mu\nu}. \qquad (10.1.1)$$

Il y avait une bonne raison de faire ce choix : la divergence covariante de l'équation (10.1.1) est identiquement nulle. Cela implique que la loi de conservation de l'énergie-impulsion est simplement une conséquence de l'équation (10.1.1). Si l'on s'était contenté d'identifier le tenseur énergie-impulsion au seul tenseur de Ricci, alors la loi de conservation de l'énergie aurait dû être un postulat physique, une condition supplémentaire qui impose plus d'information et laisse moins de liberté. Tels quels, les tenseurs métriques ne sont pas uniques ; on a la liberté de choisir quatre fonctions, correspondant à celles qui décrivent une transformation générale des coordonnées. Puisque la loi de conservation de l'énergie est une identité, ces quatre fonctions de la métrique sont vraiment libres.

Le choix d'Einstein décrit-il bien la nature ? Comment obtient-on $T^{\mu\nu}$? Quelle est la signification des équations et de la courbure ? Pour répondre à toutes ces questions, jouons un petit peu avec les équations. Avant tout, cherchons à comprendre leur relations avec le reste de la physique et avec les principes variationnels.

Pour écrire une action relativiste, il nous faut une intégrale qui soit un scalaire invariant. On choisit, pour le champ gravitationnel, l'action

$$S_{\mathrm{g}} = -\frac{1}{2\lambda^2} \int d^4x \; R\sqrt{-g}. \tag{10.1.2}$$

On utilisera désormais l'abréviation $d^4x = dx\,dy\,dz\,dt$. L'action S_{g} est un scalaire parce que R est un scalaire, de même que $\sqrt{-g}d^4x$. Cela se démontre en partant du fait que le temps propre est un scalaire invariant.

$$(ds)^2 = g_{\mu\nu}dx^{\mu}dx^{\nu} \tag{10.1.3}$$

$g_{\mu\nu}$ étant un tenseur symétrique, on peut toujours faire une rotation pour la rendre diagonale. Dans ce cas,

$$(ds)^2 = D(dt)^2 - C(dz)^2 - B(dy)^2 - A(dx)^2. \tag{10.1.4}$$

Nous voyons alors que l'élément de volume d^4x n'est pas un invariant ; l'élément de volume invariant s'écrit

$$\sqrt{ABCD}dx'dy'dz'dt' = \sqrt{-g'}d^4x', \tag{10.1.5}$$

où $g' = \mathrm{Det}\, g'_{\mu\nu}$. Sous des transformations orthogonales, $d^4x = d^4x'$ et $\mathrm{Det}\, g_{\mu\nu} = \mathrm{Det}\, g'_{\mu\nu}$, d'où l'expression générale de l'élément de volume invariant :

$$\sqrt{-g}\, d^4x. \tag{10.1.6}$$

La grandeur $\sqrt{-g}$ est une densité scalaire. Cela signifie que, sous une transformation des coordonnées, elle se voit multipliée par le jacobien de la transformation :

$$\sqrt{-g'} = \left|\frac{\partial x^\mu}{\partial x'^\nu}\right| \sqrt{-g}. \tag{10.1.7}$$

Le tenseur de courbure apparaît lorsque l'on fait varier S_g par rapport à $g_{\mu\nu}$:

$$\frac{\delta S_\mathrm{g}}{\delta g_{\mu\nu}} = \frac{1}{2\lambda^2}\sqrt{-g}\left(R^{\mu\nu} - \frac{1}{2}g^{\mu\nu}R\right). \tag{10.1.8}$$

C'est pour cette raison que l'on peut utiliser l'intégrale de R comme action pour la partie gravitationnelle de notre problème.

Je signalerai que, du fait que le tenseur énergie-impulsion provient d'un principe variationnel, sa divergence covariante est nécessairement nulle (ce point fut souligné pour la première fois par Eddington, il me semble). Nous avons vu le lien dans l'autre sens : c'est-à-dire que l'on peut déduire un principe variationnel sous réserve de partir d'un tenseur de divergence nulle. Les preuves que l'on propose ne sont pas rigoureuses, mais nous ne nous soucions pas trop de rigueur : seuls les faits nous importent, pas leurs preuves. Les preuves sont utiles parce qu'elles fournissent de bons exercices. Si les faits sont exacts, alors les preuves ne sont plus qu'une histoire de manipulation correcte de l'algèbre.

On veut montrer que si la fonctionnelle

$$S_\mathrm{g} = \int d^4x\, \Sigma[g_{\mu\nu}] \tag{10.1.8'}$$

est invariante sous les transformations des coordonnées, alors la divergence covariante de la variation de S_g par rapport à $g_{\mu\nu}$ est identiquement nulle. Sous la transformation infinitésimale vers les coordonnées primées, $x^\mu \to x'^\mu$,

$$x^\mu = x'^\mu + h^\mu(x'), \tag{10.1.9}$$

et la transformation de $g_{\mu\nu}$ est donnée par

$$g_{\mu\nu}(x) \to g'_{\mu\nu}(x') = g_{\mu\nu}(x') + h^\alpha{}_{,\nu}g_{\mu\alpha}(x') + h^\alpha{}_{,\mu}g_{\nu\alpha}(x') + h^\alpha g_{\mu\nu,\alpha}(x'). \tag{10.1.10}$$

En termes des nouvelles coordonnées et si l'on oublie le prime après intégration des variables, l'action invariante s'écrit

$$\begin{aligned} S_{\mathrm{g}} &= \int d^4x\, \Sigma[g'_{\mu\nu}] \\ &= \int d^4x\, \Sigma[g_{\mu\nu}] + \int d^4x\, \frac{\delta\Sigma}{\delta g_{\mu\nu}}(h^{\alpha}{}_{,\nu} g_{\mu\alpha} + h^{\alpha}{}_{,\mu} g_{\nu\alpha} + h^{\alpha} g_{\mu\nu,\alpha}). \end{aligned} \tag{10.1.11}$$

Le second terme de cette expression, lorsqu'on intègre par parties, donne une expression faisant intervenir les dérivées fonctionnelles de la fonction Σ. On la pose égale à zéro, sachant que la transformation de l'action doit être nulle quel que soit h^{α}, du fait des propriétés de Σ :

$$\frac{\partial}{\partial x^{\mu}}\left[\frac{\delta\Sigma}{\delta g_{\mu\nu}} g_{\nu\alpha}\right] - \frac{1}{2}\frac{\delta\Sigma}{\delta g_{\mu\nu}}\frac{\partial g_{\mu\nu}}{\partial x^{\alpha}} = 0. \tag{10.1.12}$$

Notons $\mathcal{G}^{\mu\nu}$ la variation de $2\lambda^2 S_g$ par rapport à $g_{\mu\nu}$:

$$\mathcal{G}^{\mu\nu} = 2\lambda^2 \frac{\delta S_{\mathrm{g}}}{\delta g_{\mu\nu}}. \tag{10.1.13}$$

La grandeur $\mathcal{G}^{\mu\nu}$ est une *densité* de tenseur contravariant de rang deux. Avec cette définition, l'équation (10.1.12) devient

$$(g_{\alpha\mu}\mathcal{G}^{\mu\nu})_{,\nu} - \frac{1}{2} g_{\mu\nu,\alpha}\mathcal{G}^{\mu\nu} = 0, \tag{10.1.14}$$

ce qui équivaut à dire que la divergence covariante de $\mathcal{G}^{\mu\nu}$ est nulle :

$$\mathcal{G}^{\mu\nu}{}_{;\nu} = 0. \tag{10.1.15}$$

Regroupons ici quelques formules qui s'avèrent utiles dans certaines démonstrations et qui nous servirons par la suite. Tout d'abord, on calcule la valeur des contractions des symboles de Christoffel (les Γ) en partant de leur définition :

$$\Gamma^{\mu}_{\epsilon\mu} = g^{\mu\sigma}[\mu\epsilon, \sigma] = \frac{1}{2} g^{\mu\sigma}[g_{\sigma\mu,\epsilon} + g_{\sigma\epsilon,\mu} - g_{\mu\epsilon,\sigma}]. \tag{10.1.16}$$

Les deuxième et troisième termes s'annulent car $g_{\mu\nu}$ est symétrique. Le terme restant n'est que le produit de la matrice inverse $g^{\mu\nu}$ avec le gradient de $g_{\mu\nu}$. Un théorème bien connu sur les déterminants relie la matrice $M^{\mu\nu}$ constituée des mineures de la transposée de $g_{\mu\nu}$ à son inverse par

$$g^{\mu\nu} = M^{\mu\nu}/g \tag{10.1.17}$$

de sorte que

$$g_{,\lambda} = g_{\mu\nu,\lambda} M^{\mu\nu} = g_{\mu\nu,\lambda} g^{\mu\nu} g. \tag{10.1.18}$$

Ainsi,

$$g^{\mu\nu} g_{\mu\nu,\lambda} = [\log(-g)]_{,\lambda} \tag{10.1.19}$$

et le symbole de Christoffel contracté s'écrit finalement

$$\Gamma^{\mu}_{\epsilon\mu} = [\log \sqrt{-g}]_{,\epsilon} = \frac{1}{\sqrt{-g}} (\sqrt{-g})_{,\epsilon}. \tag{10.1.20}$$

Voici d'autres formules utiles pour les calculs de divergences covariantes. Pour une fonction scalaire, les gradients covariants sont les mêmes que les gradients ordinaires.

$$\phi_{;\nu} = \phi_{,\nu} \tag{10.1.21}$$

Pour un vecteur contravariant, la divergence covariante s'écrit

$$A^{\nu}{}_{;\nu} = \frac{1}{\sqrt{-g}} (\sqrt{-g} A^{\nu})_{,\nu}. \tag{10.1.22}$$

Le rotationnel covariant est le même que le rotationnel ordinaire :

$$A_{\mu;\nu} - A_{\nu;\mu} = A_{\mu,\nu} - A_{\nu,\mu}. \tag{10.1.23}$$

Pour les tenseurs de rang deux, les réponses dépendent de la symétrie des indices. Les tenseurs antisymétriques vérifient

$$F^{\mu\nu}{}_{;\nu} = \frac{1}{\sqrt{-g}} (\sqrt{-g} F^{\mu\nu})_{,\nu} \quad \text{si} \quad F^{\mu\nu} = -F^{\nu\mu}, \tag{10.1.24a}$$

et les tenseurs symétriques

$$T^{\nu}{}_{\mu;\nu} = \frac{1}{\sqrt{-g}} (T^{\nu}{}_{\mu} \sqrt{-g})_{,\nu} - \frac{1}{2} g_{\alpha\beta,\mu} T^{\alpha\beta} \quad \text{si} \quad T^{\mu\nu} = T^{\nu\mu}. \tag{10.1.24b}$$

Avec ces formules, on vérifie aisément que les équations (10.1.14) et (10.1.15) sont équivalentes. Ainsi, on voit que l'invariance de l'action engendre une densité tensorielle dont la divergence est automatiquement nulle. Puisque la dérivée covariante du tenseur métrique $g_{\mu\nu}$ s'annule, alors la dérivée covariante $(\sqrt{-g})_{;\lambda}$ s'annule aussi. (Notons bien que la dérivée ordinaire $(\sqrt{-g})_{,\lambda}$ n'est pas la même car $\sqrt{-g}$ est une densité et non pas un scalaire.) Le tenseur associé à la densité tensorielle $\mathcal{G}^{\mu\nu}$ est aussi de divergence nulle :

$$G^{\mu\nu} = \mathcal{G}^{\mu\nu}/\sqrt{-g}, \qquad G^{\mu\nu}{}_{;\nu} = 0. \tag{10.1.25}$$

Dans la même veine, précisons un point qui n'est qu'un détail mais qui peut s'avérer délicat. Dans la leçon 6, nous avons travaillé avec des équations fonctionnelles (comme par exemple l'équation (6.2.3)) de même forme que l'équation (10.1.2). Or, les solutions de ces équations sont des *densités* tensorielles, pas des tenseurs. La densité $\mathcal{T}^{\mu\nu}$ du tenseur énergie-impulsion satisfait à l'équation

$$\mathcal{T}^{\mu\nu}{}_{,\nu} = -\Gamma^{\mu}_{\alpha\beta}\mathcal{T}^{\alpha\beta}, \tag{10.1.26}$$

où

$$\mathcal{T}^{\mu\nu} = \sqrt{-g}T^{\mu\nu},$$

mais le tenseur énergie-impulsion $T^{\mu\nu}$, lui, obéit à

$$T^{\mu\nu}{}_{,\nu} = -\Gamma^{\mu}_{\alpha\beta}T^{\alpha\beta} - \frac{1}{2g}g_{,\alpha}T^{\mu\alpha}. \tag{10.1.27}$$

10.2 L'action de particules classiques dans un champ gravitationnel

Voyons maintenant comment écrire une loi physique générale qui ne décrive pas seulement les champs gravitationnels mais aussi la matière. On supposera qu'elle peut découler d'un principe de moindre action, l'énoncé mathématique correspondant étant que la variation de l'action est nulle :

$$\delta S = \delta \int d^4x\ \mathcal{L}[g_{\mu\nu}, A_\mu, \ldots] = 0. \tag{10.2.1}$$

La densité de lagrangien $\mathcal{L}$ contient plusieurs sortes de champs, comme le tenseur du champ gravitationnel $g_{\mu\nu}$, le champ électromagnétique

A_μ et, pour de la matière scalaire, un champ de matière scalaire ϕ. La variation de cette action par rapport aux différents champs fournit leurs équations de propagation. Nous disposons déjà d'une partie de cette action ; dénotons par S_m la partie restante qui dépend des champs de matière, des champs électromagnétiques A_μ et de tous les autres champs que l'on connaît. La variation de l'action

$$S = S_\mathrm{g} + S_\mathrm{m} = -\frac{1}{2\lambda^2}\int d^4x\,\sqrt{-g}R + S_\mathrm{m} \tag{10.2.2}$$

par rapport à $g_{\mu\nu}$ conduit à l'équation

$$\frac{\delta S_\mathrm{g}}{\delta g_{\mu\nu}} = \frac{1}{2\lambda^2}\sqrt{-g}\left[R^{\mu\nu} - \frac{1}{2}g^{\mu\nu}R\right] = -\frac{\delta S_\mathrm{m}}{\delta g_{\mu\nu}}. \tag{10.2.3}$$

Si $T^{\mu\nu}$ est la source du champ gravitationnel, alors la densité de tenseur énergie-impulsion de la matière, $\mathcal{T}^{\mu\nu}$, doit s'identifier à la dérivation fonctionnelle de S_m :

$$\mathcal{T}^{\mu\nu} = -2\frac{\delta S_\mathrm{m}}{\delta g_{\mu\nu}}. \tag{10.2.4}$$

Prenons quelques exemples de ce qu'est $T^{\mu\nu}$. Il est capital de pouvoir calculer $T^{\mu\nu}$ par le biais d'autres principes physiques afin de relier les champs aux autres objets sans quoi notre théorie de la gravitation ne vaut plus rien.

Il existe certaines conditions à satisfaire qui sont semblables à celles de l'électromagnétisme. Pour résoudre les équations de Maxwell, nous avons besoin des courants. Ceux-ci doivent être des courants conservés et pas n'importe quels courants. Les courants s'obtiennent par la résolution de certains problèmes physiques obéïssant à quelque loi particulière, comme la loi d'Ohm, la loi de Hooke ou l'équation de Schrödinger, selon le système considéré. Sans ces autres lois, la théorie de l'électromagnétisme serait inutile et vide de sens.

Pour la gravitation, cela se complique un petit peu. Le tenseur $T^{\mu\nu}$ fait intervenir le mouvement de la matière, et il nous faut donc la loi à laquelle elle obéit, loi d'Ohm ou loi de Hooke, entre autres. Mais $T^{\mu\nu}$ contient aussi les champs de gravitation $g_{\mu\nu}$, ce qui corse beaucoup plus le problème qu'en électromagnétisme. Sauf dans le vide, on ne sait généralement pas écrire le bon $T^{\mu\nu}$, à l'exception de situations qu'on aurait déjà analysées complètement. La difficulté vient de ce qu'un $T^{\mu\nu}$

quelconque ne résout généralement pas le problème, excepté pour certains cas particuliers de la métrique $g_{\mu\nu}$. La solution relativiste complète devrait valoir indépendamment du choix des coordonnées et de leur courbure. Même dans des situations très simples, on ne sait par où commencer pour écrire le bon $T^{\mu\nu}$. On ne connaît pas le $T^{\mu\nu}$ pour une tige tournante et l'on ne saura donc pas calculer exactement son rayonnement d'ondes électromagnétiques. On ne connaît pas le $T^{\mu\nu}$ pour le système composé de la Terre et de la Lune car les forces de marée et l'élasticité de la Terre modifient le champ gravitationnel de manière significative. Si l'on suppose la Terre rigide, on obtient des équations incohérentes. Si l'on suppose la Terre ponctuelle, les équations s'avèrent trop singulières pour admettre des solutions. Et pourtant, que les équations soient faciles à manipuler ou pas, on sait bien qu'une boule de matière de rigidité donnée telle que la Terre tourne autour de sa lune, de masse et de rigidité différente.

Voici la faiblesse de la théorie de la gravitation : un côté des équations est simple, beau et géométrique, mais pas l'autre (il contient toutes les complications des lois qui gouvernent la matière, comme la loi de Hooke, et qui ne sont ni belles ni géométriques). Beaucoup de physiciens se sont tellement laissés hypnotiser par la beauté de ce premier côté des équations qu'ils en oublient le second et n'ont donc plus de recherches à faire en physique.

Nous devons apprendre à deviner la forme des termes de l'action S_m. Comme point de départ, la limite classique pourra être utile. En partant des actions classiques correctes, on voit généralement sans trop de difficulté comment généraliser leur écriture afin qu'elles deviennent invariantes sous les transformations générales des coordonnées. Une méthode commode pour engendrer ce type de formules généralisées consiste à revenir, localement, au système de coordonnées en chute libre, et à voir où ajouter des $g_{\mu\nu}$ et des $R^{\mu\nu}$ en facteur pour rendre le tout invariant. Par exemple, l'action pour une particule libre s'écrit

$$S_{\mathrm{m}} = -\frac{m_0}{2} \int ds \, \frac{dz^\mu}{ds} \frac{dz_\mu}{ds}. \tag{10.2.5}$$

Cet exemple illustre bien la procédure à suivre qui d'ordinaire donne de bons résultats. On écrit les choses telles qu'elles sont dans les coordonnées plates, puis l'on passe aux coordonnées courbes pour voir comment les $g_{\mu\nu}$ entrent en jeu. La forme générale qui se réduira à la solution en espace plat est souvent évidente. Soit $z(s)$ l'orbite d'une particule en chute libre, le terme S_m de l'action s'écrit

$$S_{\mathrm{m}} = -\frac{m_0}{2}\int d^4x\, ds\, \delta^4(x - z(s))g_{\mu\nu}\frac{dz^\mu}{ds}\frac{dz^\nu}{ds}. \qquad (10.2.6)$$

On calcule la densité du tenseur énergie-impulsion $\mathcal{T}^{\mu\nu}$ en prenant la variation de cette action S_{m} par rapport à $g_{\mu\nu}$. Cela donne

$$\mathcal{T}^{\mu\nu} = m_0 \int ds\, \delta^4(x - z(s))\frac{dz^\mu}{ds}\frac{dz^\nu}{ds}. \qquad (10.2.7)$$

L'analogie avec les résultats de l'électromagnétisme est si étroite que ce résultat n'a rien pour nous surprendre. Ce $\mathcal{T}^{\mu\nu}$ ne présente aucune incohérence ; en effet, nous sommes partis d'une forme invariante, et la divergence covariante de $\mathcal{T}^{\mu\nu}$ satisfait donc à la condition imposée.

L'étude inverse, de la relation entre les équations du mouvement et l'annulation de la divergence du tenseur énergie-impulsion, est intéressante. On a écrit l'action S_{m} en partant du principe que les particules se déplacent le long des géodésiques. Le tenseur énergie-impulsion qui en découle sera donc de divergence nulle. On cherche maintenant à prouver l'inverse. Supposons que $T^{\mu\nu}$ ne soit non nul que dans une portion de l'espace semblable à un fil. On pourrait alors prouver que cette région filamenteuse est bien une géodésique, à la seule condition d'admettre un analogue de la symétrie sphérique pour une particule que l'on observe à très petite échelle. L'idée est de partir de la condition qui relie la divergence ordinaire de $\mathcal{T}^{\mu\nu}$ à $\mathcal{T}^{\mu\nu}$ lui-même, puis d'intégrer par parties pour transformer le volume d'intégration en une surface d'intégration :

$$\int d^4x \mathcal{T}_\mu{}^\nu{}_{,\nu} = \frac{1}{2}\int d^4x\; g_{\alpha\beta,\mu}\mathcal{T}^{\alpha\beta}. \qquad (10.2.8)$$

Si $\mathcal{T}^{\mu\nu}$ n'est non nul que sur un fil, alors ses contributions à l'intégrale de surface s'annulent partout, sauf aux intersections du fil avec la surface d'intégration : si les surfaces ne sont pas à temps constant, alors ces intersections correspondent à la quadri-impulsion de la particule « avant » et « après ». Ce résultat écrit sous forme différentielle prouve finalement que le mouvement obéit à l'équation des géodésiques :

$$\frac{d^2z^\mu}{ds^2} + \Gamma^\mu_{\alpha\beta}\frac{dz^\alpha}{ds}\frac{dz^\beta}{ds} = 0. \qquad (10.2.9)$$

Le fait que l'on peut aussi raisonner dans ce sens implique que les équations d'Einstein déterminent simultanément le mouvement de la matière et les champs de gravitation. Toutefois, cela peut prêter à confusion et n'est pas si remarquable qu'on pourrait le croire à première vue. Souvenons-nous que les lois de conservation de l'énergie et de l'impulsion déterminent entièrement le mouvement d'une particule libre, livrée à elle-même et éloignée de tout. Dans la théorie de la gravitation, une particule en chute libre devient équivalente à une particule libre de sorte que la conservation de l'énergie suffit, ici encore, à déterminer complètement son mouvement. Mais les situations physiques ne sont généralement pas si simples. Dès lors qu'existent d'autres ingrédients que la gravitation avec une particule unique, les équations du mouvement ne découlent plus des seules lois de conservation de l'énergie et de l'impulsion. En électrodynamique, toute solution des équations de Maxwell doit satisfaire la conservation de la charge et c'est pourquoi on la considère comme une conséquence des équations. Mais elle ne suffit pas, à elle seule, à construire les équations du mouvement pour les charges, les champs que celles-ci produisent et les forces qu'elles exercent les unes sur les autres. De même, en théorie de la gravitation, la conservation de l'énergie et de l'impulsion doit être satisfaite mais elle ne suffit pas à déterminer le mouvement des planètes ou de la Lune car ces objets ne sont pas ponctuels. Aussi, pour expliquer leur comportement dans un champ gravitationnel, d'autres lois physiques que la conservation de l'énergie et de l'impulsion seront nécessaires.

10.3 L'action pour les champs de matière dans un champ gravitationnel

Préparons maintenant le passage à la théorie quantique. Si les particules scalaires sont décrites par le champ scalaire ϕ, alors le terme adéquat de l'action dans les coordonnées plates s'écrit

$$S_{\mathrm{m}} = \frac{1}{2} \int d^4\, x(\phi_{,\nu}\phi^{,\nu} - m^2\phi^2). \tag{10.3.1}$$

La généralisation aux coordonnées curvilignes est aisée : on devine que

$$S_{\mathrm{m}} = \frac{1}{2} \int d^4\, x\sqrt{-g}(g^{\mu\nu}\phi_{,\mu}\phi_{,\nu} - m^2\phi^2). \tag{10.3.2}$$

Cette écriture est évidemment invariante sous les transformations générales des coordonnées (c'est une des conditions) et elle se réduit, en espace plat, au résultat précédent. Notons toutefois qu'on pourrait trouver d'autres termes, tout aussi invariants, également quadratiques dans les champs ϕ et contenant le tenseur de courbure. Tous ces termes s'annulent lorsque l'espace devient plat. L'action pourrait contenir des proportions α et β de ces termes, par exemple :

$$-\alpha \int d^4x \sqrt{-g} R\phi^2 + \beta \int d^4x \sqrt{-g}(R^{\mu\nu}\phi_{,\mu}\phi_{,\nu}). \qquad (10.3.3)$$

On voit ainsi que l'action n'est pas unique. Le premier terme que nous avons écrit doit nécessairement figurer dans l'action puisque c'est lui qui redonne le résultat en espace plat mais rien (aucune preuve expérimentale sur les forces de marée et tout le reste) ne permet de trancher sur l'inclusion, ou non, d'autres termes comme ceux de (10.3.3). Tout ce qu'un physicien peut faire de raisonnable, c'est de choisir les plus « simples » parmi ces termes, en oubliant simplement les plus compliqués, puis d'analyser la théorie qui en découle. Dans un certain sens, on peut dire que les dérivées sont plus compliquées que les seuls champs ; le terme β serait donc le plus compliqué puisqu'il contient quatre dérivées, deux dérivées des champs et deux dans le tenseur $R^{\mu\nu}$. Le terme α n'en contient que deux, uniquement celles du champ $g_{\mu\nu}$. Néanmoins, il est difficile de définir sans ambiguïté le « degré de complication » : en faisant des intégrations par partie, on peut toujours éliminer des dérivées par-ci et en rajouter par-là, si bien que la simplicité apparente de cette écriture ne correspond pas forcément à celle correspondant à un autre point de départ. Si l'on a l'habitude d'énoncer la théorie quantique à partir de l'équation de Schrödinger, alors l'action la plus simple aurait $\alpha = 0$. Mais si l'on nous avait enseigné la théorie quantique à partir des intégrales de chemin, alors l'action la plus simple aurait plutôt $\alpha = 1/6$. Pour chacun de ces points de vue, le choix de α apparaît comme étant le plus simple ; je ne connais aucun moyen pleinement satisfaisant de déterminer α et j'ai le sentiment que l'action pour un champ scalaire est ambiguë.[‡]

La signification d'un terme comme le terme en β de l'équation (10.3.3) est en rapport avec le fait que la particule ressent la gravitation sur une région suffisamment vaste pour que la courbure locale ait son influence. Si la particule possède une structure infinitésimale, alors elle ne ressentira pas la courbure. Mais si elle adopte un mouve-

[‡]Je renvoie toutefois à l'article [Klei89] qui aborde le problème en termes de spectre de l'hydrogène.

ment en hélice autour de sa position, alors il pourrait y avoir un terme contenant la courbure locale.

Voyons, en électrodynamique, comment un point de vue différent conduit, mine de rien, à une réponse différente. En vertu du principe du couplage minimal, on procède, dans le lagrangien, au remplacement

$$\frac{\partial}{\partial x^{\mu}} \to \left(\frac{\partial}{\partial x^{\mu}} - ieA_{\mu}\right). \tag{10.3.4}$$

Imaginons maintenant qu'avant de faire cette modification, on ait écrit l'action sous la forme

$$S = \int dV\, \overline{\psi}\gamma^{\mu}\frac{\partial}{\partial x^{\mu}}\psi - \int dV\, \overline{\psi}m\psi + \epsilon \int dV\, \overline{\psi}(\gamma^{\mu}\gamma^{\nu} - \gamma^{\nu}\gamma^{\mu})\frac{\partial}{\partial x^{\mu}}\frac{\partial}{\partial x^{\nu}}\psi, \tag{10.3.5}$$

où le dernier terme, identiquement nul, n'apparaît pas dans la formulation habituelle. Et justement, puisqu'il est identiquement nul, rien ne nous interdit de le laisser ! Cependant, lorsqu'on remplace le gradient selon (10.3.4) pour inclure l'électromagnétisme, le lagrangien n'est plus le même, il contient le nouveau terme

$$\epsilon\gamma^{\mu}\gamma^{\nu}F_{\mu\nu}, \tag{10.3.6}$$

où

$$F_{\mu\nu} = A_{\nu,\mu} - A_{\mu,\nu}.$$

Ce terme est celui du moment anormal découvert par Pauli. (Wentzel fut le premier à me le signaler.)

En outre, des moments quadrupolaires anormaux viennent encore compliquer l'électrodynamique des particules de spin 1. Il n'existe pas de lagrangien ostensiblement plus simple que les autres et les articles présentent donc des calculs basés sur des théories alternatives qui correspondent à des moments anormaux différents.

Dans notre théorie de la gravitation, la situation est semblable : tout se passe comme si la particule possédait un moment d'inertie anormal, en plus de celui, habituel, dû à la distribution de masse.

En électromagnétisme, de telles ambiguïtés n'apparaissent pas dans la description des particules de spin nul ; elles se manifestent pour la première fois dans l'étude des particules de spin 1/2. En gravitation, même le cas le plus simple, celui de la particule scalaire, présente des difficultés. Ces complications n'admettent pas de solution et nous devons accepter la possibilité qu'existent plusieurs théories alternatives (c'est-à-dire diverses valeurs de α).

Le mouvement d'une particule dans un champ gravitationnel donné est décrit par l'équation obtenue en prenant la variation de l'action par rapport au champ ϕ. Selon la manière dont on quantifie la théorie, les résultats les plus simples pourront être obtenus par plusieurs actions différentes. Impossible, donc, de prétendre que l'une est préférable à l'autre, à moins qu'elle ne donne les solutions les plus simples à différents problèmes. Selon le problème envisagé, telle ou telle valeur de α permettra de le simplifier, voire de se débarrasser de quelques divergences. Le choix $\alpha = 0$ entraîne une certaine simplicité pour la covariance en ce sens qu'il donne moins de calculs à faire au départ. Mais il ne correspond à aucune simplification physique sous-jacente, puisque toutes les valeurs de α conduisent à des degrés de complication équivalents, quel que soit le problème.

Poursuivons notre recherche des équations du mouvement pour le champ de matière ϕ. À partir de l'équation (10.3.2), on utilise les relations suivantes pour la variation de l'inverse de la métrique et de la racine du déterminant :

$$\delta g^{\mu\nu} = -g^{\mu\alpha} g^{\nu\beta} \delta g_{\alpha\beta}, \qquad \delta(\sqrt{-g}) = \frac{1}{2}\sqrt{-g} g^{\alpha\beta} \delta g_{\alpha\beta}, \tag{10.3.7}$$

afin d'obtenir l'expression de $\mathcal{T}^{\mu\nu}$

$$\begin{aligned} \mathcal{T}^{\mu\nu} = -2\frac{\delta S_{\mathrm{m}}}{\delta g_{\mu\nu}} &= \sqrt{-g}\phi^{;\mu}\phi^{;\nu} - \frac{1}{2}\sqrt{-g}g^{\mu\nu}(\phi_{;\alpha}\phi^{;\alpha} - m^2\phi^2) \\ &- \alpha\sqrt{-g}\left(R^{\mu\nu} - \frac{1}{2}g^{\mu\nu}R\right)\phi^2 - 4\alpha\phi\phi_{,\beta}\sqrt{-g}\frac{\delta R}{\delta g_{\mu\nu,\beta}}. \end{aligned} \tag{10.3.8}$$

On calcule ensuite la variation de l'action par rapport au champ ϕ puis on l'annule pour obtenir une équation qui ressemble à celle de Klein–Gordon :

$$(\sqrt{-g}g^{\mu\nu}\phi_{,\nu})_{,\mu} + \sqrt{-g}m^2\phi + 2\alpha R\sqrt{-g}\phi = 0. \tag{10.3.9}$$

On arrive à une expression faisant intervenir des tenseurs en divisant le tout par la densité scalaire $\sqrt{g}$:

$$\frac{1}{\sqrt{-g}}(\sqrt{-g}g^{\mu\nu}\phi_{,\nu})_{,\mu} + m^2\phi + 2\alpha R\phi = 0. \tag{10.3.10}$$

À l'aide des équations (10.1.20) et (10.1.21), on réécrit celle-ci sous la forme

$$\phi_{;\ \mu}^{\ \mu} + (m^2 + 2\alpha R)\phi = 0. \tag{10.3.11}$$

On retrouve l'équation de Klein–Gordon en posant $\alpha = 0$, le dalembertien ordinaire y étant simplement remplacé par son analogue covariant.

Ces différentes étapes nous conduisent à une théorie bien déterminée puisqu'elle précise le mouvement de la matière et la nature du tenseur source. On vérifie facilement que, pour le tenseur ci-dessus, la divergence covariante $\mathcal{T}^{\mu\nu}{}_{;\nu}$ est bien nulle (toute l'astuce consiste à utiliser les équations du champ dès que nécessaire). Ainsi, tout est cohérent, tous les tenseurs dont la divergence doit être nulle satisfont bien cette condition et l'on peut donc poursuivre à partir de là. Afin de construire une théorie plus complète, ajoutons à l'action les termes censés représenter tous les autres champs connus. On écrit d'abord l'action de l'espace plat, que l'on connaît bien, puis l'on choisit la formulation invariante la plus simple selon quelque critère que ce soit. La condition que l'action soit invariante conduit à des équations covariantes. Notons que cela ne constitue en rien une restriction sur les champs qu'il est possible d'inclure car toutes les lois connues de la physique peuvent être formulées de manière covariante. C'est une propriété des lois différentielles. Toute loi physique, si elle est écrite sous la forme d'une équation différentielle, est facilement rendue covariante. En admettant que les lois dans l'espace tangent sont semblables à celles que l'on connaît, on tourne et on déforme les coordonnées. Les équations qui en découlent contiennent des dérivées des champs et jusqu'à deux dérivées du tenseur métrique.

Une fois qu'on a tout exprimé, d'abord sous forme différentielle, puis sous forme covariante, on peut utiliser la théorie pour calculer les déplacements de matière au sein d'une étoile, par exemple. Tous les processus considérés sont décrits par des lois connues, comme les lois de la diffusion, les lois d'opacité, etc. Seule l'utilisation de lois qui violeraient le principe de conservation de l'énergie est interdite. Par exemple, il faudra prendre soin de ne pas oublier les neutrinos qui viennent d'être créés : lorsqu'ils s'échappent d'une étoile, ils sont soumis à son potentiel gravitationnel et perdent donc de l'énergie. Or, si l'on néglige cet effet, ainsi que la modification du champ gravitationnel que provoque leur densité d'énergie, on ne pourra pas obtenir une théorie cohérente. Ainsi, il ne suffira pas d'écrire des équations intégrales de diffusion sur des trajectoires libres classiques, il faudra encore préciser le mouvement des particules diffusées par les lois complètes, sous la forme d'équations différentielles.

Pour nous faciliter la tâche, écrivons le lagrangien en termes du tenseur métrique. Jusqu'ici, nos équations semblaient plus simples car elles étaient définies en termes de combinaisons du tenseur métrique, mais l'écriture ci-dessous s'avère souvent plus utile :

$$\begin{aligned}
&- R\sqrt{-g} = \\
&- \frac{\sqrt{-g}}{4} g_{\nu\lambda,\sigma} g_{\mu\rho,\tau} \left(g^{\nu\lambda} g^{\sigma\tau} g^{\mu\rho} - g^{\nu\mu} g^{\lambda\rho} g^{\sigma\tau} + 2 g^{\nu\mu} g^{\lambda\tau} g^{\sigma\rho} - 2 g^{\tau\mu} g^{\rho\sigma} g^{\nu\lambda} \right) \\
&+ \left[\sqrt{-g} g_{\nu\sigma,\mu} (g^{\sigma\nu} g^{\rho\mu} - g^{\mu\nu} g^{\rho\sigma}) \right]_{,\rho} .
\end{aligned} \tag{10.3.12}$$

Le dernier terme est une divergence et son intégrale est nulle : on pourra l'oublier complètement. Dans de nombreux problèmes, il suffira d'écrire l'action comme l'intégrale du premier terme, que l'on notera H, de sorte que

$$\delta S_{\mathrm{g}} = -\frac{1}{2\lambda^2} \delta \int d^4x \, H$$

où

$$H = \sqrt{-g} g^{\mu\nu} [\Gamma^{\rho}_{\nu\sigma} \Gamma^{\sigma}_{\rho\mu} - \Gamma^{\rho}_{\mu\nu} \Gamma^{\sigma}_{\rho\sigma}]. \tag{10.3.13}$$

À présent que l'on dispose de la théorie élaborée en suivant le point de vue d'Einstein, nous voici prêts à construire une théorie quantique. La théorie est maintenant plus aboutie que lorsqu'on discutait le point de vue vénusien : on connaît les lagrangiens complets, corrects à tous les ordres, y compris ceux qui décrivent l'interaction avec la matière. Si l'on se restreint à un univers qui procède uniquement des champs de gravitation et de matière scalaire, la théorie est alors obtenue comme le développement en puissances de la constante de couplage λ :

$$g_{\mu\nu} = \eta_{\mu\nu} + 2\lambda h_{\mu\nu}. \tag{10.3.14}$$

Dans le lagrangien, les termes quadratiques correspondent simplement aux propagateurs ; les termes contenant le produit de deux ϕ avec un h ou de trois h et deux ϕ correspondent à des diagrammes comme ceux de la figure 10.1. Ainsi, à partir d'un point de vue purement géométrique, nous sommes parvenus à une prescription pour calculer les amplitudes de probabilité quantiques pour la matière.

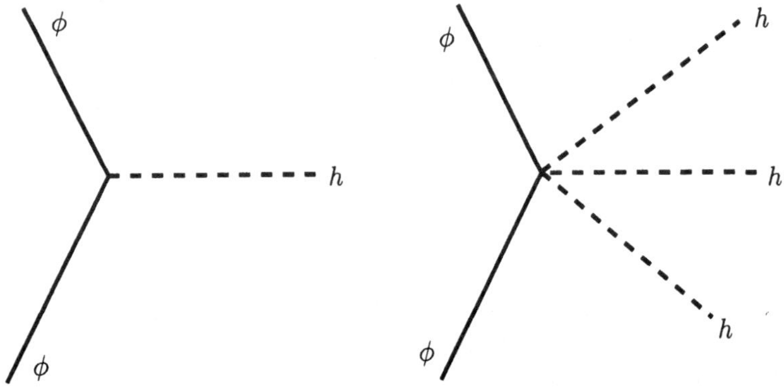

Figure 10.1

Dans les leçons à venir, nous utiliserons la théorie classique pour étudier le mouvement d'objets macroscopiques et discuter de questions cosmologiques. La théorie quantique servira à calculer le rayonnement des ondes gravitationnelles. Nous emprunterons une troisième voie pour aborder la gravitation après qu'on aura découvert comment la théorie quantique vient tout gâcher.

Au regard des termes de l'action, on peut se demander pourquoi a partie concernant le champ de gravitation ne contient pas une certaine proportion Λ de $\int d^4x\,\sqrt{-g}$. Cela donnerait une intégrale proportionnelle au volume de l'univers, probablement constante. L'équation du champ correspondante serait modifiée, un peu comme si l'on attribuait une masse et une source universelle aux gravitons. Les observations montrent que les forces de gravitation ont une portée extrêmement longue ; l'introduction de ce terme semble donc un peu vaine, même s'il conduit à une théorie cohérente. Les équations du mouvement qui en découlent s'écrivent

$$G_{\mu\nu} = \Lambda g_{\mu\nu} + \lambda^2 T_{\mu\nu}. \tag{10.3.15}$$

La constante Λ est connue sous le nom de « constante cosmologique ». Einstein voulait un univers fermé. Pour cette raison, il lui a attribué une valeur qui autorisait des solutions stationnaires pour cet univers. Plus tard il en parlait comme de sa « plus grave erreur ». S'il avait choisi Λ égale à zéro, il aurait trouvé l'expansion (ou la contraction) de l'univers. Hubble ne découvrit que plus tard la récession des galaxies et l'expansion de l'univers. Et pourtant, depuis que cette modification de la théorie d'Einstein a été introduite, la cosmologie s'empêtre dans les difficultés à déterminer la constante cosmologique. Personnellement, j'approuve la deuxième proposition d'Einstein et je pense que $\Lambda = 0$ est la valeur la plus probable.

LEÇON 11

11.1 Courbure autour d'une étoile sphérique

Attachons-nous maintenant à trouver les solutions des équations d'Einstein pour certaines situations physiques intéressantes. Il se trouve que l'essentiel des observations concernant la gravitation sont correctement décrites par la théorie de Newton, et nous ne nous intéresserons donc qu'à deux des solutions aux équations d'Einstein. La première est celle du champ de gravitation autour d'une étoile (celle-ci devrait donner les bonnes valeurs pour la déviation de la lumière et la précession du périhélie de Mercure). La seconde concerne les distributions de masse quasi-uniformes, et c'est elle qui servira à l'étude des modèles cosmologiques.

Avec l'hypothèse de la symétrie sphérique, le tenseur métrique devrait conduire à l'expression suivante du carré de l'intervalle de temps propre :

$$(ds)^2 = A(dt)^2 + Bdr\,dt - C(dr)^2 - D\Big((d\theta)^2 + \sin^2\theta(d\phi)^2\Big)r^2, \quad (11.1.1)$$

où les symboles A, B, CD représentent des fonctions qui peuvent dépendre des coordonnées (r, t) mais pas de (θ, ϕ). Cette expression admet des solutions dynamiques pour lesquelles le mouvement de la matière est purement radial. On peut réduire le nombre de fonctions inconnues par un choix judicieux des coordonnées. Par exemple, si l'on modifie l'échelle de la coordonnée r selon la règle

$$r' = \sqrt{D(r,t)}\,r, \quad (11.1.2)$$

alors l'expression de $(ds)^2$ en termes de r' et dr' possède la même forme que celle qui fait intervenir r et dr, à ceci près que la nouvelle fonction D vaut exactement 1. Autrement dit, cette fonction D est inutile puisque $D = 1$ correspond à un problème tout aussi général.

Une autre simplification découle cette fois d'un changement d'échelle temporelle. On pose

$$t' = t'(t, r). \tag{11.1.3}$$

Cela engendre une nouvelle fonction que l'on peut choisir de telle sorte que le terme en $dr\, dt'$ ait un coefficient nul. Cela signifie que le choix $B = 0$ préserve toute la généralité du problème.

Il est d'usage, à ce stade, de travailler non pas avec les fonctions A et C mais avec de nouvelles fonctions ν et λ, définies de la manière suivante :

$$A = e^{\nu}, \qquad C = e^{\lambda}, \tag{11.1.4}$$

(cette convention est celle de Schwarzschild). On identifie les indices $(1, 2, 3, 4)$ avec les coordonnées (r, θ, ϕ, t) ; les composantes du tenseur métrique deviennent

$$g_{44} = e^{\nu}, \quad g_{11} = -e^{\lambda}, \quad g_{22} = -r^2, \quad g_{33} = -r^2 \sin^2\theta. \tag{11.1.5}$$

Le tenseur métrique est diagonal. Par conséquent, les composantes de son inverse, $g^{\mu\nu}$, sont les inverses de celles de $g_{\mu\nu}$:

$$g^{44} = e^{-\nu}, \quad g^{11} = -e^{-\lambda}, \quad g^{22} = -1/r^2, \quad g^{33} = -\frac{1}{r^2 \sin^2\theta}. \tag{11.1.6}$$

On peut maintenant attaquer le calcul des composantes du tenseur de courbure. Le calcul ne présente aucune difficulté mais il est assez laborieux car il y a beaucoup de dérivées dans les symboles de Christoffel et beaucoup de sommations à faire.

Au bout du compte, on exprime les composantes du tenseur de courbure en termes des fonctions ν et λ et de leur dérivées par rapport au temps coordonnée t et à la distance radiale r. Pour simplifier les écritures, on utilisera les primes et les points pour dénoter les dérivations :

$$\nu' = \frac{\partial \nu}{\partial r}, \qquad \dot{\nu} = \frac{\partial \nu}{\partial t}, \qquad \text{etc.} \tag{11.1.7}$$

Les composantes du tenseur de courbure sont alors les suivantes :

$$\begin{aligned}
R^{42}{}_{41} &= -e^{-\lambda}\left(\frac{1}{2}\nu'' + \frac{1}{4}(\nu')^2 - \frac{1}{4}\lambda'\nu'\right) + e^{-\nu}\left(\frac{1}{2}\ddot{\lambda} + \frac{1}{4}(\dot{\lambda})^2 - \frac{1}{4}\dot{\lambda}\dot{\nu}\right) \\
R^{42}{}_{42} &= R^{43}{}_{43} = -\frac{1}{2r}\nu' e^{-\lambda} \\
R^{21}{}_{21} &= R^{31}{}_{31} = \frac{1}{2r}\lambda' e^{-\lambda} \\
R^{32}{}_{32} &= -\frac{1}{r^2}\left(e^{-\lambda} - 1\right) \\
R^{42}{}_{12} &= R^{43}{}_{13} = -\frac{1}{2r}\dot{\lambda} e^{-\nu}.
\end{aligned} \tag{11.1.8}$$

Toutes les autres composantes sont nulles ou s'obtiennent par une permutation triviale des indices des éléments ci-dessus.

11.2 De la matière à la courbure

Ce sont les tenseurs obtenus par contraction du tenseur de courbure qui sont liés au tenseur énergie-impulsion. Les combinaisons mises en jeu sont les suivantes :

$$G^{\mu}{}_{\nu} = R^{\mu}{}_{\nu} - \frac{1}{2} g^{\mu}{}_{\nu} R. \tag{11.2.1}$$

Les composantes du tenseur $G^{\mu}{}_{\nu}$ possèdent des expressions relativement simples en termes des composantes du tenseur de courbure. Par exemple, les éléments diagonaux sont

$$\begin{aligned}
G^4{}_4 &= R^{12}{}_{12} + R^{13}{}_{13} + R^{23}{}_{23}, \\
G^1{}_1 &= R^{42}{}_{42} + R^{43}{}_{43} + R^{32}{}_{32}.
\end{aligned} \tag{11.2.2}$$

Autrement dit, chacun contient une somme sur les éléments de $R^{\mu\nu}{}_{\sigma\tau}$ qui ne font pas intervenir l'indice diagonal. Les expressions des éléments non-diagonaux sont très simples ; par exemple :

$$\begin{aligned}
G^4{}_1 &= R^{24}{}_{12} + R^{34}{}_{13}, \\
G^2{}_1 &= R^{32}{}_{13} + R^{42}{}_{14}.
\end{aligned} \tag{11.2.3}$$

On devine facilement l'expression des autres composantes par analogie avec celles-ci.

La simplicité des sommes mises en jeu suggère une interprétation de la courbure en termes des distributions de matière. Nous avions interprété la courbure d'une surface bi-dimensionnelle en termes de l'écart minuscule de la circonférence ou de l'aire d'un cercle par rapport à sa valeur en espace plat, exprimé en fonction du rayon mesuré :

$$\text{circonférence} = 2\,\pi r(1 - \text{coeff} \times \text{aire}). \tag{11.2.4}$$

Dans un monde tri-dimensionnel, l'écart de la circonférence à la valeur en espace plat dépend du plan sur lequel on trace les cercles en question. Toutefois, il est toujours possible de définir une courbure moyenne à l'aide de l'écart, par rapport à $4\pi r^2$, de l'aire mesurée pour une sphère de rayon r. Il se trouve que le résultat vaut :

$$\text{aire} = 4\pi r^2 \left(1 + \frac{1}{9} r^2 R\right), \tag{11.2.5}$$

où R est le scalaire obtenu par deux contractions successives du tenseur de courbure.

Ces idées seront utiles en théorie de la gravitation, dès lors qu'on cherche à attribuer une signification conceptuelle à la somme ${R^{12}}_{12} + {R^{23}}_{23} + {R^{13}}_{13}$ (la composante ${G^4}_4$), égale à la composante 44 du tenseur énergie-impulsion.

La somme représente justement ce que l'on appellerait « la courbure moyenne R de l'espace tri-dimensionnel perpendiculaire à l'axe du temps coordonnée ». Aussi, on pourra donner l'interprétation suivante de la théorie de la gravitation. Prenez une petite sphère tri-dimensionnelle de surface donnée. Son rayon s'avère supérieur à celui qu'on calculerait en suivant les préceptes de la géométrie euclidienne ($\sqrt{\text{aire}/4\pi}$), et la différence est proportionnelle à la quantité de matière contenue à l'intérieur de la sphère ($r - \sqrt{\text{aire}/4\pi} = G/3c^2 m_{\text{intérieure}}$) (un fermi pour quatre milliards de tonnes).

Cette interprétation est directement utilisable pour la composante 44 qui représente la densité de matière (ou d'énergie) du contenu de la sphère. Pour obtenir les autres composantes du tenseur de courbure, on impose que ce résultat soit valable dans tous les systèmes de coordonnées, quelle que soit leur vitesse.

11.3 Métrique de Schwarzschild et champ d'une étoile sphérique

En termes des fonctions ν et λ, les expressions du tenseur $G^{\mu}{}_{\nu}$ sont les suivantes :

$$
\begin{aligned}
G^4{}_4 &= \frac{1}{r}\lambda' e^{-\lambda} - \frac{1}{r^2}\left(e^{-\lambda} - 1\right) = -\frac{1}{r^2}\frac{d}{dr}\left(r\left(e^{-\lambda} - 1\right)\right) \\
G^1{}_1 &= -\frac{1}{r}\nu' e^{-\lambda} - \frac{1}{r^2}\left(e^{-\lambda} - 1\right) \\
G^4{}_1 &= \frac{1}{r}\dot{\lambda} e^{-\nu} \\
G^1{}_4 &= -\frac{1}{r}\dot{\lambda} e^{-\lambda} \\
G^2{}_2 &= \frac{e^{-\lambda}}{2r}(\lambda' - \nu') - \frac{e^{-\lambda}}{4}(2\nu'' + (\nu')^2 - \lambda'\nu') + \frac{e^{-\nu}}{4}\left(2\ddot{\lambda} + (\dot{\lambda})^2 - \dot{\lambda}\dot{\nu}\right).
\end{aligned}
\tag{11.3.1}
$$

L'expression de $G^2{}_2$ est la seule qui soit tordue. Heureusement, il se trouve qu'on n'a que très rarement à l'utiliser explicitement. Ce qui importe, c'est que la divergence de ce tenseur soit nul. Si l'on connaît les autres composantes, la condition de divergence nulle permet souvent d'éviter l'utilisation explicite de $G^2{}_2$. À ce stade, je propose les quelques exercices suivants :

1. Montrer que, s'il n'y a pas de matière à l'intérieur d'une sphère de rayon b, et que la distribution de matière à l'extérieur de b possède la symétrie sphérique, alors l'espace à l'intérieur de la sphère est plat, avec $g_{\mu\nu} = \eta_{\mu\nu}$.
2. Montrer que si le tenseur énergie-impulsion $T^{\mu\nu}$ est connu partout à l'intérieur d'une sphère de rayon b, alors tout ce qu'il y a à l'extérieur de b ne modifie en rien la physique à l'intérieur de b. (On suppose que l'extérieur possède la symétrie sphérique.)

On obtient la solution extérieure à une distribution de masse sphérique en posant $T_{\mu\nu} = 0 = G_{\mu\nu}$ puis en cherchant la solution des équations différentielles qui en découlent.

Commençons par remarquer que $G^4{}_4$ ne dépend que de λ. L'élément $G^4{}_4$ devant être nul, on a

$$r\left(e^{-\lambda} - 1\right) = \text{constante} = -2m. \tag{11.3.2}$$

Le facteur 2 est uniquement conventionnel : il permet d'interpréter la constante m comme le produit de la masse totale de l'étoile et de la constante universelle de la gravitation. S'il n'y a aucune singularité à l'intérieur du rayon a qui contient toute la masse, alors la constante sera

$$\int_0^a dr\, r^2\, G^4{}_4 = 2m. \tag{11.3.3}$$

Nous sommes certains qu'il n'y a pas de dépendance temporelle car

$$G^1{}_4 = 0 = -\frac{1}{r}\dot{\lambda}e^{-\lambda},$$

de sorte que λ est indépendant du temps. La dernière chose qui reste à faire est de trouver l'expression de ν. Pour cela, on pose $G^1{}_1$ égale à $G^4{}_4$ (puisqu'elles sont toutes les deux nulles) et l'on trouve

$$\nu' = -\lambda', \tag{11.3.4}$$

qui n'est possible que si ν s'écrit

$$\nu = -\lambda + f(t), \tag{11.3.5}$$

avec f une fonction arbitraire du temps coordonnée. Toutefois, dans la métrique, la fonction ν apparaît dans le coefficient de $(dt)^2$ par :

$$e^\nu (dt)^2 = e^{-\lambda} e^{f(t)} (dt)^2.$$

Ainsi, un changement d'échelle du temps coordonnée permet d'éliminer le facteur $\exp(f(t))$. Les autres composantes du tenseur métrique restent invariantes sous cette modification puisqu'elles ne contiennent que la fonction $\lambda(r)$. Voici le résultat, connu sous le nom de « métrique de Schwarzschild » :

$$(ds)^2 = \left(1 - \frac{2m}{r}\right)(dt)^2 - \frac{(dr)^2}{1 - 2m/r} - r^2(\sin^2\theta(d\phi)^2 + (d\theta)^2). \tag{11.3.6}$$

Il est intéressant de noter que cette métrique ne dépend pas du temps, sans qu'on n'ait jamais eu à préciser que l'on cherchait une solution statique. Le fait que la solution de Schwarzschild est indépendante du temps découle de l'hypothèse de la symétrie sphérique et du fait que l'on est dans une région vide de densité d'énergie.

Dans le cas d'une étoile vraie comme le Soleil, il n'y a pas de symétrie sphérique véritable du fait de la rotation de l'astre et du renflement à l'équateur. Cependant, les variations par rapport au cas symétrique sont minimes. Si l'étoile rayonne, de nouvelles corrections devront être prises en compte car la densité d'énergie dans l'espace alentour n'est plus nulle. Néanmoins, la solution de Schwarzschild s'approche suffisamment de la situation du Soleil pour que la précession du périhélie de Mercure qui en découle soit correcte, aux erreurs observationnelles près.

11.4 Singularité de Schwarzschild

La métrique de l'équation (11.3.6) présente une singularité en $r = 2m$. Pour voir s'il s'agit ou non d'une singularité significative, voyons si elle correspond à une valeur physique du rayon effectivement mesuré depuis l'origine des coordonnées (et qui diffère de notre rayon coordonnée r !) :

$$R = f(r). \tag{11.4.1}$$

On obtient la réponse en réécrivant la métrique sous une autre forme. On aurait pu adopter l'expression ci-dessous, tout aussi correcte, de la métrique à symétrie sphérique :

$$(ds)^2 = H(R)(dt)^2 - F(R)\Big((dx)^2 + (dy)^2 + (dz)^2\Big), \tag{11.4.2}$$

où

$$R^2 = x^2 + y^2 + z^2.$$

La métrique de Schwarzschild se réduit à cette forme lorsqu'on effectue la substitution

$$r = R + \frac{m^2}{4R} + m, \tag{11.4.3}$$

et elle devient

$$(ds)^2 = \frac{(1 - m/2R)^2}{(1 + m/2R)^2}(dt)^2 - (1 + m/2R)^4\Big((dx)^2 + (dy)^2 + (dz)^2\Big). \tag{11.4.4}$$

La singularité de l'intervalle de temps propre a disparu. On voit qu'elle n'était due qu'à une particularité de la définition de la coordonnée radiale r. Toutefois, la métrique (11.4.4) particularise une certaine valeur du rayon, $R = m/2$, où le coefficient de (dt^2) s'annule. Il reste encore à étudier ce que deviennent les processus physiques en ce point.

Les résultats n'auront pas forcément de conséquence observable. En effet, lorsqu'on injecte les données correspondant à la masse du Soleil, on découvre que ce rayon critique n'existerait que si la masse solaire était confinée à l'intérieur d'une sphère de $1,5$ kilomètres de rayon. Bien qu'il n'y ait apparemment rien de tel dans le système solaire, analysons tout de même ce rayon critique, comme un aspect de notre théorie.

L'interprétation physique de ce point concerne le rythme, pour un observateur lointain, des processus physiques qui ont lieu tout près du Soleil. Nous avons déjà calculé le décalage vers les basses fréquences (qui fait que tout paraît plus rouge) que l'on observe pour la lumière provenant de régions de plus bas potentiel gravitationnel. Le rayon $R = m/2$ correspond à un potentiel si bas que même la lumière ne dispose pas d'assez d'énergie pour se soustraire à l'attraction de l'étoile, si bien que les rayons lumineux n'atteindraient jamais un observateur placé à grande distance.

Pour savoir si les effets que subit la géométrie en ce point tiennent de la catastrophe ou non, calculons explicitement les composantes de la courbure. Il vient

$$\begin{aligned} R^{12}{}_{12} &= R^{13}{}_{13} = -m/r^3, \\ R^{23}{}_{23} &= 2m/r^3, \\ R^{41}{}_{41} &= 2m/r^3, \\ R^{42}{}_{42} &= R^{43}{}_{43} = -m/r^3. \end{aligned} \tag{11.4.5}$$

On voit que l'espace au point critique est régulier : la « *singularité* » *ne serait donc que le résultat d'un choix particulier du système de coordonnées.* Dans notre exemple de l'insecte rampant sur la surface d'une sphère, il y avait une singularité dans la description de l'espace au passage de l'équateur. Mais, bien sûr, du point de vue physique, l'espace y est aussi lisse que partout ailleurs sur la sphère.

Ce résultat, qui énonce que la courbure est proportionnelle à $1/r^3$, s'avère si simple qu'il mérite qu'on cherche à le déduire par un autre moyen. Je pense que les résultats simples devraient toujours être obtenus simplement. Cherchons donc un argument géométrique qui reproduirait la dépendance en $1/r^3$ dans le cas qui nous occupe. Nous aurons besoin, ici encore, de la notion de courbure moyenne dans l'espace tri-dimensionnel défini en prenant l'espace quadri-dimensionnel à un instant donné. Dans ce sous-espace, les courbures sont semblables aux contraintes. Comme pour les contraintes (ou le moment angulaire), les courbures définissent une forme plane et l'on peut repérer les composantes soit par les deux indices qui définissent le plan, soit par celui de l'axe perpendiculaire au plan. On fait donc l'identification

$$R^{12}{}_{12} \to P^3{}_3, \qquad R^{13}{}_{13} \to P^2{}_2, \quad \text{etc.} \tag{11.4.6}$$

On démontre ensuite que la condition d'annulation de la divergence de ces « contraintes » équivaut à l'identité de Bianchi

$$P^3{}_{3;3} + P^3{}_{1;1} + P^3{}_{2;2} = 0, \tag{11.4.7}$$

qui signifie que dans l'espace en question, les « contraintes » produisent une force totale nulle. Les indices en exposant font référence au plan dans lequel on considère les courbures.

La trace du tenseur des contraintes donne la pression. Dans notre cas, la trace de notre contrainte fournit la courbure moyenne, c'est-à-dire la densité de matière. On obtient la dépendance en $1/r^3$ en imposant, en coordonnées polaires, qu'il y ait un équilibre physique là où la pression s'annule. Il faut définir avec soin les zones à travers lesquelles nos contraintes agissent car celles-ci devront être des régions physiques le long de géodésiques. La distance le long d'un arc de rayon r constant s'écrit $\theta_0 r$, où θ_0 est un petit angle. La mesure de θ_0 est bien définie puisqu'on peut faire un tour complet et imposer que l'angle total vaille 2π. Notons T la contrainte radiale et S la contrainte le long de l'arc de cercle (voir la figure 11.1), alors sur l'élément de volume $r^2 dr\, \theta(\sin(\theta)d\phi)$ pour lequel $\theta_0 = \sin(\theta)d\phi$, les forces ne s'équilibrent que si

$$d(Tr^2\theta_0^2) = 2S\, r\, \theta_0^2\, dr.$$

Admettons que T ne dépende que de r on obtient alors l'équation différentielle suivante, valable en général, et qui relie T à R :

$$\frac{dT}{dr} = \frac{2S}{r} - \frac{2T}{r}. \tag{11.4.8}$$

On peut maintenant préciser la situation en se plaçant dans le vide, où la trace du tenseur s'annule :

$$\text{Trace} = T + 2S = 0, \qquad T = -2S. \tag{11.4.9}$$

Dans ce cas, l'équation différentielle devient

$$\frac{dT}{dr} = -\frac{3T}{r}, \tag{11.4.10}$$

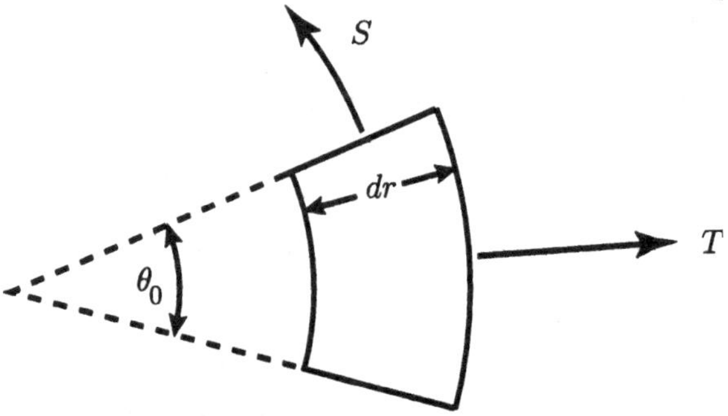

Figure 11.1

qui admet $T = 1/r^3$ comme solution.

On voit donc que l'identité de Bianchi implique que la courbure soit partout proportionnelle à $1/r^3$. On peut relier la fonction $\exp(-\lambda)$ et la grandeur T par des considérations aussi simples, lesquelles conduisent à la conclusion que la différence $(\exp(-\lambda) - 1)$ est inversement proportionnelle à r, comme l'indique (11.4.5).

11.5 Les trous de ver

Les considérations de la section précédente montrent comment une distribution de masse sphérique de taille suffisamment petite produit partout une courbure proportionnelle à m/r^3. Un insecte qui ramperait sur une surface en forme de vortex subirait l'analogue bi-dimensionnel d'une telle situation. Imaginons une figure de révolution autour d'un axe z dont l'intersection avec le plan xy se fait à angle droit, comme l'illustre la figure 11.2. Ce type de surface pourrait représenter notre espace à un instant donné ($dt = 0$) et pour une certaine valeur de l'angle azimutal, disons $\phi = 0$. Si l'équation de la surface est donnée par $z(r)$, l'élément de longueur à θ constant s'écrit

$$(ds)^2 = (dr)^2 + \left(\frac{\partial z}{\partial r}\right)^2 (dr)^2 = \left[1 + \left(\frac{\partial z}{\partial r}\right)^2\right] (dr)^2. \qquad (11.5.1)$$

On peut poser le facteur de $(dr)^2$ égal à sa valeur dans la métrique de Schwarzschild,

$$1 + \left(\frac{\partial z}{\partial r}\right)^2 = \frac{1}{1 - 2m/r}, \tag{11.5.2}$$

et résoudre pour $z(r)$. Le résultat s'obtient facilement :

$$z^2(r) = 8m(r - 2m). \tag{11.5.3}$$

En d'autres termes, l'espace est parabolique et le sommet du paraboloïde crée un col à la distance $r = 2m$ de l'origine.

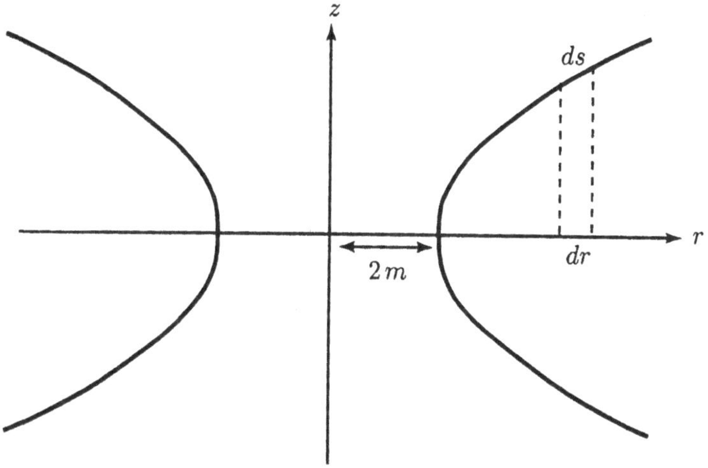

Figure 11.2

Ce résultat donne des idées. Dans la région $r > 2m$, l'espace est précisément celui qu'engendrerait une masse m située à l'origine. Toutefois, lorsqu'on se rapproche de l'origine, on n'atteint jamais les distances $r < 2m$ mais l'on se retrouve dans un autre espace, copie conforme de celui dans lequel tout à commencé. Cela suggère l'idée (défendue tout particulièrement par Wheeler) que les effets de ce que l'on a appelé une « masse » résulteraient simplement en une topologie particulière de l'espace dans lequel nous nous trouvons, et qu'il n'y a en « réalité » aucune source de gravitation nulle part.

On peut s'amuser à imaginer que toutes les particules que l'on qualifie de massives seraient associées à un col de ce type, situé au rayon

$r = 2m$; et que toutes les particules élémentaires représenteraient en fait un passage vers l'autre espace que l'on rejoindrait en se glissant à travers le col. J.A. Wheeler a baptisé ces passages des « trous de ver ». Lorsque les particules sont chargées, les lignes du champ électrique restent continues sur la surface, se regroupant pour entrer d'un côté et ressortir de l'autre, de sorte qu'on peut associer à cet espace double l'existence de paires particules-antiparticules.

On n'a pas encore pu élaborer de description quantitative cohérente des particules élémentaires en tant que trous de ver. On ne dispose pas non plus d'observation expérimentale qui puisse être interprétée comme un effet des trous de ver. On ne connaît pas d'étoile dont la concentration en masse atteigne celle qui est requise pour que son rayon critique soit proche de son rayon réel. S'il existait des étoiles de rayon inférieur au rayon critique, nous ne pourrions pas les voir car la lumière ne pourrait s'échapper de leur surface. L'existence de tels objets est donc tout à fait concevable. Toutes les particules élémentaires que l'on connaît possèdent une structure dont on sait qu'elle dépasse le diamètre du trou de ver correspondant. Pour un neutron, par exemple, on a $r = 2m \approx 10^{-33}$cm, quelques vingt ordres de grandeur en deçà des dimensions attribuées au neutron. Il faudrait une particule de masse 10^{-5} gramme pour que le diamètre du trou de ver soit du même ordre que sa longueur d'onde Compton $\hbar/mc$.

11.6 Entraves à la recherche théorique des trous de ver

Le concept des trous de ver soulève une multitude de questions qui ouvrent la voie à des investigations théoriques prometteuses. Premièrement, étant donné l'état de nos connaissances actuelles du comportement de la matière, on peut se demander s'il est possible qu'une quantité de masse suffisamment importante se concentre jusqu'à s'effondrer à un rayon inférieur au rayon critique. Imaginons que l'on parte de poussières dispersées quasi-uniformément dans une vaste région de l'espace. De là commencerait l'effondrement gravitationnel, la température se mettrait à grimper, engendrant des réactions d'abord chimiques, puis nucléaires. Avec la condensation de la masse, les électrons finiraient par exercer une pression tellement énorme qu'elle opposerait une résistance à l'effondrement gravitationnel (en effet, on ne peut compacter les électrons au-delà de la limite qu'impose le principe d'exclusion de Pauli). Malgré cela, pour des masses suffisamment grandes, l'attraction gravitationnelle est assez élevée pour comprimer les électrons et continuer la condensation des nucléons.

Le processus de cette condensation n'a pas encore été analysé en détail. Or, il me semble qu'avant de discuter de nos trous de ver, il serait bon de s'attaquer aux problèmes de la théorie classique de la gravitation pour les très grandes masses. Si l'effondrement jusqu'à une sphère de rayon inférieur au rayon critique est possible, alors jamais nous ne pourrions le voir de l'extérieur car la lumière deviendrait de plus en plus rouge, passerait dans l'infrarouge, puis dans le domaine des ondes radio, pour finir carrément en courant continu. Toutefois, on peut légitimement se demander ce que tout cela donne lorsqu'on fait partie de la masse qui s'effondre.

Voyons comment décrire des processus physiques dans un système de référence en mouvement avec la matière. L'équation d'état ferait intervenir la pression p et la densité de matière ρ. Pour de la matière statique, on aurait

$$T^1{}_1 = T^2{}_2 = T^3{}_3 = -p, \qquad T^4{}_4 = \rho. \tag{11.6.1}$$

Que vaut ce tenseur pour de la matière en mouvement ? En fonction des grandeurs définies par

$$u = \frac{v}{\sqrt{1 - v^2/c^2}}, \qquad w = \frac{1}{\sqrt{1 - v^2/c^2}}, \qquad \rho_0 = \rho + p, \tag{11.6.2}$$

on trouve

$$\begin{aligned} T^4{}_4 &= \rho_0 \omega^2 + p, \\ T^1{}_1 &= -\rho_0 u^2 - p, \\ T^2{}_2 &= T^3{}_3 = -p, \\ T^4{}_1 &= -\rho_0 u \omega. \end{aligned} \tag{11.6.3}$$

Pour résoudre le problème dynamique de la masse qui se condense après n'avoir été que poussière, on peut procéder comme suit. On admet tout d'abord que cette situation pourra être décrite par les fonctions λ et ν du rayon et du temps coordonnées. On suppose également que la densité de matière ρ et la pression p suffisent à décrire l'état de la matière. Une équation d'état reliant p et ρ sera nécessaire :

$$p = f(\rho). \tag{11.6.4}$$

Comme première tentative, on regardera ce qui se passe si p et ρ sont reliés adiabatiquement. On verra ensuite ce qu'il advient lorsqu'on permet le refroidissement par du rayonnement, le réchauffement par des réactions nucléaires, et ainsi de suite. Ce que l'on cherche, c'est la solution pour la vitesse radiale $u(r, t)$ d'un petit bout de matière.

Le problème qui résulterait de l'introduction des flux de chaleur, de l'opacité, etc. deviendrait excessivement compliqué. Et pourtant, aussi complexe qu'il soit, la solution doit forcément s'obtenir comme celle d'un système d'équations différentielles couplées. On espère aboutir à un système d'équations cohérent dont on pourra démêler les dépendances en sorte à résoudre les équations par une succession d'étapes logiques suivant une procédure donnée. Ce serait trop d'espérer trouver des solutions sous une forme fermée. Toutefois, si l'on parvient à démêler les équations différentielles, les ordinateurs pourront peut-être au moins en fournir les solutions numériques.

LEÇON 12

12.1 Problèmes en cosmologie

La leçon précédente présentait brièvement l'un des problèmes de la théorie classique de la gravitation, celui d'une distribution de masse à symétrie sphérique, modèle idéalisé d'une étoile. Le second problème que l'on rencontre en gravitation classique est celui de la cosmologie, la « science de l'univers ». Tous les autres problèmes de la théorie de la gravitation seront abordés en premier lieu par la théorie quantique. Les conséquences classiques sur les objets macroscopiques sont obtenus en prenant la limite classique de nos résultats quantiques.

Il est très difficile de définir précisément la cosmologie. En général, elle concerne tout ce qu'il est possible de connaître sur ce qui se passe à très grande échelle, à une échelle si gigantesque que même les galaxies sont considérées comme infinitésimales. La question des origines de la matière visible est aussi de son ressort, et elle avance des hypothèses du type « au commencement, tout n'était qu'hydrogène ».

Un des aspects de la cosmologie concerne la cartographie de la matière ; il est essentiel de savoir où se trouve la matière et ce qu'elle fait là. Le nombre de galaxies d'un côté ou de l'autre et la direction de leur mouvement sont autant d'observations clés. On pense que la gravitation gouverne à elle seule le mouvement des galaxies. Ainsi, dès lors qu'on connaît, pour les avoir mesurées, les distributions de matière et de vitesse, la prédiction de ce qui devrait arriver ensuite n'est plus qu'un problème physique simple. La nature des problèmes cosmologiques changent dès qu'on passe à une échelle telle que le détail des structures s'effacent. En principe, on sait résoudre la question de ce qui arrive ensuite quelles que soient les conditions initiales. Toutefois, lorsqu'on moyenne tous les effets, on peut se demander si l'univers est statique ou en évolution, stable ou instable, fini ou infini. Ce qui est fascinant, c'est que l'univers possède une structure analogue à celle d'une surface sphérique. Lorsqu'on se déplace sur une telle surface sphérique, dans quelque direction que ce soit, on ne rencontre jamais ni bord ni frontière ; et pourtant la surface est bornée et finie. Peut-être notre espace tri-dimensionnel est-il la surface tri-dimensionnelle d'une sphère à quatre dimensions. L'agencement et la distribution des galaxies dans le monde tel qu'on l'observe ressemblerait alors à celle de points répartis sur un ballon.

Il se trouve que la théorie de la gravitation ne suffit pas, à elle seule, à préciser les distributions moyennes possibles sur la sphère, ni à confirmer ou infirmer que l'univers est borné ou au contraire infini comme un paraboloïde hyperbolique. Aussi, les problèmes en cosmologie sont toujours encombrés d'assomptions fondamentales. Le meilleur moyen d'examiner la validité de ces hypothèses, c'est de déduire certaines de leurs conséquences, puis de comparer les résultats aux observations.

Les observations concernant la cartographie de la matière très lointaine s'avèrent difficiles et assez incertaines, même avec les techniques de pointe. Gardons aussi à l'esprit qu'une bonne partie du ciel est impossible à observer car elle est écrantée par notre propre galaxie, qui contient tellement de poussières qu'on ne peut faire d'observations dans les directions du plan galactique. En dépit de ces difficultés, on s'accorde aujourd'hui pour dire que l'univers est uniforme d'un bout à l'autre, avec des galaxies réparties de manière aléatoire de-ci de-là, les unes assez grosses, les autres plus petites, et que n'importe quelle région de l'univers, si elle est suffisamment vaste, ressemble énormément à n'importe quelle autre. Un analogue bi-dimensionnel en serait un mur éclaboussé de boue par une voiture ; les taches de boue sont aléatoirement réparties sur le mur et on les observe assis sur une tache.

Il est intéressant d'observer la distribution des vitesses, en comparant la vitesse des galaxies à leur distance apparente. Passons sur les difficultés des mesures de distance ; elles sont considérables. Les astronomes sont tout de même parvenus, par tous les moyens, à établir quelques valeurs des distances, à partir des distributions de luminosité par exemple, et ils les citent toujours en précisant une certaine incertitude, chaque fois plus petite. Dans le même temps, on mesure la vitesse de récession des galaxies grâce au décalage Doppler de la fréquence spectrale. Les résultats montrent que la lumière reçue d'un objet donné subit un décalage vers les basses fréquences (vers le rouge) proportionnel à la distance qui semble nous séparer de l'objet.

Dans la première leçon, nous avons étudié un modèle simple pour interpréter les faits observés. Si toutes les masses de l'univers étaient les débris d'une explosion ayant eu lieu voici bien longtemps, au temps T, et si l'on suppose les forces gravitationnelles faibles, alors des débris en récession à la vitesse V se trouveraient aujourd'hui distants de $R = VT$. Cela vaut quel que soit l'ordre de grandeur de la vitesse V, et l'on s'attend donc à ce que $(R/V) = T$ soit une constante universelle. Les observations sont en accord avec le fait que T est une constante, de l'ordre de $(10 \text{ à } 13) \times 10^9$ années. L'incertitude ne vient pas des mesures de vitesses mais des mesures de distances. Les objets les plus lointains qu'il nous ait été donné d'observer s'éloignent de nous à la vitesse $(v/c) = 0,48$. Ce décalage vers le rouge représente une des observations clefs parmi les indices que l'on glane sur l'univers.

D'autres observations utiles concernent la distribution des galaxies. Bien que toutes les parties visibles du ciel se ressemblent beaucoup, les galaxies ne se répartissent pas de manière aléatoire, mais se regroupent en amas. On pourrait dire que les galaxies sont aléatoirement disposées si l'on trouvait, pour différentes régions de l'univers de dimension donnée, un nombre de galaxie N constant avec une marge d'erreur de $\pm\sqrt{N}$. En moyenne, les distances entre galaxies valent une dizaine de fois leur diamètre. Celui de la Voie Lactée vaut 10^5 années-lumière de sorte que l'on estime la distance moyenne entre galaxies à 10^6 années-lumière. Or, la distribution des galaxies à l'intérieur d'un cube d'arêtes supérieures à 10^6 années-lumière ne vaut pas $N \pm \sqrt{N}$. On trouve plutôt les galaxies dans des amas, lesquels en contiennent typiquement une cinquantaine. En outre, on trouve des amas d'amas. Cependant, on ne connaît pas d'amas d'amas d'amas ; autrement dit, si l'on passe à une échelle très grande devant 10^8 années-lumière, l'univers semble afficher une distribution « aléatoire » des galaxies.

On suppose que les galaxies se regroupent en amas et les amas en amas d'amas du fait des interactions gravitationnelles qui règnent entre eux. Aussi, on a émis l'hypothèse que l'absence d'amas de rayon supérieur aux 10^8 années-lumière indiquerait l'extinction de la force gravitationnelle au-delà des distances de cet ordre de grandeur (que l'on appelle procédé de « cut-off »). Nous n'adopterons pas ce point de vue, pour ne pas modifier notre théorie, tant qu'aucun phénomène physique ne vient la contredire. Or, il ne me semble pas que l'absence d'amas d'amas d'amas soit en opposition avec notre théorie. Interprétons plutôt ce fait comme une mesure de l'échelle de distance sur laquelle les densités de matière devront être moyennées pour pouvoir considérer l'univers comme homogène.

Existe-t-il des variations de cette densité de matière homogène dans des régions reculées de l'univers ? Les tentatives expérimentales de décompte du nombre de galaxies dans une coquille comprise entre les rayons R et $R + \Delta R$ semblent indiquer une légère variation de densité avec le rayon, ce qui rend l'univers plus dense dans les régions plus lointaines. Toutefois, les incertitudes sont importantes en comparaison de l'écart minime par rapport à une densité constante ; une théorie de l'univers qui prédirait (ou supposerait) une densité constante ne contredirait pas les estimations actuelles.

12.2 Les hypothèses des modèles cosmologiques

Puisque les observations ne s'avèrent pas suffisamment précises pour déterminer clairement certaines des propriétés de l'univers, il nous faudra nous fier à notre intuition et à une hypothèse fondamentale sur la structure de l'univers. Cette hypothèse, choisie par la grande majorité des cosmologistes, revient à supposer que l'univers (lorsqu'on l'observe à une échelle cosmologique supérieure à 10^8 années-lumière) est identique où que l'on se trouve - mais pas nécessairement simultanément. Autrement dit, en n'importe quel point de l'univers, il y aura ou il y a eu un instant où l'univers ressemblait ou ressemblera à l'univers tel qu'il nous apparaît aujourd'hui. Cela signifie que, si l'on décale les échelles temporelles de sorte à faire correspondre ces instants, l'univers suivrait la même évolution, quel que soit le point depuis lequel on l'observe.

Cette hypothèse implique une très forte uniformité de l'univers. Autant que je sache, il s'agit d'une hypothèse complètement arbitraire qui, bien sûr, n'est sujette à aucune vérification expérimentale puisque nous sommes (et nous continuerons d'être) confinés dans une toute petite région de notre galaxie, et le temps caractéristique de l'évolution de l'univers suit une échelle « cosmologique » un milliard de fois plus longue que notre durée de vie. Je soupçonne que l'hypothèse de l'uniformité de l'univers reflète un préjugé né d'une série de défaites des idées géocentriques. Lorsqu'on a finalement admis que la Terre n'était pas le centre de l'univers, on s'est cramponné pendant quelque temps à l'univers héliocentrique, avant de comprendre que le Soleil n'était qu'une étoile ordinaire, semblable à toutes les autres, occupant une place ordinaire (et non pas centrale !) dans une galaxie qui n'a rien d'extraordinaire non plus car elle ressemble à toutes les autres. Aussi, par extension de ce raisonnement, on suppose que notre situation dans l'univers ressemble à n'importe quelle autre. Ayant posé que l'on vit sur une planète ordinaire en orbite autour d'une étoile quelconque dans une galaxie des plus communes, on serait bien ennuyé de découvrir que notre situation dans l'univers est unique, qu'elle en est le centre, ou que l'endroit est le moins dense, ou au contraire le plus peuplé, etc. Pour éviter ces ennuis, on s'accroche à l'hypothèse de l'uniformité.

Toutefois, prenons garde d'admettre cette hypothèse sans y réfléchir à deux fois. Voici une analogie pour illustrer ce que j'ai derrière la tête : imaginons qu'on saute en parachute depuis un avion en vol et qu'il nous largue, au hasard, dans un massif de bouleaux. De cet endroit où nous sommes tombés de manière aléatoire, nous pourrions dire qu'il n'a rien de particulier, ni rien d'unique, et conclure que la surface de la Terre est entièrement couverte de bouleaux. Malgré le caractère aléatoire de l'endroit où nous avons atterri, cette conclusion serait fausse. Peut-être notre supposition fondamentale pour la cosmologie est-elle du même acabit.

Nous ne mentionnerons que trois théories de l'univers. Une de ces théories, due à Milne [Miln34], ignore complètement les forces gravitationnelles ; c'est une bonne théorie, à condition que la densité moyenne de l'univers soit suffisamment faible. La deuxième théorie, due originellement à Einstein et étoffée ensuite par beaucoup d'autres, découle de l'hypothèse d'un univers statique plutôt que dynamique, hypothèse antérieure à l'observation de Hubble du décalage des fréquences vers le rouge proportionnel à la distance. Ce caractère statique de l'univers nécessite qu'on ajoute un terme au tenseur énergie-impulsion des équations d'Einstein :

$$R^{\mu}{}_{\nu} - \frac{1}{2}g^{\mu}{}_{\nu}R = KT^{\mu}{}_{\nu} + \Lambda g^{\mu}{}_{\nu}. \tag{12.2.1}$$

La constante multiplicative Λ est connue sous le nom de « constante cosmologique ». Nous avons déjà abordé l'occurrence de tels termes, provenant de la partie

$$\Lambda \int d\tau \, \sqrt{-g} \tag{12.2.2}$$

de l'action. Si Einstein avait exclu un terme comme celui-ci de ses équations, il aurait prédit un univers en évolution, que les observations de

Hubble auraient confirmé. Après la découverte de Hubble, Einstein ne porta plus aucun intérêt à ce type de cosmologie, qui tomba dans l'oubli (certains chercheurs continuent toutefois d'élaborer des théories pour différentes valeurs de la constante cosmologique). Nous ne nous intéresserons qu'aux théories pour lesquelles $\Lambda = 0$.

Une théorie ingénieuse, due à Hoyle [Hoyl48], suppose non seulement que tout l'univers suit partout la même évolution, mais qu'il est en fait dans un état stationnaire (il est le même partout et tout le temps). Cet univers, dans lequel étoiles et planètes sont continuellement créées à partir de poussières cosmiques, n'est envisageable que si l'on admet la création de matière continue partout dans l'univers, en sorte que la récession des galaxies permette de maintenir la densité moyenne à une valeur constante. La théorie ne propose aucun mécanisme pour cette création de matière et néglige même certains détails de la conservation de l'énergie. Par exemple, elle ne décrit rien qui permettrait de comprendre l'état et la vitesse de la matière qui vient d'être créée. Dans des circonstances plus habituelles, tout physicien s'insurgerait contre une théorie qui se montre aussi cavalière avec nos sacro-saintes lois que sont la conservation de la matière et de l'énergie. Souvenons-nous toutefois qu'il ne s'agit pas d'un problème de physique ordinaire mais d'un problème de cosmologie. Les autres théories cosmologiques éludent la question de la création de la matière en supposant simplement que toute la matière était présente à un temps donné ; elles ne parlent que de ce qui a suivi. Elles non plus ne précisent pas le mécanisme de la création de matière. Aussi, on peut difficilement condamner la théorie stationnaire parce qu'elle fait défaut à ce propos. Gardons aussi à l'esprit que l'univers est tellement vaste que le rythme de création pourrait très bien s'avérer extrêmement faible, trop faible pour qu'on puisse l'observer directement. La création d'un seul atome d'hydrogène par année et par kilomètre-cube maintiendrait l'univers dans son état stationnaire.

Étudions tout d'abord une théorie avec $\Lambda = 0$ qui ne parte pas de l'hypothèse d'un univers identique à chaque instant, mais d'un univers qui suit la même évolution partout. Si l'on choisit les échelles de temps prises par rapport à différentes origines de sorte qu'aux différentes étapes soit attribuée la même valeur du temps coordonnée t, alors la métrique qui décrit la géométrie est celle de Robertson–Walker :

$$(ds)^2 = (dt)^2 - \frac{R^2(t)}{(1 + kr^2/4)^2} \left[(dr)^2 + r^2\Big(\sin^2\theta(d\phi)^2 + (d\theta)^2\Big)\right]. \tag{12.2.3}$$

Précisons quelques-unes des propriétés de cette métrique. Si l'on reste au même point, alors $ds = dt$, où que l'on soit. Si l'on observe l'univers à un temps donné, $dt = 0$, l'espace tri-dimensionnel à t constant possède la symétrie sphérique mais peut présenter une certaine courbure. L'idée de l'uniformité de l'espace requiert la symétrie sphérique, car seule les surfaces sphériques ont la propriété d'avoir partout le même aspect. Ainsi, on écrit une métrique qui correspond à une surface tri-dimensionnelle de courbure constante qui soit, en outre, isotrope en tout point. Pour $k > 0$, la métrique décrit une sphère en trois dimensions. Pour $k = 0$, l'espace est plat. Pour $k < 0$, il s'agit d'un univers de courbure négative et non-borné.

Voyons comment décrire une surface sphérique tri-dimensionnelle. On procède par analogie avec le cas de la surface sphérique bi-dimensionnelle, que l'on décrit à l'aide de deux angles θ et ϕ. La surface est située au rayon constant b et les angles sont définis selon

$$\begin{aligned} z &= b\cos\theta, \\ x &= b\sin\theta\cos\phi, \qquad x^2 + y^2 + z^2 = b^2 \\ y &= b\sin\theta\sin\phi. \end{aligned} \tag{12.2.4}$$

En quatre dimensions, il suffit d'inventer un troisième angle ξ, tel que

$$\begin{aligned} w &= a\cos\xi, \\ z &= a\sin\xi\cos\theta, \\ x &= a\sin\xi\sin\theta\cos\phi, \\ y &= a\sin\xi\sin\theta\sin\phi. \end{aligned} \tag{12.2.5}$$

Avec cet angle ξ, la métrique de la tri-surface $dt = 0$ est proportionnelle au carré du rayon et à

$$(d\xi)^2 + \sin^2\xi\Big((d\theta)^2 + \sin^2\theta(d\phi)^2\Big). \tag{12.2.6}$$

La transition vers la métrique (12.2.3) en termes de la coordonnée radiale se fait par l'introduction d'une transformation telle que, $(r^2 \neq x^2 + y^2 + z^2)$,

$$\frac{dr}{r} = \frac{d\xi}{\sin\xi}, \tag{12.2.7}$$

qui fournit l'expression suivante de $\cos\xi$:

$$\cos\xi = \left[\frac{1 - \frac{kr^2}{4}}{1 + \frac{kr^2}{4}}\right]. \tag{12.2.8}$$

La comparaison montre que la métrique (12.2.3) représente vraiment une surface tri-dimensionnelle sphérique. $R(t)$ est le facteur de conversion entre les différentielles des coordonnées et les longueurs d'arc. Il varie avec le temps et la métrique n'est en général pas statique.

12.3 Interprétation de la métrique cosmologique

La première question qui se pose est celle de la dynamique des objets dans une telle métrique. Les corps au repos le restent-ils ? Pour les objets au repos, seul u^t n'est pas nul et les équations du mouvement se réduisent à

$$\frac{du^\alpha}{ds} = -\Gamma^\alpha_{tt} u^t u^t.$$

Or, $\Gamma^\alpha_{tt} = 0$ de sorte que ce système de coordonnées peut être obtenu par un ensemble de particules massives.

Avec la métrique (12.2.3), on devrait pouvoir faire des prédictions concernant des grandeurs observables en termes de $R(t)$. On pourra alors construire un modèle pour l'univers qui précise $R(t)$. Par exemple, l'univers de la théorie de la création continue de Hoyle correspond à un $R(t)$ qui varie exponentiellement avec le temps. L'univers de Milne correspond à un $R(t)$ simplement proportionnel au temps t.

Voyons rapidement certaines des propriétés de l'univers de Milne afin de mieux comprendre comment l'univers peut être le même en différents points de l'espace aux instants correspondants. Nous avons vu que ce modèle correspond à une gravitation nulle. Par exemple, il est toujours possible de réarranger les coordonnées en sorte que la métrique résultante soit plate. Toutefois, comme nous l'avons mentionné, notre tri-surface semble avoir une courbure. Pour le comprendre, considérons une série d'horloges identiques qui s'éloignent les unes des autres à des vitesses différentes, à partir d'une origine donnée au point $t = 0$. Sur un diagramme de Minkowski, les lignes d'univers de ces horloges représentent les axes temporels de divers systèmes de coordonnées. Aussi, les surfaces à temps constant sont courbes, comme l'indique la figure 12.1. La tri-surface « à un instant donné » correspond à ce type de surface hyperbolique et possède donc une courbure. Cependant, l'espace quadri-dimensionnel, lui, est toujours aussi plat.

Un autre point de vue, plus facile à mettre en œuvre, s'attache aux mesures de rayon et de circonférence. Lorsqu'on les mesure dans le sous-espace « maintenant », on trouve que la circonférence vaut $2\pi R$.

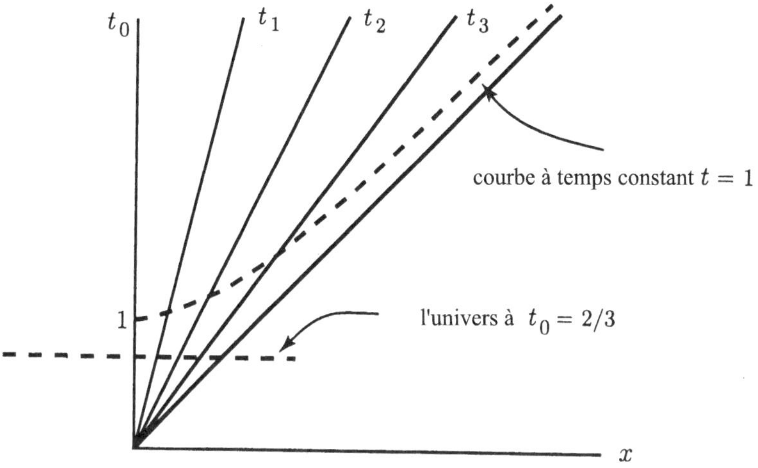

Figure 12.1

Les mesures à t constant correspondent à celles que l'on ferait si les nébuleuses avoisinantes, qui s'éloignent avec une vitesse proportionnelle à leur distance r, étaient au repos. Ainsi, on mesure le rayon à l'aide de segments qui se déplacent perpendiculairement à leur longueur, d'où l'observation d'une courbure effective.

Maintenant que l'on a clarifié la signification des surfaces tridimensionnelles à t constant, voyons ce qui découle des observations astronomiques. Par exemple, on évalue le changement observé de la fréquence d'un signal émis à une certaine distance, en fonction de $R(t)$. Connaissant l'instant d'émission et la coordonnée r, on cherche l'intervalle de réception. Le chemin suivi par la lumière est obtenu en posant $(ds)^2 = 0$. Si la propagation de la lumière est radiale, alors

$$(ds)^2 = 0 = (dt)^2 - \frac{R^2(t)}{(1 + kr^2/4)^2}(dr)^2,$$

ce qui implique

$$\frac{dt}{R(t)} = \frac{dr}{(1 + kr^2/4)}. \tag{12.3.1}$$

Pour une horloge placée au rayon coordonnée r constant, dt est l'intervalle de temps propre et le nombre de « tic-tac » de l'horloge est simplement $\int dt$. Afin de comparer les fréquences, calculons le rapport entre la durée d'émission et la durée de la réception. Si le signal émis commence au temps t et s'éteint au temps $t + \Delta t$, il sera reçu à un certain temps t_0 et la réception durera jusqu'au temps $t_0 + \Delta t_0$. On intègre alors le long du chemin emprunté par la lumière, (12.3.1), entre le premier et le dernier signal. Il vient

$$\int_t^{t_0} \frac{dt'}{R(t')} = \int_0^r \frac{dr}{1 + kr^2/4} = \int_{t+\Delta t}^{t_0+\Delta t_0} \frac{dt'}{R(t')}, \tag{12.3.2}$$

car, pour une nébuleuse donnée, la coordonnée r est une constante. Quel que soit la valeur de l'intervalle $t_0 - t$, si Δt et Δt_0 sont tous deux petits par rapport aux variations de $R(t)$, alors l'équation (12.3.2) implique que

$$\frac{\Delta t}{R(t)} = \frac{\Delta t_0}{R(t_0)}. \tag{12.3.3}$$

Ainsi, la comparaison des fréquences dépend de la fonction $R(t)$. Le résultat est le suivant :

$$w_{\text{reçue}} = \frac{R(t)}{R(t_0)} \cdot w, \qquad w = \text{fréquence naturelle}. \tag{12.3.4}$$

La fonction $R(t)$ apparaît manifestement comme un facteur d'échelle pour l'univers. Si $R(t)$ est croissante et monotone en t (c'est le cas d'un univers en expansion), toutes les fréquences reçues subissent un décalage vers le rouge, la valeur de ce décalage étant approximativement proportionnel à $(t_0 - t)$ si cet intervalle est petit devant la variation de $R(t)$.

Avant de relier ce décalage des fréquences à l'observation de Hubble, il nous reste à imaginer un moyen pour associer des distances mesurables aux différentes valeurs du rayon coordonnée r.

12.4 Les mesures de distances cosmologiques

Supposons que l'on tente de mesurer la distance d'une nébuleuse très lointaine en regardant son diamètre angulaire apparent. Soit L le diamètre de cette nébuleuse ; si l'on observe une diffusion angulaire $\Delta\theta$, alors la distance D_0 devrait s'écrire

$$\Delta\theta \cdot D_0 = L, \quad \text{c'est-à-dire} \quad D_0 = \frac{L}{\Delta\theta}. \tag{12.4.1}$$

L symbolise la longueur pour un même temps coordonnée ($dt = 0$). On suppose que ϕ reste constant et que $\Delta\theta$ peut être considéré comme infinitésimal. L'intervalle de temps propre est du genre espace :

$$-(ds)^2 = \frac{R^2(t_0)}{(1+kr^2/4)^2} r^2(\Delta\theta)^2 = L^2, \tag{12.4.2}$$

de sorte que

$$D_0 = \frac{R(t_0)r}{(1+kr^2/4)}. \tag{12.4.3}$$

Pour des distances très petites devant $1/\sqrt{k}$, r correspondra à la distance mesurée de cette manière, avec un facteur d'échelle $R(t)$. Nous voyons aussi qu'en utilisant les distances ainsi mesurées, le rougissement observé pour les galaxies lointaines s'avère proportionnel à leur éloignement (loi de Hubble), au premier ordre.

Une autre méthode commune pour estimer les distances recourt à la luminosité apparente des galaxies. On part du principe que les galaxies ont, en moyenne, une luminosité « standard » constante, correspondant à l'émission d'un certain nombre de photons par seconde. Cette méthode revient à estimer la distance d'une chandelle standard en disant que D^2 = (intensité standard/intensité apparente), puisque l'intensité lumineuse obéit à une loi en l'inverse du carré. Pour le problème qui nous occupe, l'angle solide apparent s'écrit (L^2/D^2), où L est le diamètre de la galaxie. On doit également introduire un terme pour la dilatation du temps, puisque les N photons émis dans notre direction pendant l'intervalle de temps Δt seront reçus pendant l'intervalle Δt_0, relié à Δt par l'équation (12.3.3). Si l'on compare les intensités, alors il faut inclure un facteur qui exprime la diminution d'énergie des photons due au décalage en fréquence (12.3.4). Au bout du compte, le résultat reliant la distance D au rayon coordonnée r est le suivant :

$$D = \frac{R^2(t_0)r}{R(t)(1+kr^2/4)}. \tag{12.4.4}$$

Cette expression diffère du résultat (12.4.3) par un facteur $R(t_0)/R(t)$, de sorte que D_0 et D ne sont pas identiques. Il est néanmoins possible de rafistoler tout cela et d'en tirer $R(t)$ dans le cas idéal. Ces considérations sont le moteur des observations faites avec le télescope de 5 mètres du mont Palomar : il passe le plus clair de son temps à observer les galaxies, à mesurer diamètres, intensités, décalages vers le rouge et ainsi de suite, pour affiner les résultats concernant la nature de la fonction $R(t)$ si tant est que notre modèle soit correct.

Si l'on s'interroge sur le nombre de galaxies qu'il devrait y avoir dans une coquille d'épaisseur $d\rho$ éloignée de nous d'une distance ρ, la réponse dépend bien évidemment du fait que l'on utilise, pour ρ, la distance de type D_0 ou de type D. Toutefois, la réponse s'écrit en fait

$$\text{nombre entre } (\rho) \text{ et } (\rho + d\rho) = \frac{dr\, r^2 R^3(t)}{(1 + kr^2/4)^3} \cdot (\text{constante}), \quad (12.4.5)$$

en supposant qu'en moyenne, les galaxies possèdent la même masse quel que soit le rayon.

Il est important de souligner que toutes ces méthodes d'investigation concernant la structure de l'univers s'appuient sur des hypothèses fondamentales qui peuvent s'avérer complètement fausses. La détermination de la distance à partir de la luminosité suppose que la luminosité des nébuleuses ne dépend pas de leur âge. Certains astronomes ont tenté de calculer des corrections élaborées pour inclure l'évolution supposée des étoiles mais, en réalité, on ne connaît pas l'évolution de l'intensité pour une vieille galaxie. Devrions-nous donc plutôt mesurer les diamètres ? Non seulement sont-ils difficiles à mesurer pour des nébuleuses lointaines mais en outre, on ne sait pas non plus si le diamètre apparent augmente ou diminue avec l'âge. D'autres difficultés surviennent du fait que, lorsqu'elles s'éteignent, les galaxies deviennent si sombres qu'on n'a aucune idée du nombre de celles qu'on ne voit pas. Ces complications n'affectent pourtant pas les résultats pourvu qu'on adopte la théorie de la création continue. En effet, l'univers de Hoyle est le seul dont la cosmologie soit complète et qui spécifie implicitement qu'en moyenne, les nébuleuses devraient toutes être identiques puisque l'univers est dans un état stationnaire.

12.5 Propriétés d'un univers ouvert ou fermé

On étudie les détails de la dynamique de l'univers (que l'on appelle « modèles de Friedmann » si $\Lambda = 0$ et « modèles de Lemaître » sinon) en termes des composantes du tenseur énergie-impulsion. On les calcule grâce au tenseur de courbure correspondant à la métrique (12.2.3) et l'on obtient l'expression suivante pour la composante 44 :

$$T^4{}_4 = 3\left(\frac{k+\dot{R}^2}{R^2}\right) = 8\pi G\rho + \Lambda, \tag{12.5.1}$$

où ρ est la densité de matière moyenne. Les autres éléments diagonaux s'écrivent

$$T^1{}_1 = \frac{2\ddot{R}}{R} + \frac{k+\dot{R}^2}{R^2} = -8\pi G p + \Lambda. \tag{12.5.2}$$

Dans cette équation, p représente la moyenne de la pression. Elle inclut *toutes* les pressions : la pression ordinaire des gaz, la pression de radiation et toutes les autres pressions imaginables quel que soit le phénomène qui leur donne lieu. Pour ce qui nous occupe, on supposera la pression des gaz très supérieure à toutes les autres en sorte qu'on pourra les négliger. Sa valeur est néanmoins très faible, de l'ordre de $(1/2\rho v^2)$, où (v/c) est une vitesse moyenne très petite dont on suppose qu'elle ne joue aucun rôle dans la dynamique de l'univers. Cette dynamique s'obtient directement à partir de la densité ρ en imposant que T satisfasse la condition de divergence nulle. La relation suivante entre p et ρ en est le résultat :

$$\frac{d}{dt}(\rho R^3) = -3pR^2\frac{dR}{dt}. \tag{12.5.3}$$

Cette équation n'est autre que

$$T^\mu{}_{4;\mu} = 0.$$

Les autres composantes indépendantes de la divergence, les

$$T^\mu{}_{1;\mu} = 0,$$

donnent $p_{,r} = 0$, que l'on aurait pu prévoir puisque l'on suppose l'univers isotrope. Le résultat a une structure très simple et une interprétation classique évidente si l'on appelle R le rayon de l'univers. ρR^3 est proportionnel à la masse totale, c'est-à-dire au contenu en énergie d'une densité uniforme ρ de taille caractéristique R. Le terme de droite est une pression que multiplie un volume ; il représente donc le rythme où vont les choses. L'équation a la même structure si l'on remplace tout l'univers par une région plus petite, de dimension a proportionnelle à R. Dans ce cas,

$$\frac{d}{dt}(\rho a^3) = -3pa^2\frac{da}{dt}. \tag{12.5.4}$$

Si $p = 0$, alors la quantité de matière à l'intérieur de la sphère ne change pas ;

$$\frac{4\pi}{3}\rho R^3 = M \tag{12.5.5}$$

reste constante. Il est alors possible de résoudre les équations et elles donnent

$$(k + \dot{R}^2) = 2G\frac{M}{R}. \tag{12.5.6}$$

La résolution de cette équation différentielle donne $R(t)$. Le comportement des solutions est facile à comprendre, toujours dans le cadre de la mécanique newtonienne. On voit facilement ce qui se passe en regardant une coquille d'épaisseur da autour d'une distribution sphérique de masse totale m (figure 12.2). On peut la considérer comme étant en chute libre dans le champ qu'engendre la masse à l'intérieur. Celui-ci est constant et la coquille obéit donc aux équations de la chute libre. En mécanique newtonienne, la conservation de l'énergie nous indiquerait que

$$-\frac{Gm}{a} + \frac{\dot{a}^2}{2} = \text{constante} = \text{énergie / masse.} \tag{12.5.7}$$

Selon la valeur de cette énergie, trois types de solutions sont possibles :

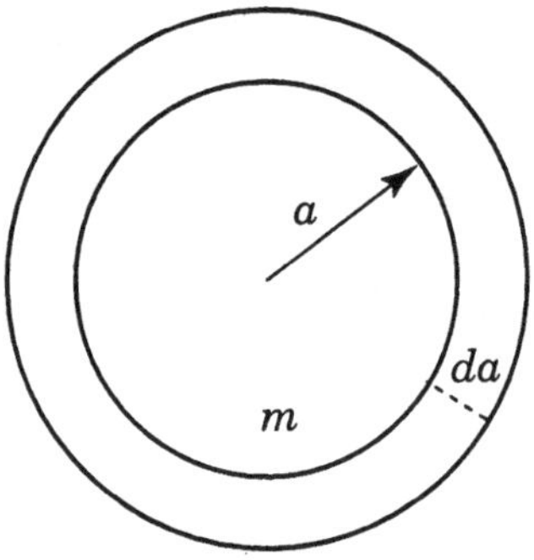

Figure 12.2

1. Si l'énergie est positive, la coquille continue d'enfler indéfiniment et poursuit son expansion indéfiniment.
2. Si l'énergie est nulle, elle augmente en tendant asymptotiquement vers un univers stationnaire de dilution infinie.
3. Si l'énergie est négative, le mouvement est borné et cyclique : l'expansion limitée est suivie d'une phase de contraction.

Ces solutions au problème newtonien correspondent aux différents univers possibles : 1) correspond à un univers ouvert de courbure négative ; 3) correspond à un univers fini fermé, de courbure positive.

Comment se fait-il que les solutions newtoniennes nous permettent de déduire ces propriétés ? En fait, dans un problème à symétrie sphérique, le mouvement d'une coquille matérielle finie est entièrement déterminé par la seule masse qu'elle entoure. La masse à l'extérieur produit l'équivalent d'un espace plat à l'intérieur. Ainsi, l'étude du mouvement d'une coquille finie nous livre le comportement de l'univers entier. Voilà une nouvelle démonstration de la puissance de l'hypothèse d'uniformité cosmologique.

LEÇON 13

13.1 Rôle de la densité de l'univers en cosmologie

Nous avons vu que le postulat d'uniformité conduit à l'éventualité d'un univers qui peut être soit ouvert soit fermé. La question de savoir si notre univers est lié et indéfiniment voué à l'expansion, ou non, est l'une des questions cosmologiques les plus intéressantes. On aimerait pouvoir y répondre grâce aux observations. Quels sont les facteurs influents ? Il s'agit de savoir si les vitesses des galaxies sont suffisantes pour leur permettre de se libérer ou au contraire assez petites pour que leur mouvement soit lié. Faisons quelques estimations à l'aide de la mécanique newtonienne qui s'avère, dans ce cas, suffisamment proche de la théorie relativiste. Si la vitesse radiale d'une coquille située au rayon r est proportionnelle à r, son énergie cinétique suffit-elle à la libérer ? La symétrie sphérique permet de ne considérer, pour écrire la conservation de l'énergie, que la masse à l'intérieur de la coquille. Si l'on suppose uniforme la densité ρ de l'univers, alors la valeur critique, qui sépare l'expansion tout juste limitée de l'expansion illimitée, est donnée par

$$\frac{1}{2}v^2 = \frac{GM}{r} \qquad \text{où} \qquad M = \frac{4\pi}{3}\rho r^3. \tag{13.1.1}$$

On peut faire le calcul pour toute valeur de r. Posons maintenant $v = r/T$ où T est le temps de Hubble, l'une des grandeurs qu'il faut mesurer. La condition critique se réécrit alors en termes de la densité

$$\rho = \frac{3}{8\pi}\frac{1}{GT^2}. \tag{13.1.2}$$

Avec la valeur actuelle du temps de Hubble, $T = 13 \times 10^9$ années, le calcul de la densité moyenne critique donne $\rho = 1 \times 10^{-29}$ grammes/cm^3.

On connaîtra le sort de l'univers dès qu'on pourra mesurer sa densité moyenne avec une précision suffisante pour fournir une comparaison valable avec la valeur critique.

Les mesures de la densité de l'univers sont malheureusement très difficiles à mettre en œuvre et leurs résultats très incertains. Elles sont bien plus ardues que les mesures de la constante de Hubble, pourtant elles aussi entachées d'une incertitude non négligeable. Nous l'avons déjà signalé : il y a de cela quelques années seulement, on pensait T inférieur d'un facteur $2,4$. L'estimation révisée a demandé beaucoup plus de travail que l'originale, et devrait donc être plus fiable. Toutefois, rien n'exclut que la valeur actuelle doive un jour être corrigée par un facteur comparable. Comme toujours, le résultat final dépend de manière très sensible des valeurs les plus difficiles à mesurer, c'est-à-dire celles concernant les galaxies qui sont tout juste à la portée de nos télescopes. On estime les distances à partir de la luminosité des amas plutôt que des galaxies et rien ne garantit que ces amas observables soient bien typiques de leur région, ni que leur luminosité soit comparable à celle des amas plus proches. Ainsi, au bout du compte, les estimations de T dépendent de la validité d'une longue chaîne de suppositions, chacune contribuant de manière significative à l'erreur possible du résultat final. Qu'en est-il des estimations concernant la densité moyenne ? Si l'on compte les galaxies en les supposant assez semblables à la nôtre, la densité totale de ce type de matière visible s'élève à quelque 10^{-31}g/cm^3. Cela représente en quelque sorte une limite inférieure à la densité de matière puisque toute la matière n'est pas visible. La densité de matière dans des régions intergalactiques a pu être estimée en mesurant l'intensité de diverses raies spectrales assez fines en fonction de la distance de la source. On suppose que l'absorption de ces raies donne une mesure du nombre d'atomes du type correspondant dans la région intermédiaire. Il reste encore beaucoup d'hypothèses et de corrections à faire pour transformer les données en une estimation numérique, si bien qu'on ne s'attend pas à un résultat incontestable, mais sinon peut-être à un ordre de grandeur. Les mesures de la quantité de sodium ont porté leurs fruits, mais la grandeur la plus importante est la quantité d'hydrogène, vraisemblablement obtenue en regardant l'absorption de la raie à 21 cm de l'hydrogène. Les radioastronomes travaillent à la question et leurs résultats semblent indiquer que la matière visible n'est effectivement qu'une infime portion de la matière totale. La valeur critique, $\rho = 1 \times 10^{-29}$ g/cm^3, reste toujours à la portée de nos estimations ; il y a tellement de rebut parmi les données que si une théorie nécessitait une densité de 10^{-27} g/cm^3, les observations ne pourraient pas l'invalider, on ne pourrait contrecarrer la théorie sur la seule base qu'elle avance une densité trop élevée.

J'aimerais ici faire une remarque au sujet de l'état actuel des observations en cosmologie. À la lecture d'un article écrit par un astronome lambda, le physicien découvre une façon inhabituelle de traiter les incertitudes et les erreurs. Les articles qui présentent calculs et mesures font souvent avec beaucoup de soin l'énumération et l'étude des diverses sources d'erreurs, et parfois ils donnent même une estimation du degré de confiance à accorder à certaines des hypothèses. Et pourtant, quand on en vient aux nombres, comme la valeur du temps de Hubble T, le résultat ne s'accompagne pas de l'incertitude globale, sous la forme $\pm\Delta T$ habituelle aux physiciens, par exemple. Un peu comme si les auteurs rechignaient à présenter clairement la probabilité que leur résultat soit correct alors qu'ils avaient pourtant signalé soigneusement les nombreuses sources d'erreur et bien qu'il soit parfaitement clair que le degré d'erreur représente une part importante du résultat. Le pire, c'est que d'autres chercheurs, cosmologistes ou astrophysiciens, utilisent ensuite ce nombre sans s'inquiéter de l'incertitude possible et le manipulent comme une observation astronomique aussi précise que la période d'une planète. En voici un exemple : dans les théories cosmologiques, tous les modèles prédisent un décalage vers le rouge qui varie quasiment linéairement avec la distance. Ce n'est que dans l'accélération des galaxies lointaines que les différences entre divers modèles deviennent significatifs. Supposons que l'accélération soit donnée par un paramètre q dont les observations et les calculs fournissent la valeur

$$\frac{\ddot{R}R}{\dot{R}^2} = q = 1,2. \tag{13.1.3}$$

Inutile de comparer cela à la théorie. Même si le modèle de Hoyle prédit $q = -0,5$, il pourrait toujours être valable, car les mesures d'accélérations présentent généralement d'énormes incertitudes, du type $1,2 \pm 5$ par exemple. Et c'est justement là que certaines personnes se fourvoient, en considérant les résultats sans incertitude comme s'ils étaient extrêmement précis. Un jour, bien sûr, les erreurs s'amenuiseront, grâce aux nombreux efforts que font les astronomes pour obtenir des résultats toujours meilleurs.

La conséquence de tout cela, c'est que la densité critique est la meilleure valeur de la densité qu'on puisse utiliser dans les problèmes cosmologiques. Elle présente beaucoup de propriétés agréables — par exemple, c'est la densité pour laquelle la création de matière au centre de l'univers (qui est partout en vertu du principe de l'uniformité cosmologique) ne coûte rien. Si la densité de matière égale ρ, alors on sait que l'espace possède une courbure positive, directement due à la densité de matière. Au contraire, l'espace tri-dimensionnel des temps propres égaux dans l'évolution des galaxies présente une courbure négative ; la densité critique permet de la compenser pour donner un espace tri-dimensionnel plat. La densité critique distingue également le cas d'un univers avec un nombre fini de nébuleuses de celui d'un univers qui en contiendrait une infinité. Étant données toutes les propriétés magiques de ce nombre, n'est-il pas tentant d'imaginer qu'il soit justement la « bonne » densité ? L'idée est séduisante, mais attention ! n'allez pas jusqu'à croire qu'un beau résultat devrait être plus fiable uniquement du fait de sa « beauté » ; celle-ci n'est qu'une conséquence artificielle de nos hypothèses.

13.2 De l'éventualité d'un univers non-uniforme et non-sphérique

Puisque toutes nos conclusions dépendent lourdement du postulat de l'uniformité cosmologique, examinons de plus près la nature des éléments qui jouent en sa faveur. Lorsqu'on observe dans une certaine direction de l'univers, on ne trouve, jusqu'à une distance de $1,3 \times 10^8$ années-lumière, qu'un seul amas : l'amas de la Vierge. Autrement dit, la distribution de matière est hautement asymétrique. L'absence de symétrie de cette région est tellement importante qu'on ne sait pas l'expliquer. Par exemple, elle ne peut pas être due à l'écran des poussières galactiques car celui-ci ne concerne que la région du ciel située à quelques degrés de l'équateur galactique. L'uniformité serait donc manifeste sur des régions beaucoup plus vastes que ces 10^8 années-lumière, car le nombre de galaxies d'un amas ordinaire est bien trop élevé pour qu'on puisse le considérer comme une simple fluctuation de la densité. Il est encourageant de noter que dans des régions plus reculées, le ciel semble peuplé de superamas (amas d'amas) très réguliers et très compacts, contenant des centaines de nébuleuses qui tournicotent comme des mouches autour de leur centre de gravité. La dispersion du décalage vers le rouge montre que les vitesses relativement au centre de masse doivent être de l'ordre de 1000 km/s. Cette dispersion fournit une mesure bien utile de la masse des amas. Évidemment, les amas se forment par l'attraction gravitationnelle et sont des entités qui vivent longtemps : ce sont des systèmes liés stables. On déduit leur masse du fait que des vitesses de 1000 km/s ne suffisent pas à libérer les galaxies de leur attraction. Attention tout de même ! appliqué au calcul de la masse de l'amas de la Vierge, cela donne une masse 30 fois plus faible que celle qu'on obtient par les autres méthodes. Cependant, les super-amas très lointains sont plus gros et cela rend le calcul plus fiable.

L'existence même des amas prouve que les nébuleuses s'attirent entre elles avec une telle intensité qu'ils perdurent depuis des temps comparables à l'âge de l'univers. Il est intéressant de noter que presque toutes les galaxies se regroupent en amas ; seul un tout petit nombre d'entre elles semblent ne pas en faire partie. En conséquence, la majeure partie de la matière visible dans l'univers ne dispose pas de suffisamment d'énergie pour se libérer de la matière qui l'environne. Cela étant, il me semble très peu probable que la densité moyenne de l'univers soit très inférieure à la densité critique. Si elle était beaucoup plus faible, on pourrait attribuer la formation des amas à des fluctuations locales qui rendraient la matière plus dense dans certaines régions seulement. Mais pour des raisons statistiques, il serait très difficile d'imaginer qu'il y ait assez de fluctuations locales de ce type pour que l'essentiel de la matière soit regroupé en amas. Certes, on pourrait avancer qu'en des temps plus reculés, lorsque la densité était très supérieure, ces fluctuations auraient été plus probables. Toutefois, je ne connais aucun argument quantitatif qui s'appuie sur cette idée. La conclusion inéluctable, c'est que la majeure partie de la matière est happée par les amas car l'énergie gravitationnelle est du même ordre que l'énergie cinétique due à l'expansion ; à mon avis, cela pourrait indiquer que la densité moyenne est partout très proche de la densité critique.

Ces suppositions concernant la densité moyenne ne jouent pas en faveur de l'hypothèse d'uniformité. En effet, on pourrait toujours objecter que la question de savoir si la matière se condense dans certaines régions reste purement locale et que la situation varie d'une région à l'autre. Or, on ne peut étudier le principe cosmologique que par une comparaison précise de la densité de matière et de la non-linéarité du décalage vers le rouge qui représente l'accélération des galaxies. En principe, ces grandeurs se mesurent indépendamment mais les théories qui adoptent le principe cosmologique prédisent qu'elles sont reliées. Si l'on pouvait mesurer avec précision la variation de la densité avec la distance radiale, peut-être trouverait-on que la matière est trop dense dans la région à plus courte distance, ce qui invaliderait le principe cosmologique.

Quand bien même ce principe serait faux, l'univers pourrait néanmoins posséder la symétrie sphérique (un préjugé en faveur du principe cosmologique trahit notre surprise face à la découverte que l'on est précisément à l'endroit qui semble être le centre de l'univers). Supposons que la partie visible de l'univers soit quasiment sphérique, mais qu'il existe de la matière en dehors, distribuée de manière fantaisiste. Qu'est ce que cela changerait ? Le mouvement des nébuleuses lointaines subirait une correction du premier ordre, due aux forces de marée, comme l'illustre la figure 13.1. (Si toute la région visible était accélérée de la même façon, on n'aurait pas conscience de cette accélération !) En conséquence, la correction du décalage vers le rouge serait de type quadrupolaire : les fréquences apparaîtraient plus rouges dans les deux régions polaires et plus bleues dans la région équatoriale.

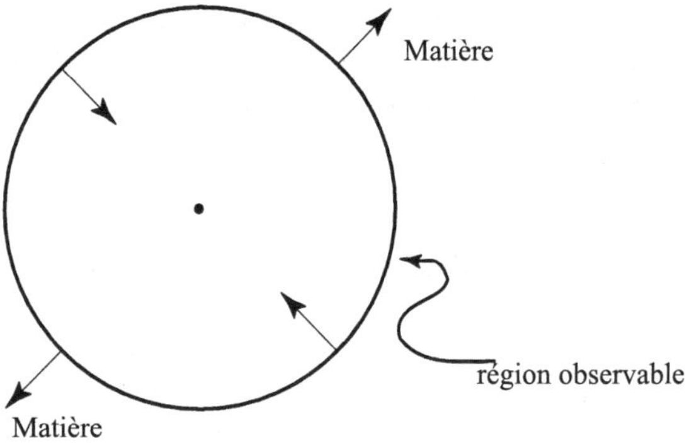

Figure 13.1

Ces dernières remarques montrent à quel point la théorie relativiste de la gravitation est peu bavarde en ce qui concerne la cosmologie. Les principaux problèmes de cosmologie ne seront résolus que lorsqu'on saura vraiment ce qu'est l'univers et que l'on disposera de relevés précis des déplacements de fréquence et des densités en fonction de la distance et de la position dans le ciel.

13.3 Extinction de galaxies et conservation de l'énergie

Signalons brièvement certains des mystères les plus intéressants de la cosmologie et de ses modèles. Est-il possible que des nébuleuses viennent à disparaître à tout jamais ? Si l'on en croit la théorie en vigueur, alors non ! que la densité soit supérieure ou inférieure à la densité critique, aucune galaxie visible aujourd'hui ne pourra jamais disparaître complètement, même si elle devient de plus en plus rouge. Envisager que des galaxies puissent s'éloigner de nous avec une vitesse supérieure à celle de la lumière n'a aucun sens : quand bien même on formulerait cela correctement, elles seraient impossibles à observer, par hypothèse.

Dans la théorie de Hoyle, les nébuleuses les plus éloignées disparaissent bel et bien. Son expression pour la vitesse de récession est telle que le volume d'un cube défini par huit galaxies données est multiplié par deux à chaque intervalle de temps de durée déterminée. On suppose donc que les vitesses augmentent si bien que certaines galaxies sont accélérées jusqu'à des vitesses supérieures à c. Cependant, la théorie de Hoyle ne prétend pas fournir d'explication au mouvement des galaxies en termes de forces. Elle ne fait que poser une règle cinématique pour calculer les différentes positions en fonction du temps, et les détails sont tels que les galaxies finissent par disparaître à notre vue. Il n'y aurait pas grand intérêt à chercher une force capable d'engendrer l'expansion de Hoyle. Elle serait forcément très inhabituelle puisqu'aucune force finie ne pourrait produire un tel mouvement en suivant les lois de la mécanique.

J'ai hérité de mon professeur, M. Wheeler, le préjugé qui consiste à s'interdire de justifier un résultat en modifiant la théorie en vigueur tant qu'on n'a pas épuisé ses ressources. Je précise cela car certaines hypothèses ont été avancées au sujet d'une force d'expansion dont l'effet serait d'accélérer les galaxies « à la Hoyle », et qui proviendrait d'un déséquilibre entre les charges positives et les charges négatives. Puisque l'on dispose d'une excellente théorie de l'électrodynamique dans laquelle e^+ vaut exactement l'opposé de e^-, ce genre de spéculation paraît vaine. En outre, nous n'allons pas bouleverser notre superbe théorie de l'électrodynamique dans le seul but de fournir un mécanisme pour expliquer un modèle cinématique qui pourrait très bien s'avérer faux aux premières observations suffisamment précises. Hoyle peut encore avoir raison, mais si c'est le cas, alors nous le découvrirons d'abord grâce à nos observations de l'univers.

Une dernière remarque, que semblent ignorer les gens à l'affût des incohérences et des preuves mathématiquement rigoureuses. Il n'existe aucun moyen de prouver, par le seul biais des mathématiques, qu'un résultat physique est faux ou incohérent. Tout ce que l'on peut démontrer, c'est l'invalidité des hypothèses mathématiques. Si l'on s'aperçoit que certaines assomptions mathématiques conduisent à une description incohérente de la Nature, alors ce sont les hypothèses qu'on doit modifier, pas la Nature.

Je dis tout cela car je ne suis pas sûr de la manière dont la théorie de l'univers selon Hoyle devrait ne pas coïncider avec les nombreuses hypothèses que les physiciens ont l'habitude de faire. Par exemple, les raisonnements relativistes faisant intervenir la communication par signaux pourraient devenir problématiques. Si une galaxie disparaît de notre vue, se retrouve-t-elle vraiment, pour nous, hors de l'univers ? Ne pourrait-on demander comment se porte cette galaxie à un collègue, posté au fin fond de l'espace mais à portée de nos télescopes, tandis que la galaxie en question reste à la portée des siens ? Ou, au contraire, les détails de la cinématique s'arrangent-ils en sorte de préserver la règle relativiste selon laquelle une vitesse proche de c dans un système de coordonnées en déplacement par rapport à nous à une vitesse proche de celle de la lumière donne toujours une vitesse inférieure à c ?

Parlons un peu de la conservation de l'énergie. Dans la théorie de Hoyle, la matière serait créée au repos, au « centre » de l'univers (et nous avons vu que, globalement, il n'existe pas d'énergie de création car l'énergie gravitationnelle négative équilibre exactement l'énergie de masse). Ce type de conservation de l'énergie est tel que, si l'on prend une boîte de taille finie, où qu'elle soit, il n'y aura pas de matière créée à l'intérieur, mais uniquement un flux d'énergie venu de l'extérieur. Autrement dit, seule une loi de conservation locale aurait un sens. Si l'énergie pouvait disparaître ici pour réapparaître là au même instant, sans flux de quoi que ce soit entre les deux, alors on ne pourrait déduire aucune conséquence physique de la « conservation » globale. Donnons donc l'interprétation suivante à la création de matière de Hoyle : considérons un univers fini, ponctué de masses élevées, distribuées à l'intérieur d'une sphère comme à la figure 13.2. Imaginons que des paires de particules d'énergie nulle surviennent de l'extérieur de la sphère vers l'intérieur. Ces particules pourraient être des photons, des gravitons ou des neutrinos, voire même de nouvelles particules, des truc-inos, qui ne se soucient guère de la conservation du nombre baryonique. Quand ces truc-inos rencontrent d'autres truc-inos venus de l'autre côté de la sphère avec une impulsion opposée, ils disposent d'assez d'énergie pour créer un atome d'hydrogène. De cette manière, on concilie la création de matière de Hoyle avec la conservation locale de l'énergie puisque la matière est créée à partir d'énergie importée par les truc-inos. Avec un flux de truc-inos très important et une section efficace de production de matière juste en deçà du seuil, on comprend alors que la matière soit créée au repos par rapport à la moyenne pour la nébuleuse. L'idée étant que, si le flux est suffisamment important, dès qu'un truc-ino dispose d'assez d'énergie, il peut rencontrer un autre truc-ino avec lequel il produira de la matière. Si l'énergie maximum que les truc-inos peuvent acquérir dans leur chute est sensiblement égale au seuil, alors la matière sera créée « au repos ». De cette manière, on peut concilier conservation locale de l'énergie et théorie de Hoyle. Bien sûr, il subsiste bon nombre de problèmes, comme par exemple celui de savoir pourquoi le nombre baryonique n'est pas conservé.

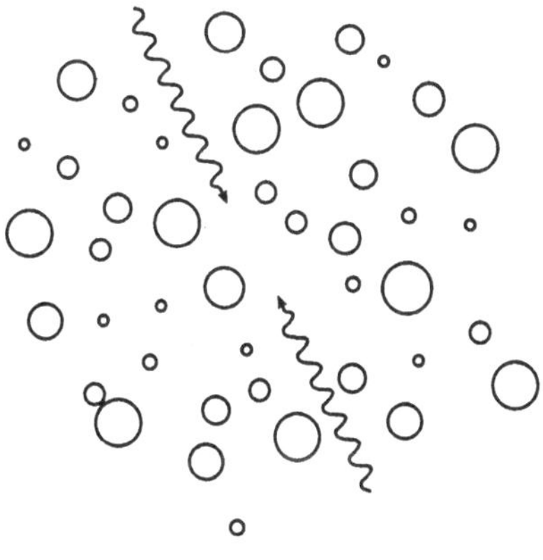

Figure 13.2

13.4 Principe de Mach et conditions aux limites

La théorie classique de la gravitation ne nous a pas permis de trancher la question de la validité du principe de Mach. On pourrait par exemple se demander si la théorie de la gravitation prédirait des forces de Coriolis dans le cas où la totalité des galaxies aurait un mouvement de rotation autour de nous. On aborde le problème de la manière suivante : imaginons une coquille de matière en rotation située à grande distance, comme l'illustre la figure 13.3, et voyons s'il existe des forces, au centre, qui feraient qu'un pendule suivrait le mouvement de la coquille. On résout le problème avec la condition que $g_{\mu\nu} = \eta_{\mu\nu}$ à l'infini. Le résultat (obtenu par Thirring [Thir18]) s'écrit

$$\omega = \omega_0 \left(\frac{GM}{Rc^2} \right). \tag{13.4.1}$$

La grandeur (GM/Rc^2) est toujours inférieure à 1 de sorte que le pendule (ou tout autre chose) ne suit pas tout à fait la matière en rotation. Bien évidemment, il est possible que le choix des conditions aux limites soit pour quelque chose dans ce résultat. Tout ce que l'on sait, c'est que $g_{\mu\nu} \sim \eta_{\mu\nu}$ dans les régions de potentiel gravitationnel constant, mais rien ne garantit que $g_{\mu\nu} \sim \eta_{\mu\nu}$ lorsque le potentiel gravitationnel s'annule. Aussi, l'échec apparent du principe de Mach pourrait venir du mauvais choix des conditions aux limites. La situation est comparable au cas de l'électrostatique où l'on peut résoudre les équations en posant $E_z = 1$ comme condition limite aux grandes distances. Le prix à payer pour étendre ces solutions à des régions de plus en plus vastes consiste à inclure des quantités de charges de plus en plus importantes, uniformément distribuées dans la région extérieure selon des plans perpendiculaires à l'axe z. De même, le fait de poser $g_{\mu\nu} = \eta_{\mu\nu}$ à l'infini pourrait sous-entendre l'existence de grandes quantités de matière uniformément distribuées « à l'extérieur », « au-delà de l'infini ». C'est pourquoi il me semble que l'étude de la signification des conditions aux limites permet de vérifier la validité du principe de Mach.

Dans notre discussion précédente de ce principe, nous avions avancé l'hypothèse que la valeur numérique de $g_{\mu\nu}$ dans la métrique

$$(ds)^2 = g_{\mu\nu} dx^\mu dx^\nu \tag{13.4.2}$$

puisse être une grandeur physiquement significative, à condition de mesurer le temps propre et les longueurs en unités naturelles comme le temps de Hubble cT ou des longueurs d'onde Compton. La longueur d'onde Compton des protons fournit un $g_{\mu\nu}$ de l'ordre de 10^{-84}. La relativité restreinte correspond au cas particulier où $g_{\mu\nu}$ = constante, auquel cas le temps propre et les longueurs peuvent être rapportés aux échelles du laboratoire. Les masses avoisinantes comme le Soleil apportent une faible contribution à $g_{\mu\nu}$, que l'on observe différemment

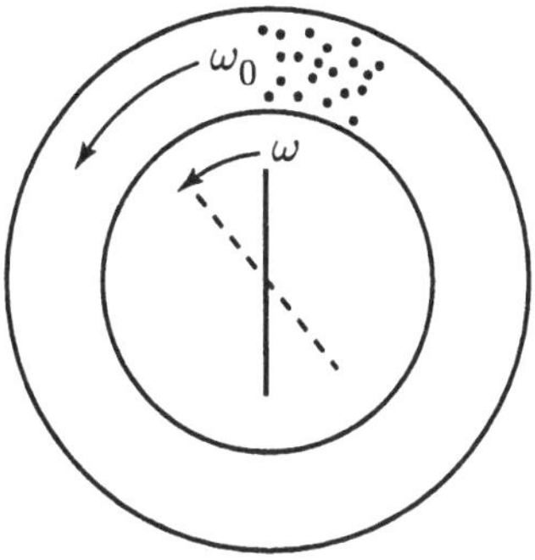

Figure 13.3

car ses variations locales sont rapides par comparaison à celles des contributions issues des nébuleuses distantes. Nous avons également vu comment cet ordre de grandeur de 10^{-84} émerge si l'on postule une contribution égale de tous les baryons. Ce nombre de baryons a-t-il quelque chose de particulier ? Est-il conservé, par exemple ? Est-il infini ? Le nombre de baryons dans une région observable donnée de l'univers aurait-il des conséquences physiques ?

La réponse à toutes ces question n'est pas forcément simple. Je sais bien que certains scientifiques passent leur temps à prêcher le fait que la Nature choisit toujours les solutions les plus simples. Pourtant, la solution de loin la plus simple serait le néant : qu'il n'y ait rien du tout dans l'univers. Mais la Nature est bien plus fertile et inventive que cela, et je refuse d'accepter l'idée qu'elle doive toujours être simple.

13.5 Les mystères du cosmos

Voici l'un des plus vieux mystères cosmologiques (appelé « paradoxe de Olbers ») : si l'univers est infini et partout peuplé de matière lumineuse, pourquoi les cieux ne sont-ils pas infiniment lumineux ? Évidemment, on peut envisager que les étoiles existent en nombre fini. Et quand bien même ce ne serait pas le cas, les cieux n'auraient pas forcément une luminosité infinie : l'absorption de la lumière ou les décalages vers le rouge (Doppler et gravitationnel) pourraient se combiner pour donner un ciel sombre dans un univers infini. Certains objets du cosmos s'avèrent toutefois d'une intensité vraiment étonnante. Les chercheurs en radioastronomie, dont les instruments ont une portée supérieure à tous les autres, ont découvert des sources radio qui présentent une structure particulière. La figure 13.4 donne une ébauche rapide des contours d'égale intensité. On a répertorié plus d'une vingtaine d'objets de ce type. Lorsque les astronomes pointent leur télescope vers ces régions de l'espace, ils découvrent, au centre de cette structure, une galaxie dont on observe les bords. Parfois encore, ils trouvent des sources radio dont les contours d'égale intensité ne présentent qu'un seul foyer, qui semble être une galaxie vue de travers. Il s'agit certainement du même type d'objet mais observé sous un angle différent. Ce qui est réellement surprenant, c'est la quantité d'énergie qu'ils rayonnent. Lorsque les astronomes intègrent l'intensité observée par rapport à *leur* spectre radio, sans aucune extrapolation concernant les fréquences qui ne sont pas observées, ils obtiennent pour l'énergie rayonnée la valeur de 10^{44} ergs/seconde. Si l'on estime la limite inférieure pour la durée de vie de ces objets en mesurant leurs dimensions puis en divisant par la vitesse de la lumière, on trouve que l'énergie rayonnée est de l'ordre de 10^{60} ergs, ce qui équivaut à l'énergie de masse de 10^6 ou 10^8 étoiles de la taille de notre Soleil. La puissance rayonnée en lumière visible est du même ordre. C'est comme si 10^6 à 10^8 étoiles avaient été complètement annihilées ! D'où vient toute cette énergie ?

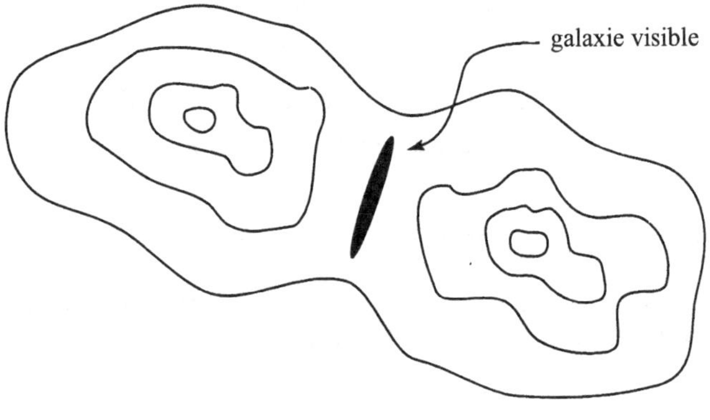

Figure 13.4

Les réactions nucléaires ordinaires, qui transforment depuis les protons jusqu'au fer, ne peuvent annihiler qu'une très faible fraction de la masse. Le nombre d'étoiles dans une galaxie ordinaire avoisine les

10^9 en moyenne ; il est donc impossible que les réactions nucléaires au sein d'une étoile ordinaire aient annihilé l'équivalent de 10^8 étoiles. On peut faire ce type de comparaison car, lorsqu'on les observe en lumière visible, les galaxies qui présentent ce halo extrêmement intense ressemblent en tout point aux autres galaxies. L'explosion de toutes les étoiles d'une galaxies ne suffirait même pas à fournir une telle puissance. Le seul moyen pour expliquer que des objets lumineux rayonnent une puissance aussi gigantesque serait d'imaginer qu'un million d'étoiles d'antimatière annihilent un million d'étoiles de matière. D'autres explications avancent l'existence de structures au centre de ces galaxies, des monstres d'étoiles au sein desquelles l'énergie n'aurait pas la même origine que dans les étoiles ordinaires. La structure à deux foyers de la figure 13.4 s'interprète alors comme étant due à l'absorption des ondes radio par des poussières sombres le long du plan galactique.

Un point intéressant au sujet des étoiles ordinaires est que leur taille ne varie pas beaucoup. Leur masse est toujours du même ordre de grandeur que celle de notre Soleil (ou, au mieux, 10 fois supérieure). On établit facilement l'existence d'une limite naturelle à la taille d'une étoile en considérant à la fois les conditions du principe d'exclusion de Pauli et les vitesses de libération. On commence par remplir les couches d'électrons (disons qu'on se place à 0° K) de la mer de Fermi et on additionne les masses des protons contenus à l'intérieur d'un volume donné. Une fois parvenus aux environs de $1,5$ fois la masse du Soleil, la surface de la mer de Fermi atteint déjà une hauteur critique. À ce stade, l'étoile ordinaire n'est pas assez massive pour que les solutions relativistes diffèrent vraiment des solutions non-relativistes.

Dès lors qu'on s'intéresse à la condensation d'une des étoiles super-massives mentionnées plus haut, dont la masse atteint les 10^9 masses solaires, les processus gravitationnels pourraient devenir hautement relativistes. La description que font les astrophysiciens des étoiles ordinaires, c'est-à-dire du refroidissement par le rayonnement et de l'effondrement du cœur jusqu'aux très hautes températures, pourrait ne plus être valable. À suffisamment haute pression, les réactions nucléaires tendent plutôt vers l'inverse de la désintégration β du proton

$$p + e \to n + \nu. \tag{13.5.1}$$

L'évolution d'une étoile super-massive si énorme et si riche en neutrons pourrait s'avérer très différente de celle de notre Soleil. À mon avis, avant d'élaborer de nouvelles théories pour expliquer ce genre de choses, mieux vaut tenter d'exploiter toutes les connaissances des théories physiques dont on dispose afin de voir ce qu'elles prédisent dans des situations aussi extrêmes.

LEÇON 14

14.1 Problème des étoiles super-massives en relativité générale

Dans cette leçon, je voudrais me pencher sur la question des étoiles super-massives, de l'ordre de 10^9 masses solaires, dont Fowler et Hoyle ont fait l'étude [HoFo63]. Nous prendrons un modèle très simple qui possède toutefois l'essentiel des attributs d'une étoile réelle. Une fois qu'on saura comment résoudre le problème simplifié, on pourra s'occuper de perfectionner le modèle. Le point de départ est l'équation différentielle de la relativité générale, l'équation d'Einstein

$$8\pi G T_{\mu\nu} = G_{\mu\nu} = R_{\mu\nu} - \frac{1}{2} g_{\mu\nu} R. \tag{14.1.1}$$

La partie droite représente l'aspect « géométrique » et les courbures sont écrites en termes du tenseur métrique. Si l'on cherche les solutions statiques à symétrie sphérique, alors les éléments du tenseur métrique sont données par les fonctions $\nu(r)$ et $\lambda(r)$:

$$(ds)^2 = e^{\nu}(dt)^2 - e^{\lambda}(dr)^2 - r^2\Big(\sin^2\theta(d\phi)^2 + (d\theta)^2\Big). \tag{14.1.2}$$

Le terme de gauche de l'équation (14.1.1) concerne la partie « physique » qui fait intervenir le tenseur énergie-impulsion. Si l'on suppose la matière gazeuse, ce tenseur ne contient que la pression p et la densité ρ. On rebaptise les coordonnées (r, θ, ϕ, t) à l'aide des indices $(1, 2, 3, 4)$ et l'on dénote les dérivées par rapport à r par des primes de sorte que les équations d'Einstein se réduisent aux équations ci-dessous, faisant intervenir les fonctions $\nu(r)$ et $\lambda(r)$, la pression et la densité :

$$G^1{}_1 = -e^{-\lambda}\nu'/r - (e^{-\lambda} - 1)/r^2 = -8\pi G p \tag{14.1.3a}$$

$$G^2{}_2 = -e^{-\lambda}(\nu''/2 - \nu'\lambda'/4 + (\nu')^2/4 + (\nu' - \lambda')/2r) = -8\pi G p \tag{14.1.3b}$$

$$G^4{}_4 = -e^{-\lambda}\lambda'/r - (e^{-\lambda} - 1)/r^2 = 8\pi G \rho. \tag{14.1.3c}$$

Le modèle que nous utiliserons dépendra de ce que nous substitueurons à p etρ. Ces grandeurs représentent la pression et la densité telle que les mesurerait un observateur resté immobile en un point donné. Nous n'obtiendrons de solutions valables qu'après avoir vérifié que notre tenseur physique $T_{\mu\nu}$ est bien conservé. Dans le cas de la symétrie sphérique, seule importe la composante radiale de la divergence du tenseur. On doit avoir

$$\frac{\partial T^1{}_1}{\partial r} + \frac{1}{2}\nu'(T^1{}_1 - T^4{}_4) + \frac{1}{r}(T^1{}_1 - T^2{}_2) = 0 = -\frac{1}{2}\nu'(p + \rho) - p', \tag{14.1.4}$$

ce qui exprime que la pression dans la direction radiale est équilibrée, comme il se doit pour notre solution statique. L'équation pour la divergence permet d'éliminer ν'. On obtient ensuite une formule pour éliminer $\exp(-\lambda)$. On réécrit tout d'abord $G^4{}_4$ en termes d'une nouvelle fonction $M(r)$: avec

$$G^4{}_4 = \frac{1}{r^2}\frac{d}{dr}\Big[r(1 - e^{-\lambda})\Big], \tag{14.1.5a}$$

on pose

$$M(r) = \frac{1}{2}\Big[r(1 - e^{-\lambda})\Big], \qquad e^{-\lambda} = 1 - \frac{2M(r)}{r}, \tag{14.1.5b}$$

de sorte que

$$\frac{dM}{dr} = 4\pi r^2 G\rho. \tag{14.1.5c}$$

La fonction $M(r)$ s'avère proportionnelle à la masse de l'étoile puisqu'il s'agit de l'intégrale de la densité ρ. Toutefois, son interprétation n'est pas aussi immédiate, du fait des particularités des coordonnées dans lesquelles on mesure ρ. Nous reviendrons sur ce point plus tard. On substitue les expressions de ν' et de $\exp(-\lambda)$ dans l'équation (14.1.3a) pour obtenir

$$\left(1 - \frac{2M}{r}\right)\frac{1}{r}\frac{dp}{dr} = -(p + \rho)\left(4\pi G p + \frac{M}{r^3}\right). \tag{14.1.6}$$

Avec l'équation différentielle donnant $M(r)$ et l'équation d'état qui relie p et ρ, on dispose donc d'un système d'équations couplées qu'on devrait pouvoir résoudre pour en déduire $M(r)$, p et ρ. Avec un choix correct des conditions aux limites, ces grandeurs représenteront une étoile super-massive dans l'approximation statique.

Que choisir comme équation d'état ? Une masse de l'ordre de 10^9 masses solaires reste très diluée si elle se répartit sur un domaine de taille astronomique : même à la température de quelque 10^9 degrés Kelvin, la pression du gaz est plutôt basse. Toutefois à des températures aussi élevées, la densité de rayonnement, qui est proportionnelle à T^4, devient une part importante de l'énergie de masse de la densité de nucléons. On obtient une approximation sensée en négligeant la pression du gaz devant la pression de radiation : dans le même ordre d'idées, on néglige la petite augmentation de l'énergie des nucléons due à leur vitesse. En unités de l'énergie de masse des nucléons, s dénotant leur densité, on a donc

$$\rho = s + \epsilon, \tag{14.1.7a}$$

$$p = \frac{1}{3}\epsilon. \tag{14.1.7b}$$

Certes, ces équations relient p et ρ, mais il reste encore à préciser ce qu'est ϵ pour avoir une équation d'état. On fait l'hypothèse adiabatique (que tout le monde fait lorsqu'il s'agit de démêler ce genre de problèmes) que la distribution de température est la même que si le tout avait été plongé en bloc dans une distribution qui aurait été uniforme dès le départ, sans qu'il y ait aucun mélange ni aucun transfert d'énergie entre les différentes régions. Lorsqu'on comprime la matière confinée dans une boîte, toutes les fréquences à l'intérieur augmentent d'un même facteur, inversement proportionnel à la taille de la boîte. Puisque l'entropie reste constante au cours des transformations adiabatiques, l'augmentation de température doit être analogue. La densité de nucléons est donc proportionnelle au cube de la température tandis que la densité d'énergie rayonnée est proportionnelle à T^4. En termes des températures (mesurées en unités de 10^9 degrés) et des énergies (mesurées en unités de l'énergie de masse d'un nucléon), il vient

$$\epsilon = aT^4, \qquad s = a\tau T^3. \tag{14.1.8}$$

Le nombre am_n, où m_n représente la masse d'un nucléon, est une constante valant $8,4$ g/cm^3. τ est un paramètre relié à l'entropie par baryon (donc indépendante du rayon de l'étoile) par la relation [entropie par baryon]= $4/3\tau$. On peut également obtenir ces résultats à partir de la condition générale de compression adiabatique que l'on exprime par

$$s^2 \frac{d(\epsilon/s)}{ds} = p = \frac{\epsilon}{3}. \tag{14.1.9}$$

Ces relations intriquées entre pressions, densités et transformations adiabatiques ont fait l'objet d'études en théorie classique. Les étoiles dont la pression et la densité obéissent toutes deux à des lois en puissances de la température sont connues sous le nom d'« étoiles polytropes ».

En fonction de la nouvelle température $t = T/\tau$ et des nouvelles unités, telles que $8\pi G m_n a \tau^4 = 1$, le système d'équations se réduit aux équations suivantes :

$$\rho = a\tau^4[t^4 + t^3] \tag{14.1.10a}$$

$$p = a\tau^4 \left[\frac{1}{3}t^4\right] \tag{14.1.10b}$$

$$\frac{dm}{dr} = \frac{1}{2}[t^4 + t^3]r^2 \tag{14.1.10c}$$

$$\frac{dt}{dr} = -\frac{r}{2}\left(\frac{3}{4} + t\right)\left(\frac{1}{3}t^4 + \frac{2m}{r^3}\right) \Big/ \left(1 - \frac{2m}{r}\right). \tag{14.1.10d}$$

Que choisir comme conditions aux limites ? On suppose que règne une certaine température au centre et que la surface est beaucoup plus froide, disons aux alentours de zéro, par comparaison. Les valeurs à inclure pour déduire les solutions $t(r)$ et $m(r)$ sont donc simplement :

$$m = 0, \qquad t = t_c, \qquad \text{en} \quad r = 0. \tag{14.1.11}$$

Le problème est maintenant posé de telle façon que la solution numérique s'avère très facile à trouver. On commence par le centre, où l'on sait que $m(r) = 0$ et $t(r) = t_c$. On calcule ensuite (dm/dr) à l'aide de l'équation (14.1.10c) et (dt/dr) à l'aide de l'équation (14.1.10d), puis l'on passe de l'une à l'autre pour générer $m(r)$ et $t(r)$. Puisque la dérivée (dt/dr) sera toujours négative pour t positif, il existe un point r_0 où t s'annule. On arrête le calcul en ce point, en supposant qu'une solution plus physique ne modifierait que les couches les plus externes de l'étoile, en s'atténuant tout doucement jusqu'à s'annuler, sans vraiment remanier la solution à l'intérieur. Ainsi, le rayon r_0 est censé représenter le rayon de l'étoile et la valeur $m_0 = m(r_0)$ sa masse totale.

14.2 Signification des solutions et de leurs paramètres

La solution que l'on vient de présenter vaut pour beaucoup d'étoiles, toutes celles qui sont correctement décrites par les valeurs possibles du paramètre τ. Afin de se faire une idée de l'ordre de grandeur de m_0 et r_0 dans les cas intéressants, voici les facteurs de conversion vers des unités plus habituelles :

$$M \equiv \text{masse de l'étoile} = (27 \times 10^6 \text{masses solaires}) 2m_0/\tau^2 \quad (14.2.1a)$$

$$R \equiv \text{rayon de l'étoile} = (8 \times 10^{12} \text{cm}) r_0/\tau^2 \quad (14.2.1b)$$

$$T_c \equiv \text{température centrale} = t_c \tau (10^9 \text{degrés}) \quad (14.2.1c)$$

$$M_{\text{repos}} \equiv \text{masse au repos des nucléons de l'étoile}$$
$$= (27 \times 10^6 \text{masses solaires}) 2N/\tau^2. \quad (14.2.1d)$$

Il existe plusieurs moyens de se convaincre que nos équations décrivent bien ce que notre intuition nous dicte. Par exemple, dans le cas où la masse $m(r)$ ne devient jamais trop élevée, la pression varie avec le rayon selon la loi de Newton

$$\frac{dp}{dr} = -\frac{m(r)}{r^2}\rho. \quad (14.2.2)$$

Le nombre total de nucléons est intéressant à examiner. Bien que l'on puisse être tenté d'écrire simplement $4\pi \int dr s r^2$, prenons soin de ne manipuler que des expressions covariantes. Voici la formule correcte :

$$N = \int_0^{r_0} s^4 \sqrt{-g}\, dr\, d\theta\, d\phi, \qquad \sqrt{-g} = e^{\nu/2} e^{\lambda/2} r^2 \sin\theta, \quad (14.2.3)$$

où s^4 est la composante temporelle d'un quadrivecteur s^μ. On peut calculer sa valeur et effectuer l'intégration pour un système dont les nucléons sont au repos. Dans ce cas, seule sa composante temporelle n'est pas nulle et

$$s^\mu s_\mu = (s)^2 = g_{44} s^4 s^4, \qquad s^4 = s e^{-\nu/2}. \quad (14.2.4)$$

Le résultat pour le nombre total de nucléon s'écrit donc

$$N = 4\pi \int_0^{r_0} dr\, s r^2 [1 - 2m/r]^{-1/2}. \quad (14.2.5)$$

Revenons maintenant à l'expression de la masse de l'étoile pour tenter de mieux la comprendre. La densité ρ est une somme de deux termes, une énergie de masse s et une énergie de radiation ϵ. Lorsqu'on écrit la masse explicitement comme une intégrale, avec l'élément de volume approprié, on voit que la densité ρ est multipliée par une racine carrée :

$$m \leq m_0 = 4\pi \int_0^{r_0} \frac{r^2 dr}{\sqrt{1-2m/r}} \rho \sqrt{1-2m/r}. \qquad (14.2.6)$$

Voilà précisément ce qu'on aurait pu attendre d'une théorie relativiste : la racine carrée correspond à la correction de la densité d'énergie due à l'énergie gravitationnelle.

Pour des températures supérieures aux 10^9 degrés, il faudra utiliser ces solutions avec précaution car ces températures extrêmement élevées peuvent donner lieu à de nouvelles réactions physiques qui pourraient invalider complètement notre équation d'état. Par exemple, si les collisions électron-électron pouvaient produire des paires de neutrinos, ceux-ci emporteraient d'importantes quantités d'énergie et nos approximations deviendraient complètement fausses. Ce type de réaction pourrait devenir importantes autour de 10^9 degrés, où bon nombre de particules disposent d'assez d'énergie pour créer des paires d'électrons. La possibilité d'émergence de ces paires modifie les relations entre s et ϵ, ainsi qu'entre ϵ et p. Cependant, dans l'approximation adiabatique, les correspondances sont entièrement spécifiées par une grandeur γ (la pression p est proportionnelle à s^γ), et l'on trouve que γ ne change pas beaucoup avec les variations de température. Sa valeur est la même aux deux extrêmes $T \to 0$ et $T \to \infty$: $\gamma = 1,333$. Il existe un minimum entre les deux, où $\gamma = 1,270$. Cela suggère que les corrections dues aux paires d'électrons n'altèrent pas vraiment la partie qualitative de nos résultats.

14.3 Quelques résultats numériques

Certains calculs préliminaires conduisent aux valeurs relevées dans le tableau 14.1, obtenues pour une valeur donnée de τ, en ne faisant varier que la température centrale. Ce tableau mentionne les valeurs de la température t_c, du rayon r_0, de la masse de l'étoile m_0 et du « nombre de nucléons » N. Que remarque-t-on d'intéressant à leur sujet ? Pour comprendre l'évolution d'une étoile donnée, on peut se demander comment varient le rayon et la température centrale pour un même nombre de nucléons lorsque l'énergie totale par nucléon diminue. Cela représenterait assez bien la situation d'une étoile qui rayonne

Table 14.1

t_c	r_0	$2m_0$	$2N$
0,01	1100	8,45	8,45
0,10	114	6,23	6,19
0,20	59	4,71	4,62
0,40	36	3,13	2,97
0,60	28	2,39	2,19
1,00	32	1,87	1,66

de l'énergie tout doucement. Le tableau n'est pas assez complet pour qu'on en soit sûr, mais il semble indiquer que l'énergie par nucléon diminue avec la température centrale. Autrement dit, une étoile qui rayonne de l'énergie se refroidit.

Ces étoiles finissent-elles spontanément par enfler ? Nous n'avons pas étudié leur stabilité. Toujours dans le cadre de notre solution, nous pouvons comparer des calculs pour le même nombre de nucléons et le même τ selon les valeurs du rayon et de la température centrale. Le fait qu'il semble exister un rayon minimum pour t_c compris entre 0,40 et 1 suggère que l'étoile pourrait avoir un équilibre stable. Une autre façon d'étudier sa stabilité consiste à modéliser des « explosions ». Imaginons que l'on calcule l'énergie totale d'un nombre N de nucléons avec une certaine entropie par nucléon - c'est-à-dire une certaine valeur de τ - et que l'on sépare l'étoile en deux étoiles de même τ, en gardant la somme N constante. Ce processus fournit-il du travail ou en coûte-t-il au contraire ? On suppose que la valeur de τ est la même car toute la matière est issue de la même distribution initiale. Les valeurs numériques nous renseignent-elles sur ce point ? Lorsque N diminue, on trouve que l'excès de masse *augmente*. Cela signifie que les deux objets ayant un N plus petit seront plus massifs : il faut fournir du travail pour séparer le système. Il semblerait donc que les étoiles ne perdent pas de matière mais se maintiennent en un seul bloc.

Ces considérations nous montrent également qu'en fait les étoiles que décrit notre modèle n'auraient pu se former. Toutes possèdent plus d'énergie que l'énergie de masse des nucléons, et il faut donc fournir de l'énergie pour les assembler.

L'une des choses que nous aurions pu découvrir c'est que, dans tous les cas, les corrections dues à la relativité générale sont considérables et de première importance. Comment les paires d'électron modifientt-elles notre solution ? Elles tendent à fabriquer une étoile encore plus semblable à celles qui se réchauffent au centre lorsque leur surface refroidit.

Le rayon gravitationnel pose-t-il des problèmes ? Nous avons fabriqué nos équations en sorte que $m(r) = 0$ à l'origine, puis augmente vers l'extérieur. Si l'on devait atteindre des masses tellement énormes que $2m(r) = r$ très rapidement, alors notre équation différentielle (14.1.10d) indique qu'autour de la valeur critique pour r, t tendrait logarithmiquement vers $-\infty$. Aussi, avant le point critique, la température chuterait à zéro et nous arrêterions la solution en ce point. Toutefois, les résultats numériques obtenus pour la masse et le rayon sont si loin d'être critiques qu'il n'y a peut-être pas lieu de se soucier de ce problème pour le moment.

14.4 Prévisions pour les recherches futures d'étoiles super-massives

Il existe une autre modélisation mathématique de nos étoiles super-massives que l'on pourrait mettre en œuvre. Nous avons vu que le nombre total de nucléons de l'étoile est donné par

$$N = 4\pi \int_0^{r_0} \frac{sr^2 dr}{\sqrt{1 - 2m/r}}, \tag{14.4.1}$$

où

$$m(r) = 4\pi \int_0^r dr'\, \rho\, r'^2,$$

$\rho = \rho(s)$ étant donné par une équation d'état que l'on postule, comme par exemple notre équation « adiabatique »

$$s \frac{d\rho}{ds} = p + \rho. \tag{14.4.2}$$

La question de l'équilibre consiste à déterminer la configuration de moindre masse en partant d'un nombre de nucléons donné. On peut obtenir la même chose en fixant la masse et en maximisant le nombre de nucléons. La formulation mathématique prend la forme d'une équation variationnelle

$$\frac{\delta N}{\delta s(r)} = 0. \tag{14.4.3}$$

Si l'on parvient à la résoudre, alors elle fournira les solutions extrémales $s(r)$. Je me rassure en me disant que, lorsqu'on fait appel aux bons principes, même les problèmes les plus compliqués prennent une forme simple ! On aura trouvé les solutions de moindre masse si l'extremum $N[s(r)]$ est un vrai maximum.

Une fois qu'on a étudié les solutions statiques, on peut s'intéresser au problème dynamique complet... Les équations différentielles sont épouvantables ! La signification de bien des termes devient plus claire lorsqu'on se penche sur cette structure tellement complexe et qu'on commence à comparer avec la limite classique. Dans le cas le plus simple de la dynamique des gaz, les équations décrivent la propagation du son dans un milieu inhomogène ; le phénomène est non-linéaire et peut donc produire des ondes de choc, etc. Pas étonnant que tout cela soit si compliqué ! Des études plus modestes analyseraient de petites oscillations autour des solutions statiques ; les fréquences réelles indiqueraient que nos solutions précédentes étaient vraiment stables, une fois formées, et les fréquences imaginaires nous diraient qu'elles étaient instables.

Pour des calculs plus élaborés, il faudrait également des expressions plus justes pour la partie « physique » des équations. Que se passe-t-il si l'on prélève des neutrinos au cœur de l'étoile ? Continuera-t-elle à s'effondrer ou pas ? Dans le cas d'une étoile hautement relativiste, ces neutrinos pourraient représenter une part importante de l'énergie totale et donc provoquer une diminution notable de l'attraction gravitationnelle. La théorie des étoiles est relativement sûre tant qu'elle reste classique, que les énergies de masse des particules rendent compte de l'essentiel de l'énergie. Dans ce cas, un prélèvement d'énergie au cœur de l'étoile provoque un effondrement encore plus important qui réchauffe le centre. Tandis que le cœur de l'étoile se réchauffe, les réactions nucléaires fournissent plus d'énergie qui doit être emportée pour que l'étoile puisse rester stable. Si le centre se réchauffe suffisamment pour que l'ignition du carburant nucléaire produise plus d'énergie que l'étoile n'en perd, alors la situation devient instable et l'étoile explose. Cependant, dans le cas hautement relativiste, de nouveaux aspects apparaissent lorsque l'énergie de rayonnement atteint une fraction importante de la masse totale. Alors, tandis que le cœur se « refroidit » en perdant de l'énergie, son attraction diminue, car une partie non-négligeable de la masse a disparu. Par conséquent, pour une masse suffisamment élevée, il se pourrait qu'aucun processus ne conduise à l'explosion.

Je m'attends à ce que les solutions de ce problème prouvent, pour des masses supérieures à 10^8 masses solaires, que les solutions sphériques pour la matière en compression ne conduisent non pas à un effondrement mais à une sorte d'oscillation autour d'une certaine valeur du rayon. L'évolution stellaire habituelle ne prendrait le dessus que dans le cas où la distribution ne serait plus sphérique. Peut-être qu'en suivant cette voie nous trouverons une explication au fait que les étoiles visibles s'avèrent toutes plus ou moins de la même taille. Une solution du problème dynamique complet nous permettrait de comprendre comment la matière, lorsqu'elle est distribuée uniformément, commence à se condenser de manière symétrique puis, à un certain point, choisi de former des bosses qui se comprimeront ensuite plus avant. Les résultats pourraient révéler une sensibilité extrême à la valeur initiale du moment angulaire que possédait la distribution de masse. Par exemple, les planètes contiennent près de 95% du moment angulaire total de notre système solaire. Peut-être la masse forme-t-elle, en se comprimant, des bulles auxquelles elle transfère l'essentiel de son moment angulaire.

LEÇON 15

15.1 Topologie de l'espace de Schwarzschild

Dans la leçon précédente, nous avons récolté quelques indices qui semblent indiquer que la matière réelle ne peut se comprimer en deçà du rayon gravitationnel $2m$. Même si l'on tente d'en conclure que les « trous de vers » formés à partir de cette matière réelle ne peuvent exister, il reste encore à savoir si la solution de Schwarzschild représente vraiment le cas où le tenseur $G^{\mu}{}_{\nu}$ s'annule *partout*, cas pour lequel la matière ressemble à tout sauf à de la matière pour un observateur lointain. On tentera donc d'étendre la solution de Schwarzschild à l'intérieur du rayon $2m$. On suppose que cela devrait être possible : bien que la métrique

$$(ds)^2 = (1 - 2m/r)(dt)^2 - \frac{(dr)^2}{(1 - 2m/r)} - r^2\left((d\theta)^2 + \sin^2\theta(d\phi)^2\right) \tag{15.1.1}$$

affiche une singularité apparente en $r = 2m$, la courbure en ce point reste douce. La courbure est singulière à l'origine $r = 0$: l'espace subit quelque chose de vraiment terrible en ce point. Un vaisseau spatial qui tomberait vers l'origine endurerait les pires distorsions car les forces de marées y deviennent infinies (voilà le genre de catastrophes qu'impliquent les singularités de la courbure). Or, tout ce qui se passe en $r = 2m$, c'est que les coefficients de $(dt)^2$ et $(dr)^2$ dans (15.1.1) changent de signe. Ainsi, l'espace garde la signature $(3, 1)$ et pourrait donc paraître normal.

Considérons un développement de l'espace autour de la singularité. Supposons que l'on modifie les coordonnées dans le voisinage de

$r = 2m$ en considérant les plans $d\phi = 0$, $d\theta = 0$. En termes d'une nouvelle variable x, il vient, autour du point singulier

$$\begin{aligned} x =& (1 - 2m/r), \\ r =& 2m(1 + x) \quad \text{pour } x \text{ petit}, \\ (ds)^2 =& x(dt)^2 - (2m)^2 \frac{(dx)^2}{x}. \end{aligned} \tag{15.1.2}$$

Bien que cet espace change de signe avec x, on peut modifier à nouveau la métrique pour $x > 0$ en sorte que l'espace soit plat. Une transformation simple des coordonnées conduit à la forme polaire

$$x = R^2 \to (ds)^2 = R^2(dt)^2 - (4m)^2(dR)^2, \tag{15.1.3}$$

que l'on transforme facilement en métrique de Minkowski grâce à la substitution

$$\begin{aligned} v =& 4mR\cosh(t/4m), \\ u =& 4mR\sinh(t/4m), \\ \to (ds)^2 =& (du)^2 - (dv)^2. \end{aligned} \tag{15.1.4}$$

Cela démontre que l'espace autour du point singulier $r = 2m$ se comporte très normalement et que la singularité de Schwarzschild n'est donc qu'une bizarrerie des coordonnées que nous avons choisies. Afin de joindre les géodésiques à la traversée de $r = 2m$, l'équation (15.1.4) suggère la substitution

$$x = \left(1 - \frac{2m}{r}\right) = -\frac{(u^2 - v^2)}{(4m)^2}, \qquad \frac{u}{v} = \tanh\left(\frac{t}{4m}\right); \tag{15.1.5}$$

en termes des coordonnées u et v, l'espace et la métrique sont réguliers des deux côtés de $r = 2m$. Fuller et Wheeler [FuWh62] ont utilisé un changement de variable analogue. Les géodésiques, lorsqu'elles sont correctement reliées en $r = 2m$, montrent que les particules qui chutent vers une masse inférieure à la valeur critique $2m$ n'émergent pas dans un « nouvel » espace après la traversée d'un col mais continuent tranquillement leur chute vers l'origine. Il n'y a aucune contradiction avec les considérations qui nous ont conduit à spéculer sur les trous de vers. La topologie en forme de col s'obtient en découpant l'espace d'une certaine manière, en posant $dt = 0$. Cependant, le mouvement des vraies particules n'a pas lieu à t constant et rien ne justifie que la topologie du sous-espace $dt = 0$ corresponde à une propriété générale de l'espace quadri-dimensionnel. On peut découper un beignet toroïdal dans un solide quelconque sans que ce dernier n'ait aucun des attributs du tore. En physique, la topologie qui nous intéresse concerne les géodésiques et aucune géodésique de genre temps ne traverse le trou de vers.

15.2 Les orbites des particules dans le champ de Schwarzschild

Il est instructif de chercher le mouvement radial des particules en fonction du temps propre s. Comme de coutume dans les problèmes de force centrale, le mouvement a lieu dans un seul plan (on choisit le plan $\theta = \pi/2$) et le mouvement radial est déterminé par deux paramètres K et L, reliés à l'énergie totale et au moment angulaire, qui sont les intégrales premières des équations pour le temps et pour l'angle. Les équations des géodésiques

$$\frac{d}{ds}\left(g_{\mu\nu}\frac{dx^\mu}{ds}\right) = \frac{1}{2}\frac{\partial g_{\alpha\beta}}{\partial x^\nu}\frac{dx^\alpha}{ds}\frac{dx^\beta}{ds}, \tag{15.2.1}$$

s'intègrent très facilement pour $\nu = 3, 4$ (les coordonnées ϕ et t) car le tenseur métrique est indépendant de ϕ et t de sorte que le terme de droite de l'équation (15.2.1) est nul. On définit ainsi les intégrales premières :

$$K = (1 - 2m/r)\frac{dt}{ds}, \qquad L = r^2\frac{d\phi}{ds}. \tag{15.2.2}$$

L'équation pour la coordonnée radiale s'obtient en posant $\nu = 1$ dans (15.2.1) mais cela complique outre mesure : il est plus simple de déduire l'équation radiale à partir de la condition

$$g_{\mu\nu}\frac{dx^\mu}{ds}\frac{dx^\nu}{ds} = 1, \tag{15.2.3}$$

qui s'écrit, en fonction des grandeurs L et K,

$$\frac{K^2}{(1 - 2m/r)} - \frac{1}{(1 - 2m/r)}\left(\frac{dr}{ds}\right)^2 - \frac{L^2}{r^2} = 1. \tag{15.2.4}$$

Le laps de temps propre écoulé pendant la chute d'une particule depuis le rayon r_0 jusqu'au rayon r_1 est donné par

$$\int ds = \int_{r_0}^{r_1} dr\,\left(K^2 - (1 - 2m/r)(1 + L^2/r^2)\right)^{-1/2}. \tag{15.2.5}$$

Notez bien qu'il n'arrive rien de grave en $r = 2m$: l'intégrant a un comportement correct et il n'y a aucun problème de continuité au passage de quelque point que ce soit. Si nous avions étudié les orbites dès le départ, sans soucier de la métrique, peut-être n'aurions-nous pas remarqué la singularité de Schwarzschild et aurions-nous obtenu les bons résultats simplement avec l'équation (15.2.5).

La signification de la racine carrée est celle des mouvements orbitaux habituels. L'intégrale s'arrête lorsque la racine carrée devient négative (la particule n'atteint jamais les valeurs inférieures du rayon). Si le moment angulaire L est suffisamment élevé, la racine carré devient imaginaire lorsque le rayon dépasse la valeur $2m$, et les orbites se comportent, d'un point de vue qualitatif, comme dans le cas newtonien. D'un autre côté, si l'énergie et le moment angulaire permettent à la particule de franchir le rayon $2m$, alors le terme sous la racine carré reste positif, ce qui signifie que toutes les particules continuent de tomber vers l'origine. En fait, une fois à l'intérieur de $r = 2m$, les particules de plus haut moment angulaire L tomberont plus vite ; la « force centrifuge » agit alors comme une force attractive plutôt que répulsive.

À ce stade, je voudrais signaler certains résultats étranges que l'on obtient en adaptant la solution de Schwarzschild au cas d'un objet chargé qu'on observerait à grande distance. On pourrait facilement montrer que la seule modification dans la métrique revient à la substitution suivante :

$$(1 - 2m/r) \to (1 - 2m/r + q^2/r^2) \qquad (15.2.6)$$

où q représente la charge apparente. Lorsqu'on remplace cette expression dans celle du temps propre (15.2.5), on voit que la racine carrée devient imaginaire pour les faibles rayons de sorte que les particules ne peuvent jamais tomber jusqu'à l'origine : elles rebondissent vers l'arrière. Cette répulsion ne provient pas de la force électrique agissant entre les particules ; elle est inhérente à la métrique si l'on impose qu'aux grands rayons r les champs correspondent à ceux d'une particule chargée placée à l'origine. Ainsi, une particule neutre en chute libre vers le centre chargé ressentirait elle aussi cette répulsion.

La métrique (15.2.6) pour une masse chargée possède *deux* points singuliers. Il serait intéressant d'étudier la continuité des géodésiques d'une particule en chute libre à la traversée de ces deux singularités. Peut-être la particule réfléchie ressort-elle avant même d'être entrée ! Je soupçonne un phénomène de ce type car il semble qu'il faille à la particule un temps infini pour atteindre la première singularité (du point de vue d'un observateur extérieur), tandis que la trajectoire complète, du point de vue de la particule, prend un temps fini.

15.3 Avenir de la géométrodynamique

Les nombreuses discussions que l'on a eues autour de la solution de Schwarzschild trahissent le fait que notre théorie n'est pas complète. Il est temps de passer à d'autres sujets, mais je tiens à partager mes pronostics sur les résultats qu'on devrait obtenir une fois la théorie entièrement élucidée. Les spéculations de John A. Wheeler sur les trous de vers s'appuient sur l'idée qu'on devrait pouvoir construire des solutions aux équations d'Einstein pour lesquelles $G^{\mu}{}_{\nu} = 0$ partout, mais où tout se passerait comme s'il s'agissait de vraies masses. La topologie des trous de vers est telle qu'il était intuitivement clair que les lignes de champ électrique pénétrant le trou de vers pour en ressortir ailleurs correspondraient à l'existence de charges positives et négatives exactement de la même taille. Nous avons démontré que la topologie de l'espace géodésique n'est pas celle d'un trou de vers. Toutefois, l'idée que charge et matière sont toutes deux des manifestations de la topologie de l'espace est vraiment séduisante et le fait qu'elle ne fournit aucun résultat quantitatif en termes de la solution de Schwartzschild ne suffit pas à la discréditer. Il serait effectivement magnifique d'avoir $G^{\mu}{}_{\nu} = 0$ partout, en sorte que, dans les termes utilisés pour décrire la géométrodynamique, la matière ne viendrait d'aucune matière et la charge d'aucune charge.

Dans un futur proche, on pourrait étudier les propriétés de la solution de Schwarzschild à l'origine, en $r = 0$. Je soupçonne qu'il ne sera pas possible de montrer que $G^{\mu}{}_{\nu} = 0$ *partout*, mais qu'on trouvera plutôt $G^{\mu}{}_{\nu} = \delta(x)$ ou quelque chose dans ce genre. D'autres recherches porteront sur le comportement des charges et je pense qu'elles dévoileront que la « répulsion » à l'origine était une conclusion erronée, due à l'incohérence du modèle de la charge ponctuelle. En outre, la densité d'énergie autour d'une charge ponctuelle varie en E^2 ou $1/r^4$ et cela implique que la masse intérieure à un rayon fini quelconque devrait être infinie. Pour l'éviter, il faudra certainement poser quelque chose comme

$$\text{masse intérieure} = (\text{constante}) - \frac{q^2}{2r}. \tag{15.3.1}$$

Pour qu'il n'existe pas de masses négatives à l'intérieur d'un rayon donné, il faut exclure la possibilité de pénétrer une certaine région de rayon a défini par la condition (constante) $= q^2/2a$. La valeur de cette constante serait arbitraire si la masse à l'origine n'était pas purement électromagnétique. Dans la région en dehors de a, le champ et le potentiel gravitationnels seraient donnés par

$$\text{champ} = -\frac{q^2}{2r^2}\left(\frac{1}{a}-\frac{1}{r}\right), \qquad \text{potentiel} = \frac{q^2}{2r}\left(\frac{1}{a}-\frac{1}{2r}\right). \quad (15.3.2)$$

En rendant la constante non infinie et explicite, on exclut la répulsion. En termes des nouvelles coordonnées u et v, la totalité du monde réel est contenu dans une sous-région et c'est une *barrière* que les géodésiques des particules en chute libre rencontrent en $r = 0$. La singularité $r = m + \sqrt{m^2 - q^2}$ qui nous préoccupait tant au départ correspond à une région de l'espace parfaitement bien définie, où les géodésiques ne subissent pas le moindre sursaut. (Voir la figure 15.1). Il serait certainement très intéressant d'étudier l'évolution de la géométrie de cette masse chargée lorsqu'elle devient de plus en plus faible.

La géométrodynamique qu'ont développée John A. Wheeler et ses collègues n'a fourni aucun résultat quantitatif mais elle recèle le type d'inventivité audacieuse qui est susceptible de conduire à des progrès étonnants dans notre compréhension de la physique. Il faut reconnaître que Wheeler a vraiment le chic pour mettre le doigt sur les aspects inexplorés de la théorie en vigueur qui s'avèreront prometteurs. À l'époque où j'étais son assistant, j'ai bénéficié plus d'une fois de son intuition de génie à prédire l'issue d'un problème donné. À un moment, j'ai tenté de construire une théorie de l'électrodynamique classique dans laquelle les charges n'interagiraient qu'avec d'autres charges plutôt qu'avec des champs (j'avais le sentiment que les champs devaient disparaître sauf pour rendre compte du retardement). Tout allait bien, jusqu'à ce que j'essaie d'expliquer la réaction de rayonnement (dans laquelle une particule accélérée ressent une force bien avant que ses champs n'aient eu le temps de parcourir la distance jusqu'aux autres charges et de revenir). Lorsque j'ai parlé à Wheeler de mes problèmes, il m'a répondu « Pourquoi ne pas utiliser le potentiel avancé ? » Le potentiel avancé ? Voilà un concept que tout le monde négligeait tant il paraissait inutile. Il était manifestement dénué de tout sens physique (et proposer d'en faire usage était sublimement osé). Et pourtant, quelque temps plus tard, la théorie quantitative qui l'utilisait était sur pied et nous disposions d'une théorie de l'électrodynamique dans laquelle les

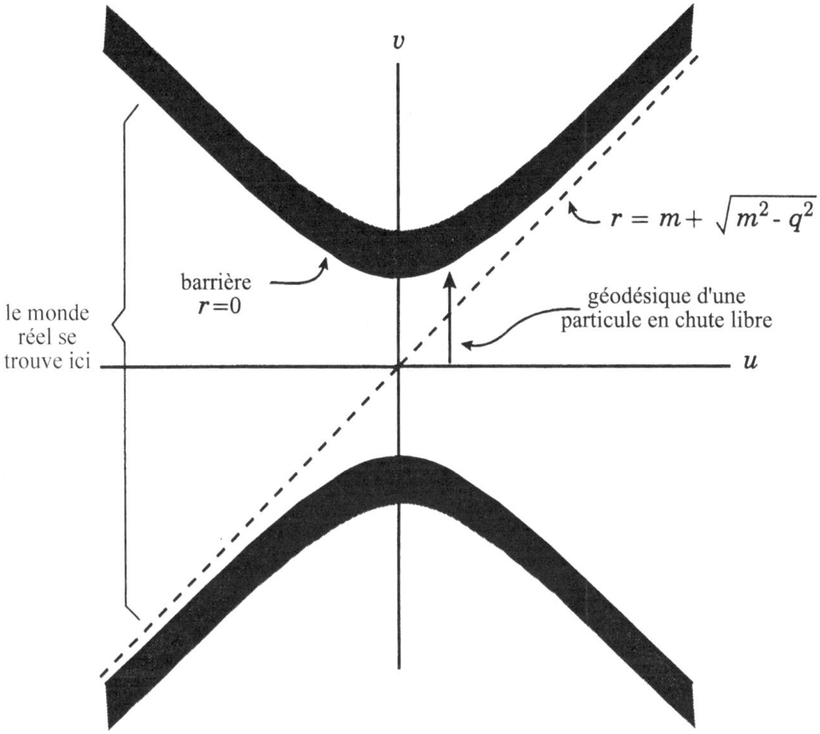

Figure 15.1

charges n'agissaient que sur les autres charges, avec, pour le potentiel, une moitié de potentiel retardé et une moitié de potentiel avancé.

En une autre occasion, j'ai reçu un coup de téléphone de Wheeler qui m'appelait au milieu de la nuit pour me dire : « Je sais pourquoi les électrons et les positrons ont tous la même charge ! » Il m'expliqua ensuite : « Il s'agit en fait d'un seul et même électron. » Son idée était que si un objet donné possède une ligne d'univers extrêmement compliquée, eh bien ! lorsqu'on l'observe dans le sous-espace « maintenant », on le voit en différents endroits (ce qu'illustre la figure 15.2). Plus tard, je réussis à exploiter ce genre d'idées de manière quantitative, en interprétant un positron comme un électron dont la phase recule dans le temps (c'est ainsi que j'ai développé des méthodes simplifiées pour calculer les éléments de matrice pour la création et l'annihilation de paires). Si seulement l'idée des trous de vers et de la géométrodynamique pouvait être perfectionnée pour améliorer notre compréhension de la nature ! (Connaissant Wheeler, je ne serais pas étonné que son intuition s'avère un jour exacte.)

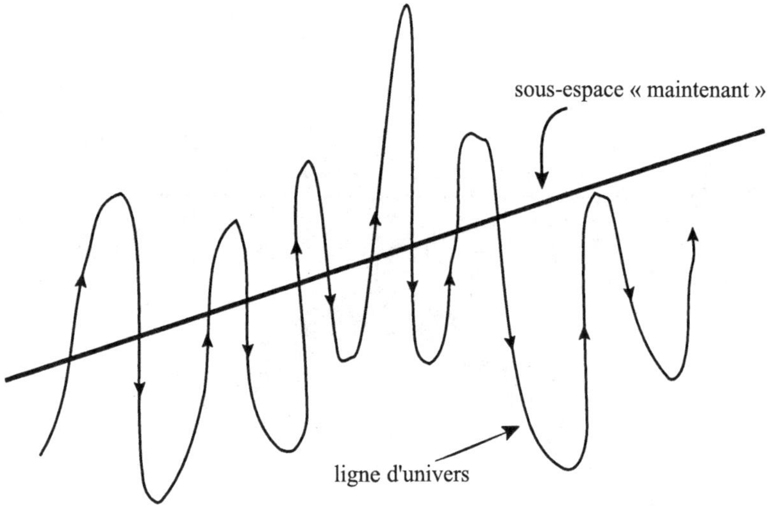

Figure 15.2

Ces quelques commentaires sur les développements récents concluent l'étude de la théorie classique de la gravitation.

LEÇON 16

16.1 Couplage entre champs de matière et gravitation

Nous avons décrit, dans la leçon 10, l'action correspondant à la propagation des champs et des particules libres. Tous les termes laissés de côté s'interprètent comme des termes de couplage entre les champs et l'on peut dès lors commencer à calculer certaines probabilités en théorie des perturbations. Il n'y a ici aucun doute à avoir quant à l'utilisation de la méthode perturbative puisque la gravitation est bien plus faible que les autres champs pour lesquels les perturbations fournissent des résultats extrêmement précis. La partie de l'action que l'on connaît déjà s'écrit

$$-\frac{1}{2\lambda^2}\int d^4x\sqrt{-g}R + \frac{1}{2}\int d^4x\sqrt{-g}\Big(g^{\mu\nu}\phi_{,\mu}\phi_{,\nu} - m^2\phi^2\Big) - \alpha\int d^4x\sqrt{-g}R\phi^2. \quad (16.1.1)$$

La première simplification consiste à poser le coefficient α égal à zéro. Ce terme, si on le laisse dans l'action, complique encore plus les problèmes de divergence que l'on rencontrera plus tard et engendre plus de calculs. Puisque, à ce stade, le choix du coefficient α est encore arbitraire, autant adopter le choix qui simplifie le plus les calculs. En second lieu, on extrait le terme représentant le propagateur du champ en développant

$$g_{\mu\nu} = \eta_{\mu\nu} + 2\lambda h_{\mu\nu}. \quad (16.1.2)$$

Lorsqu'on écrit l'action en termes des champs $h_{\mu\nu}$ et des champs de matière scalaire ϕ , on obtient l'expression suivante :

$$\text{action} = \int d^4x\, F^2[h_{\mu\nu}] + \int d^4x\, I[h_{\mu\nu},\phi] + \int d^4x\, M[\phi], \quad (16.1.3)$$

où

$$F^2[h_{\mu\nu}] = \frac{1}{2}\left[h^{\mu\nu,\lambda}\overline{h}^{\mu\nu}{}_{,\lambda} - 2\overline{h}^{\mu\lambda}{}_{,\lambda}\overline{h}_{\mu\nu}{}^{,\nu}\right],$$
$$M = \frac{1}{2}(\eta^{\mu\nu}\phi_{,\mu}\phi_{,\nu} - m^2\phi).$$

Les variations de la fonction I par rapport aux champs $h_{\mu\nu}$ et ϕ fournissent les termes de source dans les équations des champs. Ils s'écrivent comme suit dans l'espace des coordonnées puis dans l'espace des phases :

$$\square^2\phi - m^2\phi = -\left(\frac{\delta I}{\delta\phi}\right) \rightarrow \phi = -\frac{1}{(k^2 - m^2 + i\epsilon)}I\left(\frac{\delta I}{\delta\phi}\right),$$
$$-h_{\mu\nu,\lambda}{}^{,\lambda} + \overline{h}_{\mu\lambda,\nu}{}^{,\lambda} + \overline{h}_{\nu\lambda,\mu}{}^{,\lambda} = \lambda\overline{S}_{\mu\nu} \quad \text{où} \quad S^{\mu\nu} = -\frac{1}{\lambda}\left(\frac{\delta I}{\delta h_{\mu\nu}}\right). \tag{16.1.4}$$

Notons que $S_{\mu\nu}$ n'est autre que le ${}^{\text{nouveau}}T_{\mu\nu}$ de la leçon 6 (*cf.* équation (6.1.2)). Comment poursuivre ? Grâce à la façon dont on a construit l'action originale comme une intégrale invariante, on montre que la divergence ordinaire du tenseur source $S_{\mu\nu}$ est identiquement nulle. Dans l'espace des phases,

$$k^\nu S_{\mu\nu} = 0. \tag{16.1.5}$$

Le tenseur source contient les contributions des sources de matières ainsi que des sources de gravitation. Grâce à la liberté dans le choix d'une jauge, on peut annuler la divergence du tenseur barré $\overline{h}_{\mu\nu}$. On obtient alors la solution

$$k^\nu\overline{h}_{\mu\nu} = 0 \rightarrow k^2 h_{\mu\nu} = \lambda\overline{S}_{\mu\nu}, \qquad h_{\mu\nu} = \frac{\lambda}{k^2 + i\epsilon}\overline{S}_{\mu\nu}, \tag{16.1.6}$$

où le tenseur de droite n'est plus un tenseur source inconnu : il est maintenant bien défini en termes de l'action initiale (16.1.1) et du développement (16.1.2), de sorte que les équations sont bien cohérentes et l'énergie conservée. À partir d'un développement en puissances de la constante de couplage λ, on peut calculer les diagrammes à n'importe quel ordre en λ grâce aux préceptes habituels de la théorie des perturbations. Les développements clés sont ceux de $g^{\mu\nu}$ et $\sqrt{-g}$. Le premier s'exprime facilement par analogie avec le développement de $(1+x)^{-1}$

pour x petit. On a

$$\begin{aligned} g^{\mu\nu} &= \left(\eta_{\mu\nu} + 2\lambda h_{\mu\nu}\right)^{-1} \\ &= \eta^{\mu\nu} - 2\lambda h^{\mu\nu} + 4\lambda^2 h^{\mu}{}_{\beta} h^{\beta\nu} - 8\lambda^3 h^{\mu\beta} h_{\beta\tau} h^{\tau\nu} + \ldots, \end{aligned} \tag{16.1.7}$$

où l'on doit se souvenir de la convention de sommation des indices répétés, définie en espace plat par l'équation (4.1.6). Le calcul de l'expression de $\sqrt{-g}$ se fait par le truchement des astuces de la leçon 6. L'équation (6.3.11) combinée avec

$$g_{\mu\nu} = \eta_{\mu\nu}\left(\delta^{\beta}{}_{\nu} + 2\lambda h^{\beta}{}_{\nu}\right)$$

donne

$$\begin{aligned} &\sqrt{-\mathrm{Det}\, g_{\mu\nu}} \\ &= \sqrt{-\mathrm{Det}\, \eta_{\mu\nu}} \exp\left[\frac{1}{2}\mathrm{Tr}\, \log(\delta^{\beta}{}_{\nu} + 2\lambda h^{\beta}{}_{\nu})\right] \\ &= \exp\left[\frac{1}{2}\mathrm{Tr}\left(2\lambda h^{\beta}{}_{\nu} - \frac{1}{2}(2\lambda)^2 h^{\beta}{}_{\tau} h^{\tau}{}_{\nu} + \frac{1}{3}(2\lambda)^3 h^{\beta}{}_{\tau} h^{\tau}{}_{\sigma} h^{\sigma}{}_{\nu} + \ldots\right)\right] \\ &= \exp\left[\frac{1}{2}\left(2\lambda h^{\beta}{}_{\beta} - \frac{1}{2}(2\lambda)^2 h^{\beta}{}_{\tau} h^{\tau}{}_{\beta} + \frac{1}{3}(2\lambda)^3 h^{\beta}{}_{\tau} h^{\tau}{}_{\sigma} h^{\sigma}{}_{\beta} + \ldots\right)\right] \\ &= 1 + \lambda h^{\beta}{}_{\beta} - \lambda^2\left(h^{\beta}{}_{\rho}\overline{h}^{\rho}{}_{\beta}\right) + \ldots. \end{aligned} \tag{16.1.8}$$

Lorsqu'on remplace ces expressions de $\sqrt{-g}$ et $g^{\mu\nu}$ dans l'action, on obtient les écritures explicites des couplages de la matière et de la gravitation. Par exemple, le deuxième terme de (16.1.1) devient

$$\begin{aligned} S_{\mathrm{m}} &= \frac{1}{2}\int \left[\left(\eta^{\mu\nu} - 2\lambda h^{\mu\nu} + (2\lambda)^2 h^{\mu\beta} h_{\beta}{}^{\nu} + \ldots\right)(\phi_{,\mu}\phi_{,\nu}) - m^2\phi^2\right] \\ &\qquad\qquad \left(1 + \lambda h^{\rho}{}_{\rho} - \lambda^2(h^{\sigma}{}_{\rho}\overline{h}^{\rho}{}_{\sigma}) + \ldots\right) d^4x \\ &= \frac{1}{2}\int d^4x(\phi^{,\mu}\phi_{,\mu} - m^2\phi^2) - \lambda\int d^4x\, h^{\mu\nu}\left[\overline{\phi_{,\mu}\phi_{,\nu}} + \frac{1}{2}m^2\phi^2\eta_{\mu\nu}\right] \\ &\qquad - \lambda^2\int d^4x\left[\frac{1}{2}h^{\lambda}{}_{\rho}\overline{h}^{\rho}{}_{\lambda}(\phi^{,\mu}\phi_{,\mu} - m^2\phi^2) - 2h^{\mu\rho}\overline{h}_{\rho}{}^{\nu}\phi_{,\mu}\phi_{,\nu}\right]. \end{aligned} \tag{16.1.9}$$

Les termes d'ordre le plus bas concernent l'interaction de deux ϕ avec un h ; ils correspondent à un vertex comme celui de la figure 16.1(a). À chaque vertex, on impose la conservation de l'impulsion. Cette règle vient du volume d'intégration de l'action : il n'y a de contribution que si la phase totale du terme considéré est nulle. Les solutions d'ondes planes s'écrivent

$$h_{\mu\nu} = e_{\mu\nu} e^{iq\cdot x}, \qquad \phi = e^{ip\cdot x}. \tag{16.1.10}$$

En termes du tenseur de polarisation $e_{\mu\nu}$, l'amplitude du vertex du premier ordre vaut

$$-2\lambda \left[e^{\mu\nu}\, {}^1p_\mu {}^2p_\nu - \frac{1}{2} e^\rho{}_\rho ({}^1p_\tau {}^2p^\tau - m^2) \right]. \tag{16.1.11}$$

On peut maintenant calculer tous les diagrammes qui ne contiennent que ce type de vertex, en remplaçant simplement les bonnes amplitudes à chaque vertex et le propagateur de la particule ou du graviton entre les vertex exactement comme en électrodynamique.

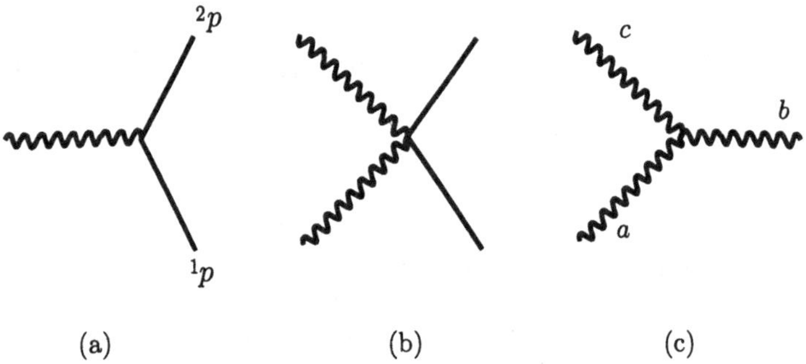

Figure 16.1

Examinons maintenant le deuxième ordre. Les termes de l'équation (16.1.9) contiennent des produits de deux h et deux ϕ, qui correspondent à la jonction de deux lignes droites et de deux lignes tortillées, comme sur la figure 16.1(b). On trouve également des termes provenant du développement du premier terme de (16.1.1) avec des produits de trois h dont les vertex sont ceux de la figure 16.1(c) où trois tortillons se rencontrent en un point. La profusion des sommes implicites sur les indices répétés crée des termes qui s'avèrent excessivement long lorsqu'on les écrit explicitement. Par exemple, l'un des termes à trois tortillons s'écrit $h_{\mu\nu,\beta}h^{\mu\beta}h^{\nu\alpha}{}_{,\alpha}$. Lorsqu'on le traduit en composantes de l'impulsion et de la polarisation, on obtient des termes correspondant à toutes les permutations des trois gravitons, comme par exemple

$$ {}^{a}q_{\beta}\,{}^{a}e_{\mu\nu}\,{}^{b}e^{\mu\beta}\,{}^{c}q_{\alpha}\,{}^{c}e^{\nu\alpha} + {}^{b}q_{\beta}\,{}^{b}e_{\mu\nu}\,{}^{a}e^{\mu\beta}\,{}^{c}q_{\alpha}\,{}^{c}e^{\nu\alpha} + {}^{b}q_{\beta}\,{}^{b}e_{\mu\nu}\,{}^{c}e^{\mu\beta}\,{}^{a}q_{\alpha}\,{}^{a}e^{\nu\alpha} + \dots \tag{16.1.12} $$

Ce terme, déjà très compliqué, correspond à un seul vertex et représente donc, au mieux, la moitié d'une amplitude. Lorsqu'on combine ce type de termes pour calculer des diagrammes comme ceux de la figure 16.2, par exemple, on peut se retrouver avec 108 termes !

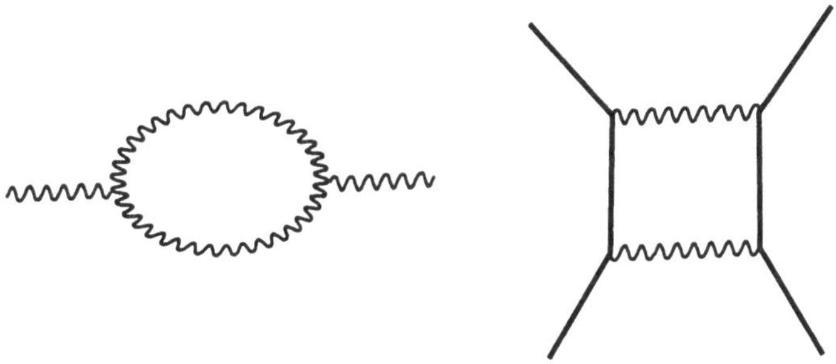

(a) (b)

Figure 16.2

16.2 Achèvement de la théorie : un exemple simple de rayonnement gravitationnel

La section précédente offrait un aperçu relativement complet de la théorie. Il ne reste plus qu'à calculer les diagrammes qui entrent en jeu dans les processus physiques, avec les mêmes règles que celles qu'on utilise en électrodynamique. La leçon 4 donnait déjà des exemples précis de certains des diagrammes les plus simples, comme par exemple l'amplitude de diffusion par l'échange d'un seul graviton, équation (4.3.5). En pratique, il faudra prendre soin de symétriser correctement certaines des expressions, et ne pas hésiter à utiliser l'abréviation « barre » qui allège notablement les calculs.

À l'ordre le plus bas, la théorie est complète. Les processus représentés par les diagrammes « en arbres » ne présentent aucune difficulté. Ces diagrammes sont ceux qui ne possèdent ni bulles ni boucles fermées comme celles de la figure 16.2. Bien évidemment, leur nom fait référence au fait que les branches des arbres ne se rebouclent jamais sur elles-mêmes.

Aux ordres supérieurs, c'est-à-dire lorsqu'on autorise les boucles, la théorie n'est pas satisfaisante car elle donne des résultats aberrants. Les antidotes habituelles pour s'affranchir de ce type de problèmes ne marchent qu'à l'ordre d'une boucle. Pour analyser les remèdes possibles, il nous serait plus facile de commencer par les étudier dans le cadre de la théorie vectorielle de Yang–Mills qui présente les mêmes symptômes, à ceci près qu'ils sont plus faciles à traiter. Parmi toutes les difficultés qu'on rencontre, certaines sont liées à l'existence de sommes de diagrammes non unitaires. Nous verrons un groupe de relations valables entre certains types de diagrammes. Celles-ci n'admettent aucune vérification expérimentale directe en gravitation, mais certaines sont typiques des autres théories des champs.

Je ne sais pas si l'on pourra un jour traiter les diagrammes à plusieurs boucles. J'ai bien peur que non — en d'autres termes, j'ai peur que la théorie ne soit pas renormalisable. Cela étant, je ne suis pas sûr que sa non-renormalisabilité représente réellement une objection dirimante à la théorie.

Le problème le plus intéressant, que l'on s'apprête à étudier, est certainement celui du rayonnement des ondes gravitationnelles. Comme exemple de départ, considérons le rayonnement d'un seul graviton suivant la désintégration de certaines particules. Puisque nous utilisons une théorie scalaire pour la matière, peut-être vaut-il mieux penser à la désintégration de particules scalaires, comme $K \to 2\pi$. L'émission d'un graviton de basse fréquence est nécessaire afin de signaler « gravitationnellement » au reste du monde que la désintégration a eu lieu (de la même façon qu'un photon de basse fréquence est émis lors de désintégrations du même type puisque des charges sont accélérées). Parmi les nombreux diagrammes convenables, celui pour lequel le graviton sort du vertex est généralement très inférieur, de sorte qu'on peut le laisser de côté en premier lieu. Il sera utile, à titre d'exercice, de calculer les trois derniers diagrammes de la figure 16.3.

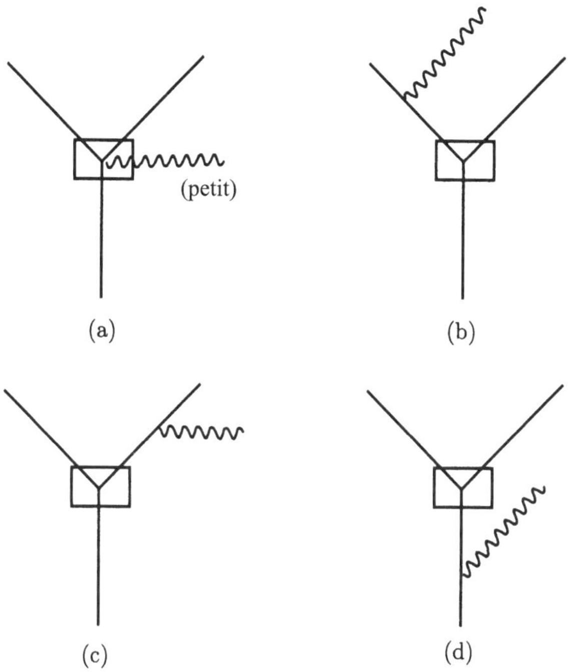

Figure 16.3

16.3 Émission de gravitons lors des désintégrations de particules

Le couplage des gravitons à la matière est si faible qu'il n'y a en fait aucune chance de pouvoir observer des effets gravitationnels quantiques associés à des réactions entre particules. C'est pourquoi, en pratique, les calculs que l'on s'apprête à faire sont parfaitement inutiles. Et pourtant, on dispose d'une théorie précise, et ces phénomènes inobservables sont les effets les plus simples qu'elle prédit. Ils seraient non seulement observables mais surtout significatifs si le couplage était plus fort.

Il existe beaucoup de diagrammes à un graviton dans la désintégration d'une particule. Pour l'exemple que nous allons détailler, prenons celui de la figure 16.4, $a \to b + c$. L'amplitude au vertex entre a et le graviton s'écrit

$$-2\lambda e^{\mu\nu}\left[{}^1p_\mu{}^2p_\nu-\frac{1}{2}\eta_{\mu\nu}\left({}^1p_\alpha{}^2p^\alpha-m^2\right)\right], \tag{16.3.1}$$

où les exposants 1 et 2 caractérisent la particule de matière avant et après le vertex. Après l'émission, la particule a se propage avec la quadri-impulsion $({}^ap-k)$ jusqu'au vertex de désintégration, de sorte que ${}^2p^\alpha=({}^ap-k)^\alpha$. Notons A la grandeur représentant l'amplitude de désintégration, qui dépend de la quadri-impulsion des trois particules (a,b,c) dont les trajectoires passent par la boîte noire. L'expression de l'amplitude s'écrit alors

$$-2\lambda e^{\mu\nu}\left[{}^ap_\mu({}^ap-k)_\nu-\frac{1}{2}\eta_{\mu\nu}\left({}^ap\cdot({}^ap-k)-m_a^2\right)\right]$$
$$\frac{1}{({}^ap-k)^2-m_a^2}\left[A({}^ap-k,{}^bp,{}^cp)\right]. \tag{16.3.2}$$

Pour ce qui nous occupe, l'expression exacte de l'amplitude A n'a aucune importance ; elle représente ce qu'on aurait en l'absence de graviton.

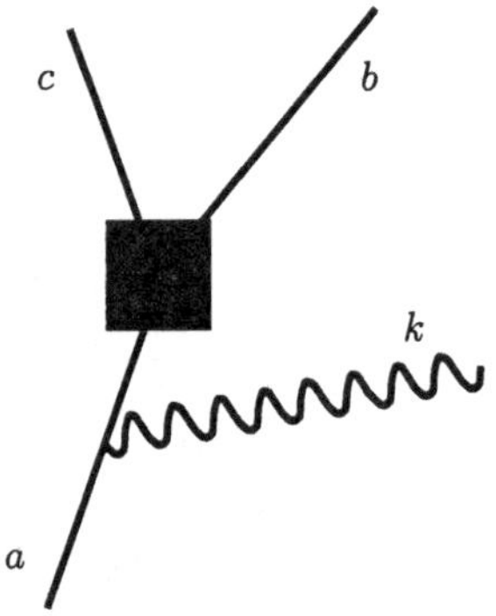

Figure 16.4

L'amplitude de l'équation (16.3.2) n'est élevée que lorsque le propagateur prend une faible valeur, c'est-à-dire lorsque k est beaucoup plus petit que ${}^ap$ et la propagation correspond donc à celle d'une particule presque libre. Dans la limite des gravitons de faible énergie, le processus est identique à celui du rayonnement de freinage, c'est-à-dire à l'émission « Bremsstrahlung » de photons faibles. Il est également proche de la limite classique puisqu'il dépend de la nature des déplacements de charge (masse). Le dénominateur vaut $-2{}^a p \cdot k$ et dans la limite où les fréquences ω de k sont très faibles, on peut poser $k = 0$ au numérateur. Si l'on met λ/ω en facteur, le second facteur de l'amplitude acquiert une limite précise qui ne dépend que de la direction du graviton, de sa polarisation et de l'amplitude de la désintégration :

$$\frac{\lambda}{\omega} \cdot \frac{e^{\mu\nu}\,{}^a p_\nu\,{}^a p_\mu}{{}^a p \cdot k/\omega} \cdot A({}^a p, {}^b p, {}^c p). \tag{16.3.3}$$

Il existe trois diagrammes semblables, correspondant à l'émission d'un graviton par chacune des trois particules (a, b, c). On peut montrer que le diagramme où le graviton est émis par la boîte noire est négligeable. En fait, il n'y a aucune particule presque libre qu'on puisse laisser se propager et donc pas de « petit » dénominateur pour majorer l'amplitude. Si l'on néglige ce terme et tous les ordres supérieurs, on trouve que l'amplitude pour l'émission d'un certain nombre de gravitons s'écrit

$$\frac{\lambda}{\omega} \cdot a \cdot A({}^a p, {}^b p, {}^c p) \tag{16.3.4}$$

$$a = \sum_i {}^i p_\mu\,{}^i p_\nu (-)_i \frac{e^{\mu\nu}}{{}^i p \cdot (k/\omega)},$$

où i représente la particule attachée au vertex du graviton et $(-)_i$ vaut $+1$ pour une particule entrante et -1 pour une particule sortante. La grandeur a est un facteur cinématique et géométrique. Pour calculer le taux de transition, on prend le carré de l'amplitude, on ajoute un facteur de densité d'état $k^2\,dk\,d\Omega/(2\pi)^3$ et un facteur de normalisation $\pi/(2E_i)$, E_i étant l'énergie de chaque particule. Voici le résultat qui donne la probabilité d'émission d'un graviton par désintégration :

$$\mathcal{P} = a^2 \frac{d\Omega}{4\pi} \frac{d\omega}{\omega} \frac{\lambda^2}{4\pi^2}. \tag{16.3.5}$$

Le facteur λ^2 ralentit énormément le taux d'émission et il y a donc peu de chances que l'émission d'un graviton soit jamais enregistrée dans une chambre à bulle ou une chambre à hydrogène à l'issue d'une désintégration. Le facteur de l'inverse de l'énergie, $1/\omega$, rend la probabilité plus élevée pour les faibles valeurs de l'énergie des gravitons, mais cela n'a quasiment aucune incidence, car λ^2/ω ne tend vers 1 que pour des énergies tellement faibles que la longueur d'onde du graviton dépasserait le rayon de l'univers d'un facteur 10^{39}.

Nous avons construit la théorie pour des particules scalaires, mais dans la limite des basses énergies la réponse est la même quel que soit le spin des particules. Il en va ainsi car, à basse énergie, seuls les courants de masse (les mouvements des masses) importent. Bien évidemment, notre résultat présente une divergence infrarouge : la probabilité d'émission d'un graviton (lorsque son énergie est négligeable) devient infinie. Ce n'est pas plus grave que la divergence infrarouge de l'émission de photons de basse énergie et l'on y remédie par les mêmes astuces que dans le cas du « Bremsstrahlung » de basse énergie.

16.4 Émission de gravitons lors des diffusions de particules

Un graviton mou peut être émis lors de la diffusion de deux particules par quelque procédé que ce soit, y compris par l'échange d'un graviton. La figure 16.5 montre les trois types de diagrammes du premier ordre. Dans la limite de basse énergie, seul importe le diagramme de type (a), c'est-à-dire celui dans lequel le vertex du graviton se joint à une particule libre. Les deux autres sont beaucoup moins probables dès lors que la quantité de mouvement k du graviton reste très inférieure au transfert d'impulsion q. Dans le diagramme (b), par exemple, il n'y a pas de propagation d'une particule quasi-libre et donc pas de dénominateur négligeable. Dans le diagramme (c), le second propagateur est de l'ordre de $1/(q-k)^2 \approx 1/q^2$. En ce qui concerne le rayonnement, l'expression exacte de l'amplitude totale pour la diffusion importe peu. J'insiste sur ce point car il y a toujours des théoriciens qui grommellent quelque raison mystique pour affirmer qu'il ne devrait pas y avoir de rayonnement pour une diffusion gravitationnelle. Ce type de discours est sans fondement. Pour ce qui nous occupe, le rayonnement d'ondes gravitationnelles est tout ce qu'il y a de plus réel ; le mouvement de rotation Terre-Soleil est source d'ondes gravitationnelles. En fait, peut-être devrions-nous, dans cette section, nous limiter à la diffusion de particules : pour les objets macroscopiques comme les planètes ou les étoiles, il est plus correct de se placer dans la limite classique. La gravitation n'est pas toujours négligeable (seulement dans les collisions atomiques).

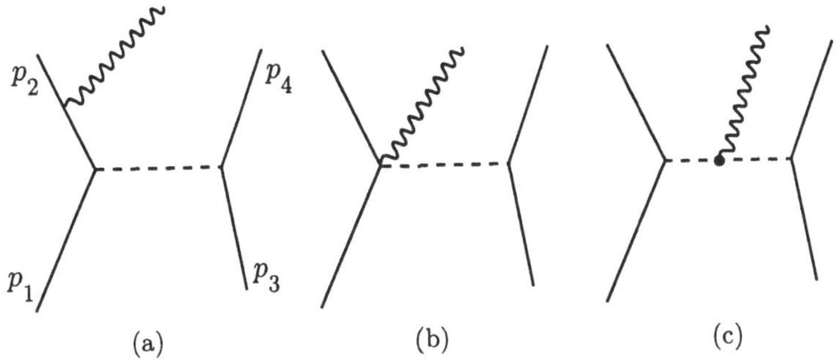

Figure 16.5

La structure des quatre amplitudes correspondant aux diagrammes de la figure 16.5 est la même que dans le cas de la désintégration. Dénotons la polarisation du graviton par un tenseur e ; l'amplitude totale est proportionnelle à l'amplitude de diffusion sans graviton, à des facteurs comprenant l'énergie et à la grandeur

$$a = \sum_i (-)_i \frac{p \cdot e \cdot {}^i v}{1 - {}^i v \cos\theta}. \tag{16.4.1}$$

Le dénominateur correspond au produit ${}^i p \cdot k = E\omega - \vec{p} \cdot \vec{k}$ après factorisation des deux énergies E et ω. Puisque $\vec{p} = E\vec{v}$, l'exposant i se réfère à chacune des quatre branches correspondant aux particules en collision. Le numérateur contient la contraction du tenseur de polarisation $e_{\mu\nu}$ avec les deux impulsions (avant et après) de la particule à laquelle il est couplé - c'est le seul tenseur physique de rang deux qu'on puisse construire pour une particule scalaire.

Nos résultats sont très proches de ceux que l'on trouve pour l'émission de photons : la différence essentielle tient au fait que le couplage électromagnétique s'opère avec un vecteur tandis que, dans le cas de la gravitation, il s'agit d'un tenseur. Pour une particule ultra-relativiste, $v \approx 1$, le dénominateur de l'équation (16.4.1) devient très petit et l'amplitude peut augmenter énormément autour de $\theta_i \approx 0$. Par ailleurs, le tenseur de polarisation est toujours transverse à l'impulsion du graviton, comme en électromagnétisme où le vecteur de polarisation est transverse à l'impulsion du photon ; il n'y a qu'un seul produit au numérateur de sorte que, lorsque θ est petit et $v \approx 1$,

$$a_{\text{ém}} \approx \frac{p \cdot e}{1 - v\cos\theta} \propto \frac{\sin\theta}{1 - \cos\theta} \equiv \frac{2}{\theta}. \tag{16.4.2}$$

L'émission de photons peut devenir très importante pour de petits angles. Toutefois, elle ne diverge pas car v n'atteint jamais exactement la valeur 1. La distribution angulaire de l'intensité du rayonnement correspondant à une seule particule à basse vitesse possède deux lobes, comme l'illustre la figure 16.6(a). En gravitation, le couplage est tensoriel et donc doublement transverse ; dans la limite $\theta \to 0$ et $v \to 1$,

$$a_{\text{g}} \approx \frac{p \cdot e \cdot p}{1 - v\cos\theta} \propto \frac{\sin^2\theta}{1 - v\cos\theta} \to 2, \tag{16.4.3}$$

de sorte que la figure d'intensité n'est pas dirigée en bloc vers l'avant mais apparaît plus uniforme (figure 16.6(b)). Intuitivement, on peut envisager cette différence comme provenant du fait qu'il faut plus de « transversalité » pour créer une particule de spin deux que pour une particule de spin un.

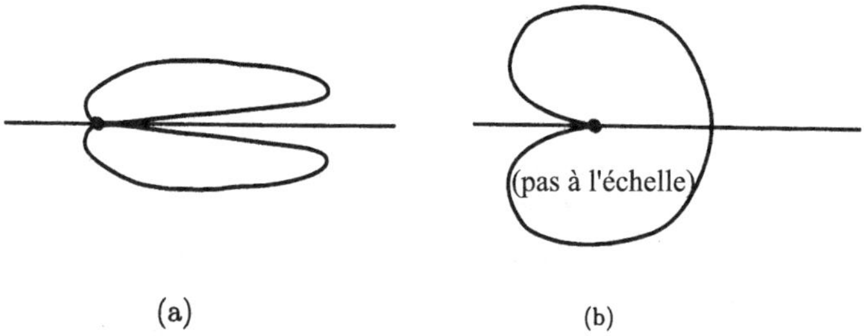

Figure 16.6

Pour chacune des quatre directions correspondant aux particules diffusées, il existe une amplitude dont la distribution angulaire est semblable à celle de la figure 16.6(b). L'intensité de l'émission de gravitons est le carré de la somme de ces quatre amplitudes de sorte qu'en général elle sera plutôt symétrique.

Pour les particules lentes, $v \ll 1$, le dénominateur ne joue pas grand rôle et le numérateur détermine à lui seul la distribution angulaire. Il s'exprime comme la contraction de deux tenseurs :

$$\sum_i (-)_i \, {}^i p \cdot e \cdot {}^i v = e^{\alpha\beta} S_{\alpha\beta}, \qquad \alpha, \beta = x, y, z,$$
$$S_{\alpha\beta} = \sum_i (-)_i \, p_\alpha v_\beta. \tag{16.4.4}$$

Les propriétés du rayonnement sont entièrement déterminées par le tenseur $S_{\alpha\beta}$ analogue du tenseur des contraintes de Maxwell produit lors de la collision. Sa forme est précisément celle du tenseur énergie impulsion d'un fluide en mouvement :

$$\text{densité d'énergie-impulsion} = \rho v_\alpha v_\beta \qquad (\rho = \text{densité de masse}). \tag{16.4.5}$$

Dans le cas d'une collision entre deux particules, $S_{\alpha\beta}$ s'exprime simplement en fonction des vitesses moyennes (avant et après) des particules en question. Soient Q le transfert d'impulsion, $Q = p_2 - p_1 = -p_4 + p_3$ (*cf.* figure 16.5) et

$$v = (p_1 + p_2)/2m, \qquad v' = (p_3 + p_4)/2m' \tag{16.4.6}$$

les vitesses moyennes. En termes de ces combinaisons, on montre facilement, après avoir symétrisé correctement, que

$$S_{\alpha\beta} = 2(v' - v)_\alpha Q_\beta. \tag{16.4.7}$$

Avec cette formule, on peut maintenant répondre à l'intéressante question de savoir, dans une collision entre une particule lourde et une particule légère, laquelle des deux rayonne le plus. La formule indique que lorsque $v' \ll v$, le rayonnement ne dépend que de v. En ce qui concerne le rayonnement, dans le cas d'une collision rasante entre une particule très légère et un objet massif, on peut maintenant être sûr qu'il est légitime de considérer la particule massive au repos. Cette règle vaut à condition que l'accélération soit presque proportionnelle à la vitesse, en sorte que $\vec{Q} \cdot \vec{v} \approx 0$.

Les formules données ici valent aussi bien pour des collisions élastiques que pour des collisions inélastiques qui peuvent laisser l'une des deux particules, ou les deux, dans un état excité.

16.5 Sources des ondes gravitationnelles classiques

Passons maintenant à la description du rayonnement gravitationnel classique. Comme dans le cas quantique, on trouve que la source du rayonnement n'est autre que le tenseur énergie-impulsion. Partons de l'équation différentielle

$$\Box^2 \overline{h}_{\mu\nu} = \lambda S_{\mu\nu}. \tag{16.5.1}$$

La solution s'obtient exactement comme en électrodynamique pour les potentiels vecteurs créés par des courants arbitraires. Si l'on suppose la variation temporelle harmonique, en $\exp(-i\omega t)$, pour toutes les grandeurs, alors le potentiel vecteur est donné par

$$A_\mu(1) = \int dV_2 \, \frac{j_\mu(2) \cdot \exp(i\omega r_{12})}{4\pi r_{12}}, \tag{16.5.2}$$

où les indices 1 et 2 se réfèrent à différentes positions dans l'espace ; la position (1) est celle à laquelle le potentiel A_μ est calculé, les positions (2) sont celles des courants et r_{12} la distance qui les sépare. L'un des cas les plus simples correspond à un dipôle oscillant, tel que les courants restent confinés dans une petite portion de l'espace. On calcule sans difficulté les composantes spatiales A_x, A_y, A_z ; la composante temporelle — le potentiel scalaire — s'obtient en général très facilement à l'aide de la condition de divergence nulle que satisfait A_μ :

$$A^\mu{}_{,\mu} = 0 \Rightarrow i\omega A_t = \vec{\nabla} \cdot \vec{A}. \tag{16.5.3}$$

En gravitation, la situation est rigoureusement identique. Les composantes temporelles du champ $\overline{h}_{\mu\nu}$ s'obtiennent aisément à partir de la condition de divergence après le calcul des composantes spatiales selon la règle

$$\overline{h}_{\mu\nu}(1) = -\frac{\lambda}{4\pi} \int dV_2 \; S_{\mu\nu}(2) \frac{\exp(i\omega r_{12})}{r_{12}}. \tag{16.5.4}$$

Pour calculer des grandeurs comme la puissance rayonnée, on considère le point (1) à une distance très supérieure aux dimensions de la région où $S_{\mu\nu}(2)$ prend une valeur importante, comme l'illustre la figure 16.7. On développe la distance r_{12} entre (1) et (2) en série de puissances du rapport des distances de (2) et (1) à une origine dans la région de la source. On trouve

$$\begin{aligned} r_{12} &= \sqrt{r^2{}_1 + r^2{}_2 - 2r_1 r_2 \cos\theta} = r_1 \sqrt{1 - (2r_2/r_1)\cos\theta + \ldots} \\ &\approx r_1 - r_2 \cos\theta + \ldots, \end{aligned} \tag{16.5.5}$$

où $r_2 \ll r_1$. Ici, $\cos\theta$ est l'angle entre r_2 et r_1. Puisque toute onde observée depuis (1) aura une impulsion dirigée selon r_1, on obtient l'expression suivante de $\overline{h}_{\mu\nu}(1)$:

$$\overline{h}_{\mu\nu}(1) = -\frac{\lambda}{4\pi r_1} e^{i\omega r_1} \int d^3 r_2 \; S_{\mu\nu}(2) e^{-i\vec{K}\cdot\vec{r}_2}. \tag{16.5.6}$$

L'intégrale ci-dessus est maintenant indépendante du point (1) ; le tenseur $S_{\mu\nu}(2)$ apparaît comme une source d'ondes sphériques.

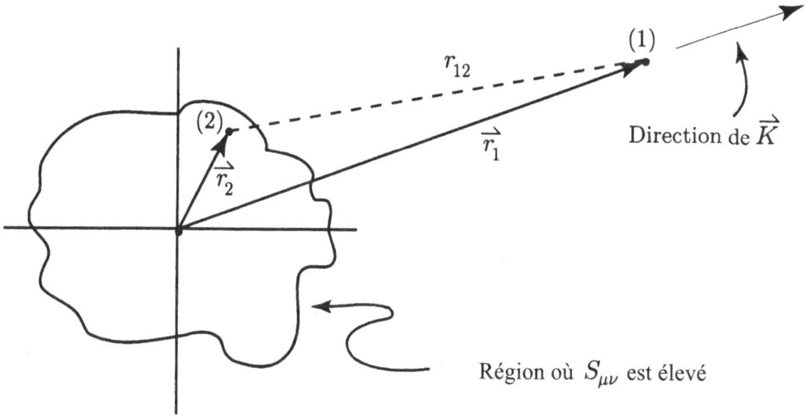

Figure 16.7

Dans le cas du rayonnement électromagnétique, les cas les plus simples correspondent souvent à l'approximation dipolaire, qui se limite au premier terme non nul dans la série d'intégrales obtenue en développant l'exponentielle. Puisqu'en gravitation la source est un tenseur plutôt qu'un vecteur, le premier terme non nul est de nature quadrupolaire. Le développement n'est justifié que pour des fréquences telles que $\vec{K} \cdot \vec{r}_2$ est petit devant 1 dans la région où $S_{\mu\nu}$ est important. Pour des masses en rotation, comme les étoiles doubles ou les systèmes étoile-planète, la période du mouvement (disons de l'ordre de 1 pour le système Terre-Soleil) est beaucoup plus longue que le temps nécessaire à la gravitation pour parcourir une distance de l'ordre de la taille du système considéré (environ 16 minutes pour le système Terre-Soleil) et c'est pourquoi les termes du développement diminuent aussi rapidement. Ainsi, dans presque tous les cas intéressants pour l'astronomie, les longueurs d'onde s'avèrent beaucoup plus longues que la dimension des objets mis en jeu. Il en résulte que les champs $\overline{h}_{\mu\nu}$ sont proportionnels aux intégrales des densités d'énergie-impulsion transverses (c'est-à-dire à l'énergie-impulsion transverse totale).

$$\overline{h}_{ab} = -\lambda \frac{e^{i\omega r}}{4\pi R} \mathcal{S}_{ab} \quad \text{où} \quad \mathcal{S}_{ab} = \int d^3r \; S_{ab}(\vec{r}). \qquad (16.5.7)$$

La densité d'énergie-impulsion dans la direction *parallèle* au vecteur d'onde n'a aucune influence. Toutes les règles qualitatives utiles en électromagnétisme sont transposées en bloc au cas de la gravitation.

Quelle est la puissance rayonnée par une onde de ce type ? Face à cette question, beaucoup de gens se compliquent la vie inutilement à cause du sempiternel préjugé que la gravitation devrait être mystérieuse et différente ; ils s'imaginent que les ondes de gravitation pourraient ne pas transporter d'énergie du tout. Or, on prouve qu'elles peuvent chauffer une paroi et cela suffit à clore la question de leur contenu en énergie. La situation est exactement la même qu'en électrodynamique et, dans l'interprétation quantique, chaque graviton émis transporte la quantité d'énergie $\hbar\omega$.

Bibliographie

[Alva89] Enrique Alvarez, « Quantum gravity : an introduction to some recent results », *Reviews of Modern Physics*, **61**, 1989, p. 561–604.

[Asht86] A. Ashtekar, « New variables for classical and quantum gravity », *Physycal Review Letters*, **57**, 1986, p. 2244–2247.

[Asht87] A. Ashtekar, « A new Hamiltonian formulation of general relativity », *Physical Review D*, **36**, 1987, p. 1587–1603.

[Baad52] Walter Baade, « Report on the Commission on Extra-galactic Nebulae », *Transactions of the International Astronomical Union*, **8**, 1952, p. 397–399.

[Bard65] James M. Bardeen, « Stability and dynamics of spherically symmetric masses in general relativity », thèse de doctorat, non publiée, California Institute of Technology.

[BBIP91] Roberto Balbinot, Patric R. Brady, Werner Israel et Eric Poisson, « How singular are black-holes interiors ? », *Physics Letters A*, **161**, 1991, p. 223–226.

[Birk43] G. Birkhoff, « Matter, electricity and gravitation in flat spacetime », *Proc. Nat. Acad. Sci. U.S.*, **29**, 1943, p. 231–239.

[BTM66] James M. Bardeen, Kip S. Thorne et David W. Meltzer, « A catalog of methods for studying the normal modes of radial pulsation of general relativistic stellar models », *Astrophysical Journal*, **145**, 1966, p. 505–513.

[Bond 57] Hermann Bondi, « Plane gravitational waves in general relativity », *Nature*, **179**, p. 1072–1073.

[BoDe75] David G. Boulware et Stanley Deser, « Classical general relativity derived from quantum gravity », *Annals of Physics*, **89**, 1975, p. 193–240.

[Cart28] Élie Cartan, *Leçons sur la géométrie des espaces de Riemann*, Mémorial des sciences mathématiques, Fascicule IX, Gauthier-Villars, Paris, France, 1928.

[Chan64] S. Chandrasekhar, « Dynamical instability of gaseous masses approching the Schwarzschild limit in general relativity », *Physical Review Letters*, **12**, 1964, p. 114–116.

[ChHa82] S. Chandrasekhar et James B. Hartle, « On crossing the Cauchy horizon of a Reissner–Nordström black hole », *Proceedings of the Royal Society of London A*, **384**, 1982, p. 301–315.

[Cock65] John W. Cocke, « A maximum entropy principle in general relativity and the stability of fluid spheres », *Annales de l'institut Henri Poincaré*, **A2**, 1965, p. 283–306.

[Dese70] Stanley Deser, « Self-interaction and gauge invariance », *General Relativity and Gravitation*, **1**, 1970, p. 9–18.

[Dese87] Stanley Deser, « Gravity from self-interaction in a curved background », *Classical and Quantum Gravity*, **4**, 1987, p. L99–L105.

[DeWi57] Cecile M. DeWitt, *Conference on the Role of Gravitation in Physics*, tenue à l'université de Caroline du Nord, à Chapel Hill en 1957 ; WADC Technical Report 57-216 (Wright Air Development Center, Air Research and Development Command, United States Air Force, Wright Patterson Air Force Base, Ohio).

[DeWi67a] Bryce S. DeWitt, « Quantum Theory of Gravity II », *Physical Review*, **162**, 1967, p. 1195–1239.

[DeWi67b] Bryce S. DeWitt, « Quantum Theory of Gravity III », *Physical Review*, **162**, 1967, p. 1239–1256.

[Dira37] P.A.M. Dirac, « The cosmological constants », *Nature*, **139**, 1937, p. 323.

[Dira38] P.A.M. Dirac, « New basis for cosmology », *Proc. R. Soc. London A*, **165**, 1938, p. 199–208.

[DrMa77] W. Drechsler et M.E. Mayer, *Fiber Bundle Techniques in Gauge Theories*, Lectures Notes in Physics, Volume 67, New York, Springer-Verlag, 1977.

[Eddi31] A. Eddington, « Preliminary note on the masses of the electron, the proton and the universe », *Proc. Cambridge Phil. Soc.*, **27**, 1931, p. 15–19.

[Eddi36] A. Eddington, *Relativity Theory of Protons and Electrons*, Cambridge, Cambridge University Press, 1936.

[Eddi46] A. Eddington, *Fundamental Theory*, Cambridge, Cambridge University Press, 1946.

[Eins39] Albert Einstein, « On a stationary system with spherical symmetry consisting of many gravitating masses », *Annals of Mathematics*, **40**, 1939, p. 922–936.

[FaPo67] L.D. Faddeev et V.N. Popov, « Feynman diagrams for the Yang–Mills Field », *Physics Letters B*, **25**, 1967, p. 29–30.

[Feyn57] Richard P. Feynman, « Conference on the Role of Gravitation in Physics, an expanded version of the remarks by R.P. Feynman on the reality of gravitational waves, mentionned briefly on page 143 of the report [DeWi57] », 1957 ; reproduite dans *The Papers of Richard P. Feynman, the Archives*, California Institute of Technology, Box 91, File 2.

[Feyn61] Richard P. Feynman, Lettre non publiée, adressée à Victor F. Weisskopf, 4 janvier–11 février 1961 ; reproduite dans *The Papers of Richard P. Feynman, the Archives*, California Institute of Technology, Box 3, File 8.

[Feyn63a] Richard P. Feynman, Robert B. Leighton, Matthew Sands, *Les cours de physique de Feynman*, Paris, InterÉditions, 1979.

[Feyn63b] Richard P. Feynman, « Quantum theory of gravitation », *Acta Physica Polonica*, **24**, 1963, p. 697–722.

[Feyn67] Richard P. Feynman, *La nature des lois physiques*, Paris, Robert Laffont, 1970.

[Feyn72] Richard P. Feynman, « Closed loops and tree diagrams », et « Problems in quantizing the gravitationnal field and the massless Yang–Mills field », dans *Magic Without Magic : John Archibald Wheeler*, ed. John R. Klauder, San Fransisco, W.H. Freeman, 1972, p. 355-408.

[Feyn85] Richard P. Feynman, *Vous voulez rire, Monsieur Feynman ! Entretiens avec Ralph Leighton*, Paris, Odile Jacob, 2000.

[Feyn88] Richard P. Feynman, *What Do You Care What Other People Think ?*, entretien avec Ralph Leighton, New York, W.W.Norton, 1988.

[Feyn89] « Feynman's office : the last blackboards », *Physics Today*, **42** (2), 1989, p. 88.

[FiPa39] M. Fierz et W. Pauli, « Relativistic wave equations for particules of arbitrary spin in an electromagnetic field », *Proceedings of the Royal Society of London A*, **173**, 1939, p. 211–232.

[Fink58] David Finkelstein, « Past-future asymmetry of the gravitational field of a point particule », *Physical Review*, **110**, 1958, p. 965–967.

[Fowl64] William A. Fowler, « Massive stars, relativistic polytropes, and gravitational radiation », *Reviews of Modern Pysics*, **36**, 1964, p. 545–555.

[FuWh62] Robert W. Fuller et John A. Wheeler, « Causality and multiply connected space-time », *Physical Review*, **128**, 1962, p. 919–929.

[FWML74] W. Fairbank, F. Witteborn, J. Madley et J. Lockhart, « Experiments to determine the force of gravity on single electrons and positrons », *Experimental Gravitation : Proceedings of the International School of Physics « Enrico Fermi »*, Course LVI, ed. B. Bertotti, New York, Academic Press, 1974, p. 310–330.

[Gell89] Murray Gell-Mann, « Dick Feynman — The guy in the office down the hall », *Physics Today*, **42** (2), 1989, p. 50–54.

[Good61] M.L. Good, « K_2^0 and the equivalence principle », *Physical Review*, **121**, 1961, p. 311–313.

[GoSa86] M. Goroff et A. Sagnotti, *Nuclear Physics B*, **266**, 1986, p. 709.

[GrBr60] John C. Graves et Dieter R. Brill, « Oscillatory character of Reissner–Nordström metric for an ideal charged wormhole », *Physical Review*, **120**, 1960, p. 1507–1513.

[GSW87] M. Green, J. Schwarz et E. Witten, « Superstring theory », Cambridge, England, Cambridge University Press, 1987.

[GrPe88] D. Gross et V. Periwal, « String perturbation theory diverges », *Physical Review Letters*, **60**, 1988, p. 2105–2108.

[Gupt54] Suraj N. Gupta, « Gravitation and electromagnetism », *Physical Review*, **96**, 1954, p. 1683–1685.

[Guth81] Alan H. Guth, « Inflationary universe : a possible solution to the horizon and flatness problems », *Physical Review D*, **23**, 1981, p. 347–356.

[HaEl73] Stephen W. Hawking et George F. W. Ellis, *The Large Scale Structure of Space-time*, Cambridge, England, Cambridge University Press, 1973 .

[Hatf92] Br. Hatfield, *Quantum Field Theory of Point Particules and Strings*, Addison–Wesley Reading, MA,1992.

[Hilb15] D. Hilbert, « Die Grundlagen der Physik », *Konigl. Gesell. d. Wiss. Göttingen, Nachhr. Math.–Phys. Kl.*, 1915, p. 395–407.

[HoFo63] Fred Hoyle et William A. Fowler « On the nature of strong radio sources », *Monthly Notices of the Royal Astronomical Society*, **125**, 1963, p. 169–176.

[Hoyl48] Fred Hoyle, « A new model for the expanding universe », *Mon. Not. R. Astron. Soc.*, **108**, 1948, p. 372–382.

[HWWh58] B. Harrison, Masami Wakano et John A. Wheeler, « Matter-energy at high density ; endpoint of thermonuclear evolution », Onzième conseil de physique Solvay, *La structure et l'évolution de l'univers*, Bruxelles, Éditions R. Stoops, 1958.

[Iben63] Icko Iben Jr., « Massive stars in quasistatic equilibrium », *Astrophysical Journal*, **138**, 1963, p. 1090–1096.

[JaSm88] T. Jacobson et L. Smolin, « Nonperturbative quantum geometries », *Nuclear Physics B*, **299**, 1988, p. 295–345.

[JeDG53] R. C. Jennison et M. K. Das Gupta, « Fine structure of the extra-terrestrial radio source Cygnus 1 », *Nature*, **172**, 1953, p. 996–997.

[Klei89] H. Kleinert, « Quantum mechanics and path integrals in spaces with curvature and torsion », *Modern Physics Letters A*, **4**, 1989, p. 2329–2337.

[Kore74] Vladimir Korepin, thèse de doctorat de l'université de Léningrad, non publiée, 1974.

[Krai47] Robert H. Kraichnan, « Quantum theory of the linear gravitational field », thèse non publiée, Massachusetts Institute of Technology, 1947.

[Krai55] Robert H. Kraichnan, « Special relativity derivation of generally covariant gravitation theory », *Physical Review*, **98**, 1955, p. 1118–1122.

[Krai56] Robert H. Kraichnan, « Possibility of unequal gravitational and inertial masses », *Physical Review*, **101**, 1956, p. 482–488.

[Krus60] Martin Kruskal, « Maximal extension of the Schwarzschild metric », *Physical Review*, **119**, 1960, p. 1743–1745.

[LaLi51] L. D. Landau et E. M. Lifshitz, *Théorie des champs*, Moscou, Éditions Mir, 1989.

[LiBr90] Alan Lightman et Roberta Brawer, *Origins : The Lives and Worlds of Modern Cosmologists*, Cambridge, Harvard University Press, 1990.

[MaWh66] Michael M. May et Richard H. White, « Hydrodynamic calculations of general relativistic collapse », *Pysical Review*, **141**, 1966, p. 1232–1241.

[Mich63] Curtis F. Michael, « Collapse of massive stars », *Astrophysical Journal*, **138**, 1963, p. 1097–1103.

[Miln34] E. Milne, *Quart. J. Math. (Oxford)*, **5**, 1934, p. 64 ; W. McCrea et E. Milne, *Quart. J. Math. (Oxford)*, **5**, 1934, p. 73 ;

[MiWh57] Charles W. Misner et John A. Wheeler, « Classical physics as geometry : gravitation, electromagnetism, unquantized charge, and mass as properties of curved empty space », *Annals of Physics*, **2**, 1957, p. 525–603 ; réédité dans [Whee62].

[MTW73] Charles W. Misner, Kip S. Thorne et John A. Wheeler, *Gravitation*, San Fransisco, W. H. Freeman, 1973.

[NiGo91] M. Nieto et T. Goldman, « The arguments against "antigravity" and the gravitational acceleration of antimatter », *Physics Report*, **205**, 1991, p. 221–281.

[OpSn39] J. Robert Oppenheimer et Hartland Snyder, *Physical Review*, **56**, 1939, p. 455–459.

[Penr65] Roger Penrose, « Gravitational collapse and space-time singularities », *Physical Review Letters*, **14**, 1965, p. 57–59.

[Podu64] Mikhail A. Podurets, « The collapse of a star with back pressure taken into account », *Doklady Akademi Nauk*, **154**, 1964, p. 300–301 ; traduit en anglais, *Soviet Physics — Doklady*, **9**, 1–2.

[RoSm88] C. Rovelli et L. Smolin, « Loop representation for quantum general relativity », *Nuclear Physics B*, **331**, 1988, p. 80–152.

[Schi58] L. Schiff, « Sign of the gravitational mass of the positron », *Physical Review Letters*, **1**, 1958, p. 254–255.

[Schi59] L. Schiff, « Gravitational properties of antimatter », *Proc. Natl. Acad. Sci.*, **45**, 1959, p. 69–80.

[Schm63] Maarten A. Schmidt, « 3C273 : A star-like object with large red-shift », *Nature*, **197**, 1963, p. 1040.

[Schu85] Bernard F. Schutz, *A First Course in General Relativity*, Cambridge, Cambridge University press, 1985.

[Schw16] Karl Schwarzschild, « Über das Gravitationsfeld eines Massenpunktes nach der Einsteinschen Theorie », *Sitzungsberichte der Deutschen Akademie der Wissenschaften zu Berlin, Klasse für Mathematik, Physik, und Technik*, **1916**, 1916, p. 189–196.

[Syle94] Christopher Sykes, *No ordinary genius : the illustrated Richard Feynman*, New York, W. W. Norton,1994.

[Thir18] H. Thirring, « Über die Wirkung rotierender ferner Massen in der Einsteinschen Gravitationstheorie », *Phys. Z.*, **19**, 1918, p. 33–39 ; H.Thirring et J.Lense, « Über den Einfluß der Eigenrotation der Zentralkörper auf die Bewegung der Planeten und Monde nach der Einsteinschen Gravitationstheorie », *Phys. Z.*, **19**, 1918, p. 156–163 ; H. Thirring, « Berichtigung zu meiner Arbeit :"Über die Wirkung rotierender ferner Massen in derEinsteinschen Gravitationstheorie" », *Phys. A.*, **22**, 1921, p. 29–30.

[tHVe74] G.'t Hooft, et M. Veltman, *Ann. Inst. Henri Poincaré*, **20**, 1974, p 69.

[Thor94] Kip S. Thorne, *Trous noirs et distortions du temps. L'héritage sulfureux d'Einstein*, Paris, Flamarion, 2001.

[Toop66] Robert F. Tooper, « The "standard model" for massive stars in general relativity », *Astrophysical Journal*, **143**, 1966, p 465–482.

[vanN81] Peter van Nieuwenhuizen, « Supergravity », *Physics Reports*, **68**, 1981, p 189–398.

[Vebl27] O. Veblen, *Invariants of Quadratic Differential Forms*, Cambridge Tracts in Math and Math Phys., London, Cambridge University Press, 1927.

[Wald84] Robert M. Wald, *General Relativity*, Chicago, University Press of Chicago, 1984.

[Wald86] Robert M. Wald, « Spin-two fields and general covariance », *Physical Review*, **D33**, 1986, p 3613–3625.

[Wein64a] Steven Weinberg, « Derivation of gauge invariance and the equivalence principle from Lorentz invariance of the S-matrix », *Physics Letters*, **9**, 1964, p 357–359.

[Wein64b] Steven Weinberg, « Photons and gravitons in S-matrix theory : derivation of charge conservation and equality of gravitational and inertial mass », *Physical Review*, **135**, 1964, p B1049–B1056.

[Wein72] Steven Weinberg, *Gravitation and Cosmology*, New York, Wiley, 1972.

[Wein 79] Steven Weinberg, « Ultraviolet divergences in quantum theories of gravitation », *General Relativity : An Einstein Centenary Volume*, édité par S. W. Hawking et W. Israel, Cambridge, England, Cambridge University Press, 1979, p 790–831.

[Wein89] Steven Weinberg, « The cosmological constant problem », *Reviews of Modern Physics*, **61**, 1989, p 1–22.

[Went49] G.Wentzel, *Quantum Theory of Fields*, New York, Interscience, 1949.

[Whee62] John A. Wheeler, *Geometrodynamics*, New York, Academic Press, 1962.

[Whee90] John A. Wheeler, *A Journey into Gravity and Spacetime*, New York, Scientific American Library, W. H. Freeman, 1990.

[WhFe45] John A. Wheeler et Richard P. Feynman, « Interaction with the absorber as the mecanism of radiation », *Reviews of Modern Physics*, **17**, 1945, p 157–181.

[WhFe49] John A. Wheeler et Richard P. Feynman, « Classical electrodynamics in terms of direct interparticle action », *Reviews of Modern Physics*, **21**, 1949, p 425–433.

[WiFa67] F. Witteborn and W. Fairbank, « Experimental comparison of the gravitational force on freely falling electrons and metallic electrons », *Physical Review Letter*, **19**, 1967, p 1049–1052.

[Yang77] C. N. Yang, *Ann. New York Acad. Sci.*, **294**, 1977, p 86.

Index

Table des matières

Ouvrage publié sous la responsabilité
éditoriale de Gérard Jorland

N° d'édition : 7381-1038-1 – N° d'impression : 602213
Dépôt légal : novembre 2001

Imprimé en France

Achevé d'imprimer en février 2016
sur les presses de la Nouvelle Imprimerie Laballery (58)

La Nouvelle Imprimerie Laballery est titulaire de la marque Imprim'Vert®